车载武器系列丛书

车载武器系统信息化技术

毛保全　徐振辉　罗建华　王之千
白向华　李元超　李　俊　李晓刚　著
吴东亚　杨雨迎　范　栋　赵俊严
高玉水　常　雷

国防工业出版社

·北京·

内容简介

本书以车载武器信息化装备为背景，以车载武器信息化技术为主线，详尽而系统地介绍了信息、信息化及信息化技术的内涵，从信息获取、信息处理、信息传输、信息显示及信息控制等方面对车载武器装备涉及的信息化技术进行了全面的阐述。全书共8章，包括概述、目标信息感知技术、车载武器状态感知技术、信息传输及显示技术、车载武器信息处理与管理技术、车载武器信息控制技术、信息化弹药技术、地面无人作战平台遥控技术。

本书可作为从事武器信息化技术和装备论证、研究、设计、运用、保障及试验的各类人员的参考资料，同时可作为武器和信息化相关专业研究生和高年级本科生的教材，也可供相关领域工程技术人员参考。

图书在版编目（CIP）数据

车载武器系统信息化技术 / 毛保全等著. -- 北京：
国防工业出版社，2019.12
（车载武器丛书）
ISBN 978-7-118-10936-8

Ⅰ. ①车… Ⅱ. ①毛… Ⅲ. ①军用车辆—武器装备—信息化—研究 Ⅳ. ①TJ81

中国版本图书馆 CIP 数据核字（2020）第 030585 号

※

国防工业出版社 出版发行
（北京市海淀区紫竹院南路 23 号　邮政编码 100048）
天津嘉恒印务有限公司印刷
新华书店经售

*

开本 710×1000　1/16　印张 22　字数 386 千字
2019 年 12 月第 1 版第 1 次印刷　印数 1—2000 册　定价 88.00 元

（本书如有印装错误，我社负责调换）

国防书店：(010) 88540777　　发行邮购：(010) 88540776
发行传真：(010) 88540755　　发行业务：(010) 88540717

《车载武器系列丛书》编委会

名誉顾问	朵英贤	王哲荣	苏哲子	
总　顾问	王曙明	钱林方		
顾　　问	董文祥	王建中	马春茂	周长军
	潘玉田	张湘炎	宋彦明	杨国来
	侯　健	王克运	刘振伟	刘宝溢
	马晓军	杨　臻	易群智	林　海
主任委员	徐　航			
副主任委员	李胜利	罗建华	毛保全	
委　　员	邵　毅	于子平	丁　烨	杨志良
	王自勇	黄应清	张金忠	钟孟春
	王国辉	徐　达	牛守瑞	李　强
	李向荣	高玉水	段丰安	杨振军
	徐振辉	闫述军	刘家健	纪　兵
	范　栋	陈占峰	赵俊严	吴东亚
	杨雨迎	邢宏光	韩小平	白向华
	徐　礼	胡　涛	王传有	徐冰川
	费丽博	吴永亮	邓　威	冯　帅
	李　程	王之千	兰　图	李晓刚
	辛学敏	李　俊		

序　一

随着坦克装甲车辆及自行火炮、车载炮等武器装备的不断发展,以装甲底盘为载体的武器已经逐步形成独具特色的车载武器群。经过多年发展,车载武器学交叉融合了武器控制与制导技术、自动装弹技术、武器信息化技术、发射理论与技术、弹药与毁伤技术等学科技术,形成了独具特色有较完整理论体系与方法的学科分支。

目前,比较系统全面介绍车载武器最新研究和应用水平的专著还很少。毛保全教授结合了在车载武器系统研究方面的工作积累,对车载武器建模与仿真的理论、方法及其应用进行了较全面系统的归纳、总结和提炼。本套丛书紧紧抓住了坦克、步兵战车和自行火炮等以装甲底盘为载体的武器系统的共性和特点,按车载武器的论证、设计、试验、使用及维护的生命周期,构建了科学合理的知识体系。

本套丛书的特色在于"全、新、精、实",力求使读者通过学习本丛书可以进行相关车载武器的分析研究,突出了基本概念和基本原理,同时注重了理论严密性、系统性和实用性,使读者易于领会和掌握车载武器的诸多理论分析、工程应用和作战使用中的问题实质,并能较快地用以解决工作和学习中遇到的实际问题。本丛书的问世在推动车载武器领域理论研究方面起到很好的促进作用,同时它也为广大从事车载武器行业的专业人员提供了一套较系统的专业技术参考资料。

本丛书集作者多年科研和教学方面的成就、经验和收获,总结车载武器理论和技术体系和吸纳最新研究成果,深入分析研究了车载武器的科学机理、构造原理、战术技术性能以及论证、设计、试验、生产、运用、保障过程涉及的理论与技术,设计、优化了车载武器的知识框架结构,系统性、实用性强,基本概念、系统构成和作用原理表述清晰。可作为从事车载武器研究、论证、设计、教学及试验的教师和科研人员的参考资料,同时可作为相关专业研究生和高年级本科生的教材,也可供相关领域工程技术人员参考。

中国工程院院士

2015 年 4 月

序 二

火炮最初主要用于要塞防御,炮台的坚固性和火炮的攻击能力相结合在热兵器战争的初期使火炮的威慑作用得以充分发挥。随着战争的发展,对火炮的机动性提出了要求,再加上火炮发射技术和后坐技术的发展,使火炮装备到机动载体上成为可能。在此背景下,火炮、机枪和反坦克导弹等武器陆续集成到装甲装备上,出现了坦克、自行火炮、步兵战车、车载机枪、车载导弹等,形成了陆用武器家族中独具特色的成员——车载武器。

在兵器科学与技术学科领域里,正在形成车载武器系统的理论体系和技术体系。车载武器系统集机、光、电、液、计算机等技术于一体,结构越来越紧凑,性能越来越先进,学科内涵越来越丰富。车载武器论证与评估、车载武器分析与设计、车载武器发射动力学、车载武器建模与仿真、车载武器虚拟样机、车载武器数字化、车载武器使用以及车载武器的总体、发射、目标与环境信息感知、控制与制导、自动机、反后坐、自动装弹、弹药的理论和技术不断发展,丰富了兵器科学与技术学科的内容。

国内外很多高等院校和科研院所都开展了车载武器方面的研究和教学工作,有些院校还开设了相应的课程。但到目前为止,还没有一套系统介绍车载武器有关理论和技术的丛书。本套丛书紧紧抓住了坦克、步兵战车和自行火炮等以装甲底盘为载体的武器系统的共性和特点,按车载武器的论证、设计、试验、使用及维护的生命周期,同时还兼顾了新型军事人才能力培养体系和知识体系的特点,全面优化、整合了车载武器理论和技术的相关内容,构建了科学合理的知识体系。本套丛书突出了基本概念和基本原理,同时注重了理论严密性、系统性和实用性,使读者易于领会和掌握车载武器的诸多理论分析、工程应用和作战使用中的问题实质,并能较快地用以解决工作和学习中遇到的实际问题。

毛保全教授在车载武器领域从事教学和科研工作二十多年,积累了较丰硕的理论研究成果,有较丰富的教学经验,《车载武器系列丛书》是集作者多年科研和教学方面的成就、经验和收获,在总结车载武器理论和技术体系和吸纳最新研究成果的基础上写成的。相信该丛书的问世在推动车载武器领域理论研究方面起到很好的促进作用,同时它也为广大从事车载武器行业的专业人员提供了一套较系统的专业技术参考资料。

  车载武器技术正处于快速发展时期,随着时间的推移,新的车载武器成果还会不断涌现,希望本套丛书的后续版本能够及时跟踪国内外先进车载武器理论与技术,与时俱进,不断丰富其内容。

中国工程院院士 王哲荣

2015 年 4 月

序 三

战争对武器装备的机动性和防护力的要求越来越高,用于地面作战的多种火炮、导弹和机枪等武器系统装在装甲底盘上,逐步实现了车载化,于是出现了坦克、步兵战车、自行火炮、车载导弹和车载机枪等,这些武器装备集快速的机动性、强大的火力和坚固的防护力于一体,形成了独具特色的一类武器——车载武器。近年来,我国已有多种车载武器经历了研究、论证、设计、试验、批产、装备和使用的全过程,取得了丰硕的成果,也积累了宝贵的实践经验。车载武器领域取得的一系列成果,对增强我国的国防实力,带动科学技术进步,促进社会经济发展,发挥了重要的作用。

与其他武器相比,车载武器在性能、结构上有明显的区别,促使其在论证、分析、设计的理论以及许多关键技术上形成了自己的特点。车载武器交叉融合了多学科理论与技术,在环境与目标信息感知技术、武器控制与制导技术、自动装弹技术、武器信息化技术、发射理论与技术、弹药与毁伤技术、武器系统运用和保障技术等方面独具特色,车载武器学科内涵、学术体系和技术体系十分清晰,构成了新的学科领域——"车载武器学"。

毛保全教授的教学科研团队参与了车载武器的概念研究、项目研制、试验和使用等方面工作,提出并身体力行参与了新型武器的研究开发,在车载武器的论证与评估、动力学仿真、武器关键技术、试验技术和运用与保障技术等方面积累了较丰硕的理论成果。作者全面、系统地归纳了以往教学科研中涉及的车载武器理论与技术,总结新型武器研究开发的实际经验,提炼车载武器的共性和特点,形成了系统完整的车载武器系列丛书。

车载武器系列丛书深入分析研究了车载武器的科学机理、构造原理、战术技术性能以及论证、设计、试验、生产、运用、保障过程涉及的理论与技术,设计、优化了车载武器的知识框架结构,系统性、实用性强,基本概念、系统构成和作用原理表述清晰,理论推导和图文表述严密性、逻辑性强,构建了科学合理的知识体系。丛书对从事车载武器理论研究和应用的科研人员、工程技术人员以及高等院校相关专业的高年级本科生和研究生具有重要的参考价值。

中国工程院院士

2015 年 4 月

《车载武器系统信息化技术》编写人员

主　　编　毛保全
副 主 编　徐振辉　罗建华
编写人员（以姓氏笔画排序）
　　　　　王之千　白向华　李元超　李　俊
　　　　　李晓刚　吴东亚　杨雨迎　范　栋
　　　　　赵俊严　高玉水　常　雷

前　言

　　以装甲车辆作为载体的武器发展十分迅速，体现在两方面。一方面是从坦克炮和车载轻武器发展成包括自行火炮、车载炮、车载导弹以及新概念武器和自主式遥控武器站等在内的武器群，形成了陆用武器家族中独具特色的重要成员。另一方面由机械化快速向信息化发展，信息技术在车载武器装备中得到了越来越广泛而深入的应用，逐步形成了车载武器信息化技术分支。

　　本书以车载武器信息化装备为背景，以车载武器信息化技术为主线，详尽而系统地介绍了信息、信息化及信息化技术的内涵，从信息感知、信息处理、信息传输、信息显示及信息控制等方面对车载武器装备涉及的信息化技术进行了全面的阐述。其中，车载武器信息感知技术包括对直瞄、间瞄目标信息的获取以及对车载武器自身的状态监测技术。信息处理技术是指对车载武器获取的信息进行处理的技术手段，包括战场态势信息处理技术、目标信息处理技术、车载武器弹道解算技术以及车载导弹制导信息处理技术。信息传输技术包括无线传输技术、无线通信技术以及制导信息传输技术等。信息控制技术包括图像处理技术、微弱信号检测技术、数字控制技术、计算机测控系统以及车载导弹控制力形成技术等。全书共 8 章，包括概述、目标信息感知技术、车载武器状态感知技术、信息传输及显示技术、车载武器信息处理与管理技术、车载武器信息控制技术、信息化弹药技术、地面无人作战平台遥控技术。

　　本书的特色在于内容丰富新颖、系统性逻辑性强、理论联系实际。研究对象涉及的装备不仅有传统车载武器，也有遥控武器站、信息化弹药、无人作战平台等新型装备。按照信息输入输出的典型流程，比较系统全面介绍了车载武器信息化涉及的各种技术。解决了车载武器信息化的内涵，车载武器要达到信息化需采取的技术手段及基本原理，信息化后车载武器与外界的信息接口技术以及对车载武器信息化评估等方面问题。同时将信息技术理论知识与实际装备相结合，突出强调了通用信息技术在车载武器上的应用拓展。

　　目前，国内介绍信息化的书籍主要涉及装备信息化、信息化战争及装备保障信息化等方面的内容，还没有公开出版的专门针对车载武器信息化技术方面的图书。本书比较全面系统地介绍了车载武器信息化技术，体现了车载武器在信息化技术方面的最新研究和发展水平。作者衷心期望本书的出版能对车载武器信息化技术和装备的研究和发展起到进一步的推动作用。

本书可作为从事武器信息化技术和装备论证、研究、设计、运用、保障及试验的各类人员的参考资料，同时可作为武器和信息化相关专业研究生和高年级本科生的教材，也可供相关领域工程技术人员参考。

本书得到了原总装备部"1153"人才工程建设经费资助。本书的编写得到了军委装备发展部办公厅王曙明主任的热情鼓励和大力支持帮助。在本书涉及的相关内容中，北京理工大学朵英贤院士，兵器集团公司201所王哲荣院士，兵器科学研究院苏哲子院士，南京理工大学钱林方教授、张湘炎教授、何永教授，中北大学潘玉田教授，海军工程大学王学军教授、侯剑教授等专家曾提供了有益的指导和帮助。本书由毛保全、徐振辉、罗建华、王之千、白向年、李元超、李俊、李晓刚、吴东亚、杨雨迎、范栋、赵俊严、高玉水、常雷合作编写，李文珍、段丰安、邓威等也参加了部分编写工作。在此对上述同志的辛勤劳动一并表示衷心感谢。本书的编写和出版还得到陆军装甲兵学院各级领导和同事以及国防工业出版社各级领导的大力支持和帮助，特向他们表示衷心的感谢。

由于编者水平和经验所限，书中难免有不少缺点和错误，恳请读者予以批评指正。

编者
2019 年 2 月

目 录

第1章 概述 ... 1
- 1.1 信息的有关概念 ... 1
- 1.2 信息化的有关概念 ... 3
- 1.3 信息技术基本构成 ... 5
- 1.4 国内外车载武器装备信息化现状及发展趋势 ... 9
- 1.5 车载武器信息化的主要评判标准 ... 12

第2章 目标信息感知技术 ... 17
- 2.1 直接瞄准目标信息感知技术 ... 17
- 2.2 间接瞄准目标信息感知技术 ... 47
- 2.3 车载武器定位导航技术（获得车体实时坐标） ... 55
- 2.4 敌我识别技术 ... 70
- 2.5 战场告警与光电对抗技术 ... 76

第3章 车载武器状态感知技术 ... 96
- 3.1 火炮耳轴倾斜传感器技术 ... 96
- 3.2 横风传感器技术 ... 102
- 3.3 炮塔角速度传感器技术（目标角速度传感器） ... 106
- 3.4 其他弹道修正传感器技术 ... 127

第4章 信息传输及显示技术 ... 131
- 4.1 目标信息传输技术 ... 131
- 4.2 制导信息传输技术 ... 143
- 4.3 网络信息化技术 ... 152
- 4.4 车载武器光学显示技术 ... 156
- 4.5 车载武器人机交互技术 ... 166

第5章 车载武器信息处理与管理技术 ... 190
- 5.1 装甲侦察车的信息处理技术 ... 190
- 5.2 车载武器弹道解算技术 ... 203
- 5.3 车载导弹制导技术 ... 243

第 6 章　车载武器信息控制技术 ········· 253
6.1　车载武器运动控制技术 ········· 253
6.2　车载武器稳定技术 ········· 257
6.3　自动校正技术（校炮技术）········· 260
6.4　弹药装定技术 ········· 263
6.5　车载导弹控制力形成技术 ········· 265

第 7 章　信息化弹药技术 ········· 272
7.1　新概念弹药技术 ········· 272
7.2　弹药精确打击技术 ········· 291
7.3　弹药毁伤效果评估技术 ········· 299

第 8 章　地面无人作战平台遥控技术 ········· 313
8.1　自主驾驶技术 ········· 313
8.2　信息传输技术 ········· 324
8.3　遥控驾驶与火力控制技术 ········· 329

参考文献 ········· 334

第1章 概　　述

1.1　信息的有关概念

信息技术在军事领域的广泛应用，引起了军事理论、作战样式和战争形态的根本性变化，催生了以信息化（战）为核心的新军事变革。新军事变革的基础是武器装备的信息化。

所谓武器装备信息化，是指在国家和军队的统一规划和组织下，以信息化战争的军事需求为牵引，在武器装备的各个领域广泛应用信息技术，有效开发和充分利用相关的信息资源，使信息技术在武器装备及其体系中占据核心和支配地位，在数量和质量上达到信息化武器装备标准的过程。

车载武器是我军目前陆军装甲装备中的主要装备。所谓车载武器，是指以装甲车辆为运输载体的武器，一般包括坦克炮、自行火炮、车载炮、车载小口径自动炮、车载机枪、车载反坦克导弹等。装备车载武器的装甲车辆有坦克、步兵战车、装甲输送车、自行火炮、导弹发射车、突击车等。不同载体依据战术功能不同，所装备的车载武器配置也不同。对坦克而言，车载武器有坦克炮和机枪及其弹药；对步兵战车，车载武器有小口径机关炮、机枪和反坦克导弹或炮射导弹；对装甲输送车，车载武器有外置机枪；对自行火炮，车载武器有加农炮、榴弹炮和迫击炮以及外置机枪。

打什么样的仗，就需要什么样的武器。在信息化战争的大背景下，信息化武器是打赢未来战争的关键。对于陆军来说，车载武器信息化是其武器装备信息化的主要内容之一。

1.1.1　信息概念及分类

"信息"已经成为当今的一个时尚名词，无处不在，无处不用。它与人类活动息息相关，我们的眼、耳、鼻、舌、身无时无刻不在接收和处理着信息，信息渗透在人类活动的一切环节中。

然而，究竟什么是信息，迄今为止还没有一个确切统一的定义。"不识庐山真面目，只缘身在此山中"正可以描述我们对信息认识的状况。

科学家们给出的基本定义：信息是客观世界和人类社会活动的各种状态和规律的反映，是自然界和人类社会活动中所产生的各种状态、消息和知识的总称。也就是说，信息是指对客观事物的特征、状态和变化的反映。通常包括文字、语音、信号、图像、数据、资料、情报、知识等，是客观事物之间相互作用和联系的表征，是客观事物经过感知或认识后的表现。信息具有以下主要特性：①价值性。信息、物质和能量是人类社会赖以生存、发展的三大基本要素。在信息化战争中，快捷、适时的情报信息可以大大提高军队作战效能。②时效性。信息的价值随着时间的推移而不断减少。③共享性。信息可复制、传播，可供多个用户使用。④可度量性。信息是可以度量的，其度量单位通常是比特或字节。⑤可传输性。信息可以从一个地点传输到另一个地点。⑥可转换性。信息可以在不同的表现形式之间进行转换，如文字、语音、图像、数据等信息可以互相转换。

信息有三个方面的来源。一是自然信息，包括来自宇宙的直接传播或反射传播而来的信息，以及地球的自然信息；二是社会信息，包括人类社会运动的经济、生产、军事等动态与情报，以及人体动作与语言等信息；三是知识信息，包括古今中外留传下来的知识、人们的经验等。

为使用方便，人们从不同的角度，根据不同的需要对信息进行分类描述。通常，按信息源的性质可分为语音信息、图像信息、文字信息、数据信息等；按信息的应用领域可分为工业信息、农业信息、政治信息、经济信息、军事信息等；按信息的作用可分为有用信息、无用信息和干扰信息，以及真实信息、虚假信息和不定信息等。

1.1.2 信息表现方式

信息本身只是一些抽象的符号，并不是以实体形态出现的。因此信息必须要有表现形式，语言、音乐、文字、图形、图像、数据等，主要是声、光等物理量。这些形式又要内含于一定的物体之中，比如在书信、报刊、影视、磁盘、光电存储器内，这些物体即称为载体，这些表示形式和载体又称为媒体。媒体概念的范畴更宽一些。

军事信息是指军事领域活动所产生的各类信息。主要表现形式有真实军事信息、虚假军事信息、不确定军事信息；有用军事信息、无用军事信息等。具有传递性、共享性、时效性等基本特征。在现代军事信息技术推动下，军事信息在信息化战争中发挥着重大作用。

1.2 信息化的有关概念

1.2.1 信息化的含义和特征

信息化，相对于工业化而言，是信息技术、信息设备不断渗透到社会的各个领域，并达到一定程度后，形成的一种社会活动的整体特征与状态；是工业社会向信息社会的动态发展过程。在这一过程中，信息产业在国民经济中所占比重上升，工业化与信息化的结合日益密切，信息资源成为重要的生产要素。它的核心是要通过全体社会成员的共同努力，在经济和社会各个领域充分应用基于现代信息技术的先进社会生产工具，创建信息时代社会生产力，推动社会生产关系和上层建筑的改革，使国家的综合实力、社会的文明素质和人民的生活质量全面达到现代化水平。

国防信息化是指采用信息技术，利用信息资源，推进国防现代化建设与发展的过程，是国家信息化的组成部分。通过信息获取、信息传输、信息处理、信息使用、信息管理等手段的数字化、网络化、智能化，实现国防资源的高效开发、利用和共享，以适应打赢信息化战争的需要。

军队信息化是指在国家最高军事领率机关的统一规划和组织下，应用现代信息技术，深入开发、广泛利用信息资源，加速实现军队现代化的进程。主要领域包括军事信息系统、信息化武器装备和信息化支撑环境。其中，军事信息系统是军队信息化的核心，信息化武器装备是军队信息化的重点，信息化支撑环境是军队信息化的基础。

信息化具有以下明显的特征：

（1）具有明显的信息外溢性。信息网络具有"外部性"，而信息的"外溢效应"是其外部性的主要表现。信息的外溢效应主要表现为三个方面：首先是信息本身的外溢效应，它可以对外部产生影响；其次是新信息创造的新市场的外溢效应，新市场能产生连锁反应；最后是新信息创造的新利益的外溢效应。信息外溢的具体形式主要有知识产权贸易、技术许可、专利技术公开、公开出版物与各种专业会议、专业的研究开发。信息外溢效应可以分为四种方式来实现：信息在产业内的外溢效应、信息在产业外的外溢效应、信息在一个国家内的外溢效应、信息在不同国家之间的外溢效应。信息的扩散、转移，必然伴随着知识价值的溢出。信息扩散、转移的本质是知识价值的外溢。在世界经济发展史上，后发国之所以有"后发优势"，关键就在于后发国家可以通过吸收先进国家"外溢"的信息知识价值，利用先进国家信息的"外溢效应"，来加快自身的发展过程。信息技术对传统产业的改造也是发挥其信息外溢效应，属于产业间的外溢效应。

（2）具有极强的技术创新性。当代世界科技发展的主体是信息技术，产业结构高级化的主要动力之一是信息化，通过信息化的发展来实现结构的升级。

（3）具有广泛的技术渗透性。信息技术产业在国民经济的各个领域具有广泛的适用性和渗透性。

（4）具有较高的经济效益性。信息技术的应用可以显著提高资源利用率、劳动生产率与管理效率，从而极大地降低社会总成本，取得巨大经济效益。

（5）具有强劲的产业带动性。大量的研究计算显示，信息产业是一个产业链很长、产业感应度与带动度都很高的产业。

军队信息化的主要特征：一是信息化的武器装备形成规模。各类导弹、精确制导弹药等信息化弹药，用信息技术和计算机技术设备武装并连接于军事信息系统的各种信息化平台，以及军用智能机器人、单兵数字化装备等，在武器装备总量中所占的比例达50%以上。二是军队数量规模合理、力量结构优化。海空军、轻型部队、技术军官、专业士官的比例逐年上升，部队编成日益向小型化、一体化、多能化等方向发展。三是作战指挥体制的扁平网络化。指挥层次少，信息流程最优化，信息流动实时化，信息采集、传递、处理、存储、使用一体化。四是指挥手段的信息化。主要是军事信息系统，即军队指挥、控制、通信、计算机和情报系统。五是产生了信息化战争的新理论。如"信息战""导弹战""非线式作战""非接触作战""非对称作战""网络一体战"等等。

1.2.2 车载武器信息化的内涵和外延

所谓武器装备信息化，是指在国家和军队的统一规划和组织下，以信息化战争的军事需求为牵引，在武器装备的各个领域广泛应用信息技术，有效开发和充分利用相关的信息资源，使信息技术在武器装备及其体系中占据核心和支配地位，在数量和质量上达到信息化武器装备标准的过程。

车载武器信息化是指利用信息技术对现有车载武器装备进行改造和发展的过程。其内涵包括以下三个方面：

（1）对现有车载武器装备进行信息化改造，即对现有武器装备加装信息技术装置或将其与信息系统相连接，受信息系统控制，使其具有原先不曾有的信息感知、传输、处理、控制和对抗等功能，从而使武器装备的性能和作战效能得到成倍的提高。

（2）研制、生产、装备新型信息化车载武器装备。

（3）对部队车载武器装备系统进行信息化建设，使信息化武器逐步占据主战武器的主体地位，使预警探测、情报侦察、精确制导、火力打击、指挥控制、通信联络、战场管理等领域的信息采集、融合、处理、传输、显示实现联网化、自动化和实时化。

信息化车载武器信息技术含量高，具有信息探测、传输、处理、控制、制导、对抗等功能，其信息技术对武器装备性能的提高及对使用、操纵、指挥起主导作用。作战装备和保障装备主要包括三大部分：①专门用于信息作战的武器装备，如卫星干扰装备、黑客攻击系统装备等。②全新研制的信息含量较高的武器装备，如各种新型炮射导弹、新型坦克等。③经过信息化改造的传统车载武器装备，如各种信息化弹药以及带有信息功能的火炮、坦克等。

车载武器装备信息化的进一步发展，信息化武器装备系统在信息化战争环境中的大量使用，构成一体化的信息化战场。

1.3　信息技术基本构成

信息技术是指能够完成信息获取、传输、处理、显示和控制等功能的各种技术的统称。本质上是指能够扩展人的信息器官功能的一类技术。它主要包括三个层次：①信息基础技术。它是信息技术设备与系统所需元器件的制造技术，由微电子技术、光电子技术、超导电子技术、真空电子技术、分子电子技术以及能源技术等构成。②信息主体技术。它主要由感测技术、通信技术、计算机与智能技术以及控制技术四大技术构成，是完成信息感知、传递、处理、再生和施效等一系列功能的设备与系统的开发、设计及实现的技术。③信息应用技术。它是针对各种实用的目的，在前两个层次的技术基础上进行开发、综合、集成，以满足人类社会各领域广泛需求的技术。在军事领域，信息应用技术有总体设计技术和信息对抗技术等。

1.3.1　信息感知技术

信息感知是指通过传感器和其他手段获取战场信息活动的统称。传感器主要包括雷达、声呐、红外探测器以及电子侦察、光学成像等设备；其他手段主要有外交、新闻媒体以及间谍等。它既是监视、侦察和获取情报的基本手段，又是对各类作战平台和精确制导武器实施自动控制、监测和指挥必不可少的手段。

信息感知技术是指从客观世界获取所需信息的技术。其基本工作原理是对目标自身辐射的能量信号,和目标在自然辐射源或专门人工辐射源照射下反射的能量信号加以接收,经过必要的处理,鉴别它们同环境信号之间的差别,从而获得有关目标运动状态和运动方式的信息,加以记录和显示,以供观察、判断或识别。按信息感知过程所利用的媒介,可分为光电信息感知技术、无线电波信息感知技术以及声信息感知技术。按信息感知的实现是否要求探测设备辐射能量,可分为有源探测技术和无源探测技术。

1.3.2 信息处理技术

信息处理是指对获取的各类信息进行综合、分析、判断、推理、存储等信息活动的统称。如对由雷达、技术侦察、预警卫星等获取的空中目标信息进行多传感器和多源的数据融合处理,以获取统一的空中目标态势,为指挥员提供决策依据。信息处理包括人工和计算机处理两种情况,但通常指后一种情况,它是计算机应用的一个重要领域。

信息处理技术是指通过对信息进行加工处理,以求更好地利用和再生信息的技术。现代信息处理技术以电子计算机和人工智能为主要手段,按一定目的要求和步骤对信息载体即数据进行综合、转换、组织、存储等各种加工处理和表示,为形成决策提供支持。主要包括计算机硬件技术、计算机软件技术、信号处理技术、人工智能技术、数据库技术、数据仓库技术、数据融合技术、模拟仿真技术、决策支持技术等。

信息处理技术为指挥员提供经处理的必要、适时、准确的情报信息,使其在"透明"的信息化战场指挥部队和控制武器系统执行作战任务。同时,武器装备的信息化离不开信息处理技术,信息处理技术的发展,大大推进了武器装备的信息化进程,使传统武器装备向精确化、智能化、远程化、隐身化、无人化方向发展。信息处理技术推动着作战指挥方式和训练方式的变革和手段的更新,使作战训练的环境、条件和手段产生了质的飞跃,一些新的指挥控制方式,如网络式、分布式、互访式指挥控制方式脱颖而出。

1.3.3 信息传输技术

信息传输是指信息通过各类通信手段和其他方式传输到指定接收者的活动的统称。信息传输是构成信息网络的"链路",高速、大容量、可靠地传输信息,是信息活动所追求的目标,也是信息传输技术发展的根本动力。通信手段主要包括无线电通信、有线电通信和光通信等。无线电通信主要有微波、短波、超短波通信等。有线电通信主要有被覆线、架空明线和电缆通信等。光通信主要有大气激光通信和光纤通信等。

信息传输技术是指运用有线电、无线电、光或其他通信手段及其系统，以符号、数据、文字、声音、图像、多媒体等信息载荷形式实现对信息传递的技术，亦称通信技术。信息传输技术是主体信息技术的重要组成部分。依靠信息传递技术建成的信息网络，是连接信息化战场环境、信息化部队和信息化作战平台的"纽带"与"桥梁"。而作为信息网络主体的信息传递网络，已经从单一的点对点构成模式，发展为采用多种传输手段，可传输多种业务，并有多种交换方式的通信网络。

信息传输技术主要是解决在给定传输媒介的条件下，提高信息传输的有效性和可靠性问题。按实现的功能可分为传输技术、交换技术、终端技术、网络技术和通信安全技术。按传输介质可分为有线电、无线电和光通信技术。按网络构成可分为信息传输技术、信息交换技术、信息终端技术和信息传递网络技术等。按传递业务可分为语音、数据、图像和多媒体传递技术。其基本目标是达到军事信息传递的迅速、准确、保密、不间断。

1.3.4　信息显示技术

信息显示技术是一种使信息可视化的技术，是以文字、图形、图像等直观的方式向人们表达和提供信息的手段。其应用于信息作战的全过程，可使参战部队最有效地感知并利用各类战场信息。如车际信息系统的显示屏，可同时打开多个视窗，运行多个不同的文件和程序，通过它既能接收战斗命令，又能看到战场动态平面图，进行地形分析，计算最佳进攻路线等。车内显示器能将车外传感器接收的画面显示在屏幕上，使驾驶员几乎感受不到车辆装甲的视觉障碍。因此，充分运用新的显示技术，研制高清晰度、多功能、小型化的显示器，如头盔式显示器、平板显示器和交互式显示器等，将成为战场信息化技术环境中的一个十分重要的方面。

显示设备是信息显示技术的载体。显示设备多数是为指挥人员服务的，指挥人员需要观看文字、图形、图像等信息。在指挥中心或指挥所里，可以用一般显示器配上其他输入/输出设备，进行快速制表、标图，显示与外界交换的报文、命令、文件和检索的情报资料等；用图形显示器和投影式大屏幕显示设备将敌我态势、空域或海域目标的位置、速度、航速等情报，配以背景图和文字符号综合显示出来；通过闭路电视系统或电子会议系统，可以把摄像、录像、电视、电影、手写的黑板图像、高分辨率文件图像、静态图像等信息，逼真地显示在指挥人员面前；用电子显示板可把各战区内的作战或战略情报参数（如敌我兵力对比、主要兵器的战术技术性能、气象、时间、后勤、物资装备等），以及作战结果情报参数（如人员伤亡、武器装备损耗状况等）显示在指挥人员面前。各指挥中心或各级指挥所的任务不同，所需显示的信息不同，配置的显示设备也不同，如战略指挥所与高级战术指挥中心一般要配备大屏幕显示设备，有的还要配备多套，而一般战术指挥所就不一定需要。由于信息非常复杂，所以使用彩色显示可确保每个项目清晰可辨。

1.3.5 信息控制决策技术

信息控制技术是指利用信息改变控制对象的运动状态和方式，使之适合于控制者设定目标的技术；信息决策技术是指计算机辅助决策技术，根据具体环境和任务为决策者进行科学决策提供支持的技术。在作战中，获取、传递和处理信息的最终目的是利用信息提高作战的效能，而信息控制与决策正是利用信息来实现最终目的的最后环节。信息控制与决策技术包括计算机辅助决策技术、信息控制技术与人工智能技术。

计算机辅助决策技术包括管理信息系统技术、决策支持系统技术以及地理信息系统技术等。管理信息系统能对大量数据进行管理，其目的在于提高对数据的管理效率，但数据信息分析能力较弱，只能为较低层次的决策服务。决策支持系统可以克服这一弱点，并在此基础上发展起来，它不但能管理大量的、广泛的数据，更重要的是，由于采用模型和模型库技术，获得了较强的数据分析能力，而推理机中对推理技术的运用，使得决策支持系统能够模仿人类的思维过程，对知识库中知识元进行合理的推理运算，从而能够辅助较高层次的决策者进行决策。地理信息系统技术是一种基于空间数据信息的可视化辅助决策技术，通过对空间数据的分析，提供随时间和空间变化的辅助决策信息。从发展的趋势看，专家系统作为一种使用推理模型的应用将发展成为一种智能型的决策支持系统。

信息控制技术属于自动控制的范畴，其基本内容包括自动控制理论、自动控制工具及其应用。自动控制理论的发展经历了经典控制论，这是以维纳的控制论为代表，主要研究单输入/单输出的线性系统，主要使用表示系统输出同输入之间关系的传递函数的方法，多用于单变量控制；现代控制论以卡尔曼的控制论为代表，主要研究多因素控制系统，基本方法是状态方程、时域法，研究重点是最优控制、随机控制、自适应控制，核心装置是计算机。目前发展中的是大系统控制论和智能控制，核心装置是计算机网络，而智能控制是研究和模拟人类智能活动及其控制与信息传递过程的规律，研制具有仿人工智能的控制系统，如智能机器人。

人工智能技术源于计算机技术，但已超脱了计算机技术，已经形成一门完整的、独立的学科体系，涉及多门学科领域，具有广泛的科学技术基础，是一门综合性边缘学科。人工智能技术的主要内容可概括为机器人、专家系统、智能机及智能接口、机器视觉与图像理解、语音识别与自然语言理解、武器精确控制、自动目标识别、无人驾驶技术、神经网络及其应用等。其中与决策和控制关系密切的是专家系统技术、神经网络技术和机器人智能控制技术。

信息控制与决策技术在作战中具有十分重要的地位和作用，是实现开环系统自动化和智能化的必要手段，而辅助决策技术则是保证作战决策科学性、及时性的重要工具，智能化的信息控制与决策技术也就成为提高作战效能的根本保证。

1.4 国内外车载武器装备信息化现状及发展趋势

1.4.1 我军车载武器装备信息化发展概况

当前，我军机械化建设的任务还没有完成，但又面临着信息化的严峻挑战。如果采取跟进式、渐进式发展，按部就班地在完成机械化建设任务后再进行信息化建设，那就会错失良机，很难缩小同世界先进水平的差距。跨越式实现武器装备信息化，是发展中国家军队信息化建设的必然选择。因此，走跨越式发展道路，是我军摆脱落后、争取主动的必由之路。实现由机械化向信息化的跨越，就要致力于武器装备信息化和信息装备武器化，着力抓好常规武器的信息化建设和信息作战装备的研制开发，特别是新机理、新概念信息装备关键技术的攻关，力争我军的信息获取能力、信息处理能力和信息控制能力都有较大幅度的跃升。

跨越式实现武器装备信息化的方法和途径是多种多样的，既可对原来没有信息成分的武器进行信息成分的"贴花"和"嵌入"式改造，也可在武器的研制、生产、制造过程中加入信息成分，使其具有信息探测、传输、处理和控制、制导、对抗等功能；还可利用"横向现代化技术"实现武器和信息网络的连接，提高武器装备整体的信息化水平。

1.4.2 外军车载武器装备信息化发展概况

车载武器装备的信息化主要是围绕车载电子信息系统的研制和改进而展开的。这些系统主要包括指挥通信系统、监视侦察系统、敌我识别系统、定位导航系统以及威胁和对抗告警系统等。

车载武器装备的通信系统主要是战术无线电台，包括高频电台和甚高频电台。目前国外的战术无线电台大部分是20世纪七八十年代的产品，已普遍采取了快速跳频、扩频和猝发通信等抗干扰措施。有的已经采用了加密技术；如以色列的 HF-2000 型电台，是一种高频自适应系统，采用模块化设计，集自适应、跳频等多种功能于一体，具有较强的抗干扰能力。

为了更好地适应高技术战争的需要。一些西方发达国家研制了先进的指挥与通信系统。如美国的"车际信息系统"、英国的"IVIS 综合指挥与通信系统"、德国的"IFIS 综合指挥与通信系统"等。其中美国的"车际信息系统"主要装备在 M1A2 主战坦克上，主要用于传递指挥和协同作战信息。它主要由数字通信装置、甚高频单信道地空无线电台、综合显示系统和控制台等组成，具有数字化通信和图像传输能力，抗干扰性强，能与战场其他通信系统联网。

车载武器装备的监视侦察系统，主要包括微光夜视仪、被动式热像仪、激光测距仪、战场侦察雷达以及战场监视和目标截获雷达等。微光夜视仪是陆军装甲车辆大量装备的一种夜视设备，迄今为止已经发展了三代，其中第三代微光夜视仪的作用距离达到 $1\sim1.5\text{km}$。典型的装备有美国的 AN/VVS-2 型车辆微光驾驶仪和法国的 DIVF13A 型微光电视等。被动式热像仪（中远红外热像仪）具有隐蔽性好、作用距离远、成像质量高等特点，近年来得到迅速发展。已形成了两代产品，其中第一代为光机扫描式的，目前装备在较新的装甲车辆上；第二代为凝视型焦平面热像仪，其分辨能力和作用距离大幅度提高，将用于新一代坦克装甲车辆上。激光测距仪是一种快速、精确的测距设备，至今已发展了三代，分别为波长 $0.6943\mu\text{m}$ 的红宝石激光测距仪、波长 $1.06\mu\text{m}$ 的掺钕钇铝石榴石激光测距仪和波长 $10.6\mu\text{m}$ 的二氧化碳激光测距仪。现装备较多的是第二代，测距精度约 10m。第三代的二氧化碳激光测距仪具有作用距离远、测距精度高的优点，但价格较贵，体积也较大。战场侦察雷达主要用于对战场活动目标进行探测、识别、定位和跟踪等。目前地面战车大部分没有安装雷达，只在装甲侦察车上配备，今后会在更多的装甲车辆上加装雷达。装甲侦察车上现役的战场侦察雷达大部分是 20 世纪七八十年代的产品，都采用了动目标显示、数字化信号处理和机内自检等技术，先进性和可靠性都较高。比较典型的战场侦察雷达有美国的 AN/TPS-74 毫米波战场侦察雷达等。AN/TPS-74 雷达装在 M113 装甲侦察车上，具有较强的目标识别和精确定位能力。战场监视和目标截获雷达是一种毫米波雷达，它具有带宽大、分辨率高、抗干扰能力强和穿透性好的特点。例如，美国的"斯塔特尔"毫米波监视和目标截获雷达，可以和 AN/VSG-2 坦克热成像瞄准镜以及火炮构成一个整体，由雷达进行搜索跟踪和测距，由热成像瞄准镜进行识别和瞄准，提高了射击速度和精度。

敌我识别系统近年来引起西方国家的高度重视，主要有毫米波识别、激光识别和无线电识别系统等。目前的敌我识别系统还有待于进一步研究和发展，以提高其可靠性、保密性、抗干扰能力和快速反应能力，并使其易于和火控系统相结合。典型的敌我识别系统有美国的 BCIS 战场战斗识别系统、激光识别系统和无线电识别系统等。其中 BCIS 战场战斗识别系统是一种全天候、数字加密的毫米波问答式系统，识别距离 $5.5\sim10.2km$，具有良好的抗干扰能力，已部分装备部队。美国麦克唐纳·道格拉斯公司研制的无线电战场自动安全识别系统，识别距离达 12km，保密性好，接收机与瞄准器联装，在瞄准的同时能够实现敌我识别。

定位导航对陆军的机动作战是至关重要的。定位与导航系统通常采用位置导航技术，能实时地提供平台的坐标、行驶方向，还能输入准确的地域边界数据，划定安全区域。一旦平台驶出安全区，可发出警告信号，指示返回安全区域。此外，在测距仪的配合下，它还能为炮兵提供目标指示。为了提高导航定位系统的自主特性，目前战车上安装的定位导航系统以惯性导航为主。全球卫星定位系统（GPS）也逐渐应用于陆军平台的定位导航系统中，能够获得高精度的三维位置数据。但由于卫星信号在复杂的战场条件下容易被遮挡和受到人为的干扰，因此有人认为在车载武器装备上应该将惯性导航和 GPS 相结合，以惯性导航系统为主，同时利用 GPS 的精确定位能力对数据实行自动校正。

在现代战场上，车载武器装备受到敌方攻击的可能性很大，当精确制导武器来袭时，往往伴有激光、红外等信号，因此，激光和红外告警系统对提高作战平台的生存能力是至关重要的。告警通常包括激光告警、红外告警和雷达告警等。目前车载武器装备的告警系统绝大多数是激光告警系统。激光告警系统主要对敌方激光测距仪、激光指示器等发出的激光进行告警。有的将告警系统与光电对抗措施相结合，在进行告警的同时启动防御和对抗手段，对来袭导弹进行干扰。国外较典型的激光告警系统有俄罗斯的"窗帘"系统、以色列的 LWS-2 型激光告警系统等，它们都已经装备在新型坦克上。前者主要装备于 T-90 和 T-80U 主战坦克，工作波长为 $0.4\sim1.4\mu m$，有精确定位和概略定位两种告警接收器，方位探测范围为 $360°$，俯仰探测范围为 $0\sim20°$，在主炮两侧的一定扇区内定向精度小于 $1.9°$。系统有自动和手动两种工作方式，前者可以在发现威胁源时，自动启动对抗措施。

除了车载武器装备以外，陆军的车载弹药、单兵装备、战场态势感知和反感知装备都经历了信息化的过程，信息化升级已经成为整个陆军武器装备发展的一条主线。

总之，车载武器装备仍然是各国的发展重点之一。为了适应现代高技术战争的需要，车载武器装备的信息化问题变得越来越迫切。美国等西方发达国家正在建设 21 世纪的陆军数字化部队。未来陆军车载武器装备信息化的重点是提高它们的战场指挥控制、目标识别、定位导航、精确攻击、主动防护能力，降低被发现的概率，提高电子对抗以及维护保障能力，以充分发挥其作战效能，提高其生存能力。

1.4.3 信息化是车载武器发展的必然趋势

近几次局部战争已充分表明，信息优势可以转化为战斗力优势，不掌握制信息权也就不能掌握制胜权。信息系统就像车载武器装备的神经，离开了信息系统的支撑，一些武器装备就好似废铜烂铁。

近几十年来信息技术的发展，增强了传感器单元获取信息的能力、武器系统进行分析判断的能力以及战场信息的快速传递能力。这些能力的提升，为充分利用信息资源、实时进行决策指挥、迅速夺取战争优势提供了条件。同时，信息化系统的建立，有助于武器系统实现作战和维护检修等过程的自动化和智能化。因此，信息化是车载武器装备发展的必然趋势。

1.5 车载武器信息化的主要评判标准

1.5.1 车载武器信息化的评判要素

1. 具备车载信息化武器装备的基本特征

（1）已采用必要的信息获取技术。

（2）车载武器装备中的电子信息装备已经实现数字化，并形成系统，能够通过通信网络交换信息和实时掌握战场态势，通信设备具有抗截获、抗定位、保密和抗干扰能力。

（3）能够采用计算机、微处理器和软件对武器装备进行自动控制。

（4）主要运用精确制导武器进行作战。

（5）具有运用信息对抗技术进行自身防护的能力。

2. 具有适度的信息技术含量

信息技术含量又称电子含量，指的是信息设备成本在武器装备总成本中所占的百分比。美军目前达到的平均水平是：主战飞机电子含量为 42.1%、导弹 58.6%、军用卫星 62.1%、装甲战车 31.7%、战舰 33.9%。

需要注意的是，软件的成本在信息设备和系统中所占的比重很大。例如，软件平台、指挥控制支持软件和作战指挥软件等指挥控制软件在西方国家军队指挥控制系统建设经费中所占的百分比一般为 70%~80%。

3. 具有较高的质量

评判车载武器装备信息化的水平，既要看其外在特征和信息技术使用的数量，又要看质量。信息化的主要质量标准为：

1）可靠性高

可靠性是衡量武器装备信息化质量水平的主要指标，可靠性的高低同武器装备的作战能力有密切的关系。例知，F-15A 战斗机的可靠性较差，其战备完好率只有 50%，而经过改进后，F-15E 的战备完好率达到 96%。在 1986 年美国与利比亚的战争中，24 架从英国起飞的 F-111 战斗轰炸机中有 6 架在飞行途中因电子线路故障等因而返航，其余飞机到达目标附近后又有 5 架因火控系统故障而未能执行攻击任务。高可靠性还能减少对维修人力物力的依赖，降低装备的使用保障费用，提高武器装备的机动性和快速部署能力。

2）电磁兼容性好

电磁兼容性属于可靠性范畴，由于它的好坏同武器装备信息化关系极为密切，因而单列出来加以介绍。

现代武器装备和指挥所的天线很多，这些天线既发射所需频段的有用信号，又不可避免地在其他频段上发射被称为多次谐波的无用信号，这些无用信号会干扰附近的其他电子设备。电磁干扰除来自天线外，也会来自导线、电气接头、发动机的电子点火器和包括计算机键盘在内的任何处于工作状态的电子设备。这些多余的电磁信号会干扰雷达、通信、导航和其他电子设备的正常工作。电磁干扰也会来源于复杂的电磁环境和其他平台。在英国和阿根廷的马岛战争中，据说是由于"谢菲尔德"号驱逐舰上的警戒雷达与卫星通信不兼容，为了确保通信而关闭雷达，导致该舰被阿根廷战机发射的"飞鱼"反舰导弹击沉。

改善电磁兼容主要靠按照电磁兼容规范的要求进行周到的电磁兼容设计，其中包括接地、屏蔽及抑制干扰源等设计。此外，还要严格筛选低辐射的高性能元件，尽量缩短电路系统中互连电线的长度。

3）具有良好的维修性

维修性是指对武器装备进行维修的难易程度。良好的维修性表现为维修工作量小、维修速度快、对所需维修人员的数量、维修能力及维修设备的要求不太高等。

对维修性的具体要求包括：在设备内部安装故障检测传感器，根据数据的变化可以及时发现故障征候，提前采取相应的措施；在发生故障时，能够进行准确和快速的故障诊断，确定故障的部位和性质，并能将其信息传输到设备的故障检测接口及武器装备和操作人员的界面加以显示；电子信息系统的模块化程度好，能够做到坏了就换装相同功能的标准化、通用化模块。

对维修性的要求还包括设计时考虑软件故障的排除问题。更高级的要求应包括能够进行远程故障诊断和自我修复。

4）具有扩充性

扩充性是随着时间的推移，武器装备能够扩展其功能和性能的属性。更换和增添新设备都是使功能和性能升级的手段，后者要求在设计武器装备时就应使其具有硬件的可扩充性。在软件方面，应用软件所采用的结构和程序模块化构造，应能根据需要修改某些模块，增加新的功能。

4. 具有较高的效费比

效费比包含武器装备效能和经济可承受性两个要素。信息技术是武器装备战斗力的倍增器，其应用往往能使武器装备的性能上升到新的台阶，效费比应该比较高。这正是实施车载武器装备信息化的重要理由之一。美军的联合直接攻击弹药和激光制导炸弹价格低、精度高、威力大，成为美军在伊拉克战争中投放量最大的两种精确制导武器。俄制"马斯基特"超声速反舰导弹具有变高、变轨等高机动飞行能力，突防能力强、威力大，成为国际市场上畅销的武器。具有隐身、超声速巡航、推力矢量功能的高度信息化的第四代战机 F-35，性能远高于 F-15（F-16）和 F/A-18 等第三代战机，但价格却相差不大，目前订货已达 3000 多架。

1.5.2 车载武器信息化的可靠性

车载武器可靠性是指车载武器在规定的使用条件下和规定的时间内，完成规定功能的能力。它是反映车载武器装备耐用和可靠程度、无故障完成任务的一种能力。

随着车载武器信息化进程的推进，计算机软件在车载武器系统中所起作用越来越大，武器软件可靠性问题成为信息化战争关注的焦点。统计表明，车载武器自动化控制系统的硬件故障率在不断下降，而嵌入其中的软件系统故障率却在加速上升，武器装备软件可靠性问题已经成为制约武器装备可靠性的一个瓶颈。因此，研究武器装备软件的可靠性对整个武器装备质量的提升具有很大的现实意义。

车载武器软件可靠性是指车载武器软件在规定的环境条件下、规定的时间周期内执行规定功能的能力。与车载武器硬件可靠性有所不同，车载武器软件可靠性具有特定的含义："环境条件"是指软件的使用（运行）环境，包括复杂的电磁环境、多变的技战术条件等，还涉及软件运行所需要的一切支持系统及有关的因素；"规定的时间"是指软件系统一旦投入运行后计算机挂起（开机但空闲）和工作的累积时间；"规定功能"是指为达到武器装备功能而规定或要求嵌入其中的软件应该完成的功能。

1.5.3 评判武器装备信息化时应注意的几个问题

在对车载武器装备信息化水平进行评判时，应注意以下几个问题。

1. 要在同一类别内进行评判和比较

综合电子信息系统和武器装备电子信息系统是功能不同的两大类电子信息系统，前者的功能是向后者提供信息支援。或进行信息对抗时，后者是武器平台的嵌入式电子信息系统。在进行信息化水平的比较时，首先要在这两大类的内部比，不能跨类。像战舰、潜艇、战机这样的武器平台，由于其机械化的部分造价很高，即使在平台上配备了很先进的信息系统，其电子含量也比不上通信、电子战、卫星等纯信息装备，不能据此下结论说这些平台的信息化水平不高。

同样，在上述两大类电子信息系统之内一还有若干亚类，亚类之间相比也不合理。例如，坦克与侦察车之间就缺乏可比性。不同类弹药之间进行比较，也不合理，例如，精确制导弹药的战斗部造价很高，如果用它与普通弹药相比，其电子含量就比后者低得多。可是，实际上，导弹头上的信息系统远比普通弹药复杂和先进。

2. 要进行综合比较和评判

在对同类武器装备的信息化水平进行比较和评判时，要综合考虑电子含量、质量、效费比等要素。既要看数量（电子含量），又要看质量、效能和成本。对武器装备中的信息设备，关键是看它在提高武器装备效能上所发挥的作用的大小和能否普遍列装，即看它的效费比。要防止片面追求提高电子信息技术含量的倾向，即不管主战装备还是配套装备，技术水平越高越好；不管成本有多高，超量提高电子设备的数据处理能力和存储容量，追求高档配置，结果造成性能高，效费比却不高，部队采购不起的局面。只要总体性能先进，在同一平台上新旧电子设备可以共存。

3. 要从发展的观点看待电子含量

电子含量是评判车载武器装备信息化的数量标准。没有数量，就没有质量，也谈不上信息化产生的高效能。总体上看，武器装备的电子含量呈上升趋势。武器装备的电子含量有两层含义，一层是前面提到的信息设备的成本在武器装备总成本中所占的百分比，另一层是信息设备在武器装备中普及程度，这在数量上体现为武器装备中信息设备的套数、件数，如微处理器、传感器的数量等，以及能够用数字来表示的性能，如存储器的存储容量，计算机的运算速度、软件的源代码数量等。随着微电子、光电子产品价格的迅速下降和性能的大幅提高，可能会出现这样的情况：信息设备的成本在武器装备总成本中所占的百分比下降，而信息设备在武器装备中发挥的作用却在增强。

第 2 章　目标信息感知技术

信息化战争中，CCD 摄像和照相、红外探测、雷达探测、激光侦察等技术实现了高精度、高灵敏度、全频段、全数字化的信息获取。信息获取的数字化为情报传输、处理分发和应用奠定了坚实的技术基础。

2.1　直接瞄准目标信息感知技术

2.1.1　可见光探测技术

光学探测获取，是一种传统技术与现代技术相结合的探测方式，是指运用各种军事手段，利用光学探测设备和光学探测技术，通常是在极为隐蔽的情况下，在探测对象不知不晓当中，来观察和探测敌方的部队、人员、武器装备、阵地设置、战场状况和机动方向等情况，从而获得对方军事信息的活动。目前，常用的光学探测设备主要有各种军用望远镜、潜望镜、照相机、摄像机、微光夜视仪、热成像夜视仪、激光测距仪等。

1. 光学仪器概述

可见光也是一种电磁波，与利用其他电磁波进行侦察的技术和手段相比，可见光侦察技术的优点是最直接、最有效，分辨率高，直观清晰，技术上也比较成熟。其缺点是在黑夜和气候恶劣或有烟雾、植被等遮蔽物时不能使用，且不能识别伪装目标。

在可见光侦察技术领域中，最早发展起来的是可见光照相技术。自从照相技术出现，它就被用在了军事侦察上，开始时只在地面进行侦察，后来又把它安装到飞机和卫星上，成为空中照相侦察和空间照相侦察。空中照相侦察和空间照相侦察视角广，可以直接获取整个战场作战态势，提供战场地图等，从而在战场上发挥了越来越重要的作用。同样一架视角为 20°的照相机，装在 3km 高的侦察机上，一张照片可以拍摄 $1km^2$ 的地面面积；放在 300km 高的侦察卫星上，一幅照片囊括的范围可达 $10000km^2$。

随着科学技术的发展，在可见光侦察领域又出现了电视摄像技术。电视摄像技术比照相侦察技术优越，不仅可以获取目标的静态信息，而且可以获取目标的动态信息，使战场景况一览无余。电视摄像技术可分为反束光导摄像技术和可见光电荷耦合（CCD）摄像技术两种，其中电荷耦合摄像技术更为先进。电视摄像侦察的优点是实时性好，可将获取的目标彩色或黑白图像信息直接转化为数字信息，实时地传回地面，使指挥人员能够随时掌握战场上的敌我态势，从而及时地做出处置，真正做到了"运筹帷幄之中，决胜千里之外"。其缺点是分辨率比照相侦察低。

1）目视观测仪器

可见光波段工作的目视观察/瞄准和实施距离、角度测量的仪器一般包括普通望远镜、瞄准镜、指挥镜、潜望镜、炮长镜及光学测距机（被动式）、方向盘、侦察经纬仪等。观察/瞄准仪器常简称为观瞄仪器，可用于搜索地面、海上和空中目标，侦察地形，监视敌人的行动，瞄准目标和校正射击等，还可借助已知物体和经验估算目标距离。

从光学系统的构成原理来说，军用目视观测仪器都属于望远系统的范畴。我们都有这样的经验，两物体间的距离小到一定程度时，眼睛便不能区分开这两个物体，我们称这时两物体间的距离对人眼的张角为人眼的极限分辨角。在较好的照明条件下，人眼的极限分辨角为 $1'$ 左右。当物体对人眼所张的视角小于 $1'$ 时，人眼须借助于各种光学仪器才能看清物体。对于近处的物体，通常借助放大镜或显微镜来观察，而对于远处的物体，则常常借助具有望远系统的光学仪器来进行观察。

2）摄影测量仪器

在军事上，摄影测量仪器用以测定目标位置、形体及变化，编制特种地图和照片文件，记录和测量导弹、火箭等运动轨迹和动态参数，了解海浪、海流参数及海底地貌，精确标定航天器和某些天体的位置等。例如，弹道照相机可测量飞行体的轨迹，可鉴定和校准雷达、电影经纬仪、光电经纬仪的精度；高速摄影机可记录爆炸、燃烧等短快过程，快速拍摄弹丸、飞行器、航天器的飞行姿态与轨迹；航空、航天摄影装备可以摄取地球、月亮和其他行星表面的照片，可以广泛搜集军事情报。

2. 可见光侦察装备的发展

可见光侦察装备可以说是侦察器材中发展最早，应用最广的仪器。早在第二次世界大战期间，可见光侦察装备就已经广泛用于战场，其中包括望远镜、方向盘、炮长镜等。这表明可见光侦察装备的设计和制造技术已经相当成熟。光电子技术的成果使传统的军用光学仪器进入新的时期。

（1）微光夜视仪、热像仪、电视摄像机等在军事上得到普遍应用，大大提高了战场信息的获取能力,扩展了战争的时域、空域和频域。

(2) 计算机使军用光学仪器朝智能化、自动化方向发展,并大大提高了信息处理速度和精度。

(3) 光学塑料、光学晶体的不断出现给军用光学材料家族注入了新的活力。它们使传统的信息获取波段扩展,并降低了仪器的成本。

(4) 特殊光学形面的采用打破了球面光学零件一统天下的局面,使光学系统以很少的元件取得优良的使用效果。

(5) 光学自动设计技术和新型光学工艺、光学检测手段为军用光学仪器的飞速发展提供保障。

3. 光电侦察车车载光学侦察设备

地面侦察设备包括车载光学侦察设备和单兵侦察设备,通过车载光学侦察镜和便携式摄体机进行车内及离车时对目标实施侦察、情报采集。

1)"四合一"光学侦察设备

通用型装甲侦察车光学侦察系统简称"四合一"侦察镜,是该车最主要的侦察设备。"四合一"侦察镜安装在侦察车中心部位的侦察塔内,窗口处于车上最高位置。侦察镜采用模块结构和头部机械联动的潜望形式,其外貌如图 2-1 所示。

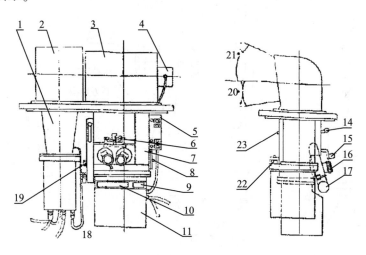

图 2-1　"四合一"侦察镜

1—热像仪;2—热像仪头部;3—白光系统头部;4—测角码盘组;5—电源和控温盒;
6—机械俯仰读数;7—小部组;8—滤光镜手柄;9—测距显示;10—操作曲板;
11—下体;12—摄像机组;13—气门组;14—变倍手柄;15—护额组;16—目镜板组;
17—仰俯手枪;18—目距调节手柄;19—激光手动触发开。

侦察员坐在侦察塔的吊篮里，可通过侦察镜随塔旋转，作360°水平周视，通过操纵头部反射镜摆动作-10°~+22°俯仰侦察。侦察镜具有白光观察、光电测角、激光测距、CCD摄像和热成像夜视功能，可实现白天、黑夜和能见度不佳的条件下的侦察工作，将目标的图像和位置坐标（方位角、高低角和距离）实时采集和输出。"四合一"侦察镜集中了有关的先进技术：CCD远距离摄像图像清晰、有层次，能识别12km的装甲目标；潜望式激光测距仪最大测程达20km；高低角和方位角测角精度可达1mil；热像仪能穿过烟雾和尘土干扰，在漆黑的夜晚也能识别2.5~3km的装甲车目标。"四合一"侦察镜功能齐全，性能先进，操作方便，工作适应性强，是一种光、机、电、算结合的数字化信息侦察设备，使我军侦察手段上一个新台阶，处于国内领先和国外20世纪90年代初的先进水平。

2）白光双目望远镜工作原理

目视观察、激光发射和接收的光学——电子系统如图2-2所示。

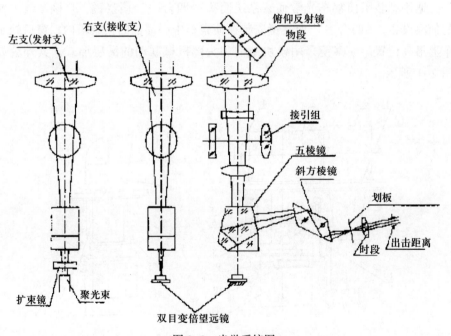

图2-2 光学系统图

目视观察系统是潜望式双目变倍望远镜。景物的光线经左右两支俯仰反射镜折转后进入物镜，该光束经物镜和变倍组呈会聚光束出射，再经五棱镜和斜方棱镜后，成像在目镜的焦面上，由目镜放大供人眼观察。变倍组可绕水平转轴90°，以转入和转出光路。变倍组转入光路时系统为 $6^×$，用于车辆行驶中和搜索目标时观察；转出光路时系统为 $16^×$，用于观察目标细节和激光测距。

4. 光电侦察车 CCD 摄像系统工作原理

主要由潜望式摄像前置镜和 CCD 摄像机组成。如图 2-3 所示，被摄目标在自然光的照射下所反射的光线由俯仰反射镜折转，经摄像物镜、五棱镜、摄像目镜和直角棱镜后，经 f50 自动光圈镜头成像在 CCD 摄像机的靶面上，其图像被摄像机转换成视频信号输出，供电视监视器显示和主计算机处理。

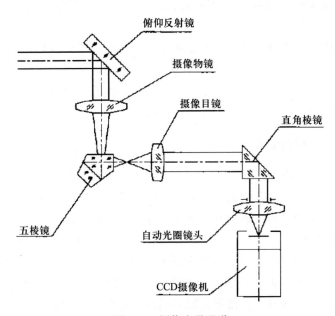

图 2-3 摄像光学通道

CCD 摄像机配 50mm 焦距的摄像镜头，用于正常环境条件下野外摄像，可以识别 1200m 远的装甲车辆。在摄像镜头前面配置一个 $12^×$ 潜望式摄像前置镜，一是为了实现潜望，二是为了提高摄像系统的分辨力，使其识别装甲目标的距离提高到 12km。

自然景物的亮度随着天气、季节、太阳高度等因素在几个数量级范围内变化，就是在同一时间同一地点，也随着地形地物、目标特性的不同有很大变化。摄像系统要获得满意的图像质量，必须有合适的进光量，对于实施机动侦察的系统更是如此。本系统采用自动光圈镜头，能使光圈数 F 随着视场中景物的平均亮度自动快速地变化。

5. 多光谱、超光谱侦察技术

多光谱成像着眼于占据可见光和红外光谱区，利用特定的滤光镜，采集来自不同窄谱带的信息。由于材料在不同谱带的反射特性不同，因而茂密的植被与人造伪装材料在某个谱带可能看起来一样，在另一个谱带就会出现差异。利用伪装、遮蔽等手段很难将目标隐蔽在所有的谱带下，因而通过发现多个不同谱带影像间的差异，有助于识别伪装的目标。

超光谱成像系统可在可见光到近红外波段的几百个谱带上对目标进行超分辨率或超精细观察，对照自然背景发现人造目标，对化学战剂进行化学成分分析等。

特超光谱成像系统，在上千个谱带上观察和拍摄可疑的目标。特超光谱成像技术测量范围为中红外到远红外波段，可用于分析烟缕的成分、探测空气中的神经性毒气等物质。这种超光谱成像系统的工作波段可覆盖从紫外到远红外的整个光谱范围。

2.1.2 微光夜视技术

1. 微光夜视仪概述

微光夜视技术致力于探索夜间和其他低光照度时目标图像信息的获取、转换、增强、记录和显示，研究其在人类实际生活中的应用。

1）夜天辐射

即使在漆黑的夜晚，天空仍然充满了光线，这就是所谓"夜天辐射"。只是由于其光度太弱（低于人眼视觉阈值），不足以引起人眼的视觉感知。微光夜视技术上的核心任务：把微弱光辐射增强至正常视觉所要求的程度。夜天辐射的来源：太阳、地球、月球、星球、云层、大气等自然辐射源。

（1）夜天辐射的特点。

夜天辐射是上述各自然辐射源辐射的总和，其光谱分布如图 2-4 所示，并具有下列特点：

① 夜天辐射除可见光之外，还包含有丰富的近红外辐射。

② 夜天辐射的光谱分布在有月和无月时差异很大。

有月时与太阳辐射的光谱相似（此时月光是夜天光的主体——满月月光的强度约比星光高 100 倍，故夜天辐射的光谱分布取决于月光，即与阳光相近）；无月时各种辐射的比例是：

星光及其散射光	30%
大气辉光	40%
黄道光	15%

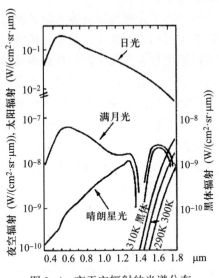

图 2-4 夜天空辐射的光谱分布

银河光　　　　　　　5%
后三项的散射光　　　10%

（2）夜天辐射产生的景物亮度。

由夜天光辐照所产生的地面景物亮度（表 2-1）可以依据夜天光对景物的照度和景物反射率计算。若景物为漫反射体，则其光出射度为

$$\begin{cases} M = \rho E = \pi L \\ L = \rho E / \pi \end{cases} \quad (2-1)$$

式中：E——景物照度；L——景物亮度；ρ——景物反射率。

表 2-1　不同自然条件下地面景物照度

天气条件	景物照度/lx	天气条件	景物照度/lx
无月浓云	2×10^{-4}	满月晴朗	2×10^{-1}
无月中等云	2×10^{-4}	微明	1
无月晴朗（星光）	5×10^{-4}	黎明	10
1/4 月晴朗	1×10^{-3}	黄昏	1×10^{2}
半月晴朗	1×10^{-2}	阴天	1×10^{3}
满月浓云	$2^{-8} \times 10^{-2}$	晴天	1×10^{4}
满月薄云	$7 \sim 15 \times 10^{-2}$		

2）微光夜视仪组成与原理

以像增强器为核心部件的微光夜视器材称为微光夜视仪。

微光夜视仪包括四个主要部件：强光力物镜、像增强器、目镜、电源。从光学原理而言，微光夜视仪是带有像增强器的特殊望远镜。

微弱自然光经由目标表面反射，进入夜视仪，在强光力物镜作用下聚焦于像增强器的光阴极面（与物镜后焦面重合），激发出光电子；光电子在像增强器内部电子光学系统的作用下被加速、聚焦、成像，以极高速度轰击像增强器的荧光屏，激发出足够强的可见光，从而把一个被微弱自然光照明的远方目标变成适于人眼观察的可见光图像，经过目镜的进一步放大，实现更有效的目视观察。

以上过程包含了由光学图像到电子图像再到光学图像的两次转换。

2. 微光夜视仪的分类

通常按所用像增强器的类型对微光夜视仪分类，有所谓第一代、第二代、第三代微光夜视仪之称。它们分别采用级联式像增强器、带微通道板的像增强器、带负电子亲和势光阴极的像增强器。

1）第一代微光夜视仪

第一代微光夜视仪由强光力物镜（折射式或折反式）、三级级联式像增强器、目镜和高压供电装置组成，如图2-5所示。

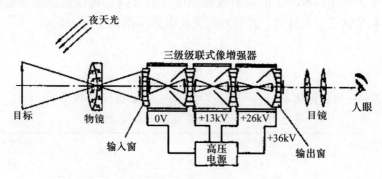

图2-5　第一代微光夜视仪工作原理

2）第二代微光夜视仪

第二代微光夜视仪与第一代的根本区别在于它采用的是带微通道板（MCP）的像增强器。它是以微通道板的二次电子倍增效应作为图像增强的主要手段；而在第一代像增强器中，图像增强主要是靠高强度的静电场来提高光电子的动能。优点为体积小、重量轻、亮度可调、可防强光。

3）第三代微光夜视仪

与第一、第二代微光夜视仪相比，第三代微光夜视仪的突出标志是以第三代像增强器为核心部件，其根本区别在于光电阴极。

三代像增强器的基本特征：以负电子亲和势光电阴极为核心部件，同时利用微通道板的二次电子倍增效应，构成第三代像增强器的基本特征。

结构：由于砷化镓光电阴极结构的限制，入射端玻璃窗必须是平板形式，故第三代像增强器目前还只能取双近贴结构，其总体构成已如图2-6（b）所示，它包括负电子亲和势光电阴极、微通道板、P20荧光屏、铟封电极和电源。

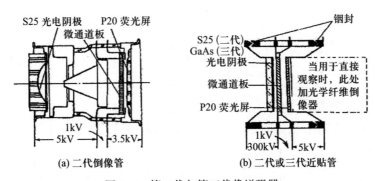

图 2-6　第二代与第三代像增强器

优点：

（1）三代像增强器采用的负电子亲和势光阴极，有高增益、低噪声的优点。

（2）较高的图像分辨率。

（3）量子效率高、光谱响应宽。

（4）有效地提高了像增强器的分辨率和系统的视距。

（5）第三代像增强器内也有微通道板，因而也具有自动防强光损害能力。

3. 微光电视侦察

微光电视是工作在微弱照度条件下的电视摄像和显示设备。故也称为低光照度电视（LLUTV）。它是微光像增强技术、电视与图像技术相结合的产物。

1）微光电视基本组成

微光电视系统主要包括微光电视摄像机、传输通道、接收显示装置三部分，如图2-7所示。

2）微光电视摄像机

微光电视摄像机的基本组成如图2-8所示。

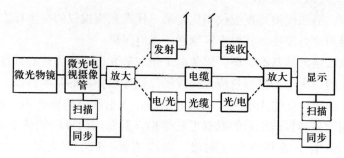

图 2-7 微光电视系统框图

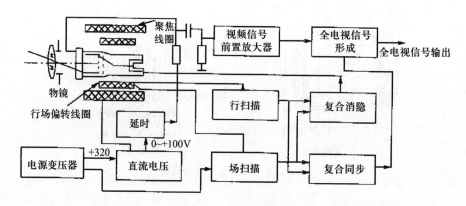

图 2-8 摄像机方框图

它包括以下主要部件：

(1) 微光摄像物镜——把被摄景物成像。

(2) 微光摄像管——在低光照度条件下把上述物镜所成的光学图像转变为可用的电视信号。

(3) 扫描电路——为水平和铅垂偏转线圈提供线性良好的锯齿波形电流，对摄像管靶面做行、场扫描。

(4) 视频信号放大器——把摄像管输出的视频信号放大到适于传输。

(5) 电源、控制电路和防护装置等。

3) 摄像的基本原理

微光摄像机把空间二维微弱光学图像转换成适用的视频信号。此转换包括：

(1) 微光摄像物镜把微弱光照的被摄景物聚焦成像在摄像管光电阴极面上。

（2）光电阴极做光电转换，把光学图像变成二维空间的电荷量分布。

（3）摄像管靶板收集经过增强的电荷，在一帧的时域内做连续积累。

（4）电子枪发射空间二维扫描的电子束，在一帧时间内逐点完成全靶面的二维扫描。由于扫描电子束的着靶电荷量取决于靶面积累的电荷多少，故扫描电子束形成的电流被靶面电荷分布所调制，于是从输出端得到景物的视频信号。

4）微光电视的应用与特点

在军事上，微光电视可用于以下场合：

（1）夜间侦察、监视敌方阵地，掌握敌人集结、转移和其他夜间行动情况。

（2）记录敌方地形、重要工事、大型装备，发现某些隐蔽的目标。

（3）借助其远距离传送功能，把敌纵深领地的信息实时传送给决策机关。

（4）与激光测距机、红外跟踪器（或热像仪）、计算机等组成新型光电火控系统。

（5）在电子干扰或雷达受压制的条件下为火控系统提供替代或补充手段。

（6）对我方要害部门实行警戒。

微光电视在扩展空域、延长时域、拓宽频域方面对人类视觉的贡献与微光夜视仪相似。同时，微光电视又有一些新的特色：

（1）它使人类视觉突破了必须面对景物才能做有效观察的限制。

（2）突破了要求人与夜视装备同在一地的束缚，实现远离仪器现场的观察。

（3）可实施图像处理，提高可视性。

（4）可以实时传送和记录信息，可以对重要情节多次重放、慢放、"冻结"。

（5）实现多用户的资源共享，供多人多点观察。

（6）改善了观察条件。

（7）因为可以远距离遥控摄像，隐蔽性更好。

它的缺点：

（1）价格较高，使大批量装备部队受到限制。

（2）耗电多，体积、重量较大。

（3）操作、维护较复杂，影响其普及应用。

2.1.3 红外探测技术

红外探测技术是利用目标辐射或反射红外线的能量差异，借助红外传感器探测目标红外特征信息的技术。

1. 红外技术基本原理和红外探测器

1) 热辐射的产生和特性

热是由构成物体的大量微观粒子（分子、原子、亚原子粒子）做无规则运动的宏观表现。粒子运动越剧烈，其所含平均动能越大，物体的温度也就越高。

当粒子接收（如被加热）能量受到激励时，其内部的能级会发生跃迁，并产生电磁波，人们将波长分布在可见光的红光以外到微波之间的电磁波称为红外线，将这个区域称为红外区。

自然界中的所有物体都有红外辐射，也都有红外吸收。一般可将红外辐射分为以下4个波段。

（1）$0.78\sim3\mu m$波段：近红外，如由亚原子粒子的热运动产生的辐射。

（2）$3\sim6\mu m$波段：中红外，如由原子的热运动产生的辐射。

（3）$6\sim15\mu m$波段：远红外，如由分子的振动、转动运动产生的辐射。

（4）$15\sim1mm$波段：极远红外，如由分子的旋转运动产生的辐射。

军事目标按其所处位置可分为三类：空中目标、地面目标和海上目标。

地面目标中的坦克车辆和火炮等目标特点是温度低、辐射量小，且辐射多集中在$8\sim14\mu m$波段内。

军舰等海上目标的特点是辐射特性与背景辐射特性差异大，有利于探测。

飞机和导弹等空中目标的特点是速度高、体积小、温度高，能辐射很强的红外线。

2) 红外探测的原理

红外探测的原理：自然界中一切物体的温度都高于绝对零度，并总在不断地辐射热量。各种物体由于其表面温度、辐射特性和表面粗糙程度的不同，辐射出的红外线的强弱也不相同。因此，通过光学系统探测到这些红外线，就可以通过对视场内不同区域红外信号的强弱识别得到相应的红外热辐射的图像。

图2-9是最简单的红外热成像系统工作原理的示意图。

3) 红外探测器的种类和工作原理

红外技术的核心是红外探测器。

红外探测器必须满足两个基本条件：

（1）灵敏度高，对微弱的红外辐射也能检测到。

（2）探测物理量的变化与受到的辐射成正比，这样才能定量测量红外辐射。

红外探测器的特点：波长选择性，波长响应范围一般比较窄，响应时间比

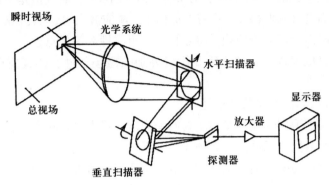

图 2-9 红外热成像系统工作示意图

较高,大致是微秒或纳秒级,红外光子探测器需要在低温下工作。

依据光电转换原理,探测器接收的红外光子可直接将束缚态电子激发成传导电子,参与导电,实现光电转换,其信号的大小与吸收的光子数成正比。按信号输出的不同原理,探测器主要分为光导(Pc)型、光伏(PV)型和光磁电(PME)型三类。

光导型红外探测器的工作原理:受红外光激发,探测器芯片传导电子增加,引起外加偏压下信号电流的增强,电流的大小与光子数成比例。光导探测器也称光敏电阻,主要类型有硫化铅(Pbs)、硒化铅(PbSe)、锗掺汞(Ge:Hg)、硅掺镓(Si:Ga)、锑化铟、碲镉汞(简称 CMT 或 MCT)等多种。

光伏型红外探测器的工作原理:在半导体材料中,红外光激发的电子和空穴在 PN 结势垒区被分开,积累在势垒区两侧,形成光生电动势。通过外接电路,就会有电信号输出。光伏探测器也称光电二极管。光伏红外探测器主要有锑化铟、碲镉汞、碲锡铅(Pb-SnTe)和硅化铂(PtSi)等。

光磁电探测器也是基于内光电效应而工作的,但它与光导型、光伏型探测器都不相同。它的工作原理:将半导体材料置于强磁场中,其表面受光照射产生电子—空穴对,使表面载流子浓度增大,于是要向体内扩散。这种扩散运动使电荷受强磁场的洛伦兹力作用而"偏转"。由于电子和空穴的偏转方向相反,造成半导体左右两侧面分别有负电荷、正电荷积累,因而形成由右向左的内电场。此电场将阻碍上述"偏转"运动,最后达到动态平衡,建立一个稳定的内部电场。当外电路连通时,能产生电流输出;当外电路断开时,能提供开路电压。

这种现象叫光磁电效应。利用此效应工作的器件叫光磁电探测器(PME)。

目前实用于 PME 器件的材料有 InSb、HgCdTe 等，其优点是不用制冷或只制冷至干冰温度（194.6K），不需外加偏压，响应波长可达 7.5μm，且因内阻小而减少了噪声，还有响应快、稳定性好、可靠性高等优点。

缺点是灵敏度较低，加之需要配置外加强磁场部件，使其应用范围受到限制。

4）红外探测器的参数和性能

表征红外探测器性能的参数主要有响应度、噪声等效功率、探测率、时间常数等，这些参数是系统设计者预先估算系统性能的主要依据。

响应度是描述探测器灵敏度的参数，表征探测器将入射的红外辐射转变为电信号的能力。

噪声等效功率定义为探测器输出信号功率与噪声功率相等时，入射到探测器上的辐射功率。

探测率是表征输出信噪比的基本性能参数。

时间常数是指从光源照射到电信号输出的时间延迟。红外探测器的时间常数很短，可达微秒甚至纳秒数量级。

5）红外探测器的制冷

（1）红外探测器需要致冷的原因。

大多数光子探测器只有在低温下才能正常工作，主要原因有以下三点：

① 降低噪声。

② 扩展截止波长。

③ 温度定标。

（2）微型致冷器。

微型致冷器的出现和发展，与军用红外技术的需求有着十分密切的关系。其特点是结构微型化、致冷量小、功耗低、致冷效率高等，特别适合于要求特殊致冷环境的武器装备使用。

由于探测器在热成像系统中所中所占的空间小，且要求的致冷温度远低于室温，因此致冷器制造工艺复杂。目前，用于红外探测器致冷的致冷器已有许多成熟产品，主要有以下几种。

① 杜瓦瓶式致冷器。

探测器装在绝热良好的杜瓦瓶中，以液态空气、液氮、固体甲烷、固体氩和干冰等为致冷剂。当有热负载时，致冷剂就由液态变为气态（或由固态升华为气态）而消耗掉，在相变过程中吸收热量（致冷）。氮气在 33.5atm 下液化，在 77.37K 时沸腾（约 1atm）。氮沸腾时吸热，对探测器起到冷却作用。

② 斯特林致冷器。

在致冷器中，致冷工质先被压缩，然后使之绝热膨胀。这时，膨胀产生的气体温度比膨胀前低。在电机带动下，工质被循环使用，使致冷器维持在低温状态。这种致冷器只要通电就可以致冷工作，不需要更多的后勤保障，因此使用方便，是目前军用红外整机中最受重视的一种致冷机。

目前，用于红外探测器致冷的斯特林致冷机有两种结构：

第一种是整体式，探测器芯片直接耦合到致冷机冷指，真空杜瓦的封装将冷指同时密封，其结构非常紧凑、体积很小，缺点是由于运动部件的振动会影响探测器噪声。

第二种是分置式，压缩和致冷部分分开一定距离，中间由一条柔性管道连接，可以把压缩机的振动隔开，降低振动对探测器性能的影响，同时两部分可以分开放置，最适合随动系统使用。

③ 半导体致冷器。

把两种导体联结成电偶对，构成闭合回路，当有直流电通过时，电偶对的一端变冷，另一端变热，这种现象称为帕尔帖效应。用一块 P 型和 N 型半导体作电偶时，就会产生非常明显的帕尔帖效应，高温端和低温端的温差可达 $80\sim120℃$，冷端可用于使探测器致冷。将四级半导体致冷器组合起来，温度逐级降低，适合 150K 的低温使用，重量不大于 3g，功耗约 4W。配用于热成像仪中，整机功耗远低于斯特林致冷器，便于制成重量轻、体积小的便携式夜视器材。

2. 热像仪

1）概述

热成像技术能把目标与场景各部分的温度分布、发射率差异转换成相应的电信号，再转换为可见光图像。这种把不可见的红外辐射转换为可见光图像的装置被称为热像仪。它的优点是：

（1）热像仪的温度分辨率很高（$0.1\sim0.01℃$），使观察者容易发现目标的蛛丝马迹。

（2）它工作于中、远红外波段，使之具有更好的穿透雨、雪、雾、霾和常规烟幕的能力（相对于在可见光和近红外区工作的装备而言）。

（3）它不怕强光干扰，且昼夜可用，使之更适用于复杂的战场环境。

（4）由于它在常规大气中受散射影响小，故通常有更远的工作距离。

（5）热像仪输出的视频信号可以多种方式显示（黑白图像、伪彩色图像、数字矩阵等），可充分利用飞速发展的计算机图像处理技术方便地进行存储、记录和远距离传送，当前热像仪的缺点是技术难度较高，价格昂贵。

2) 基本技术参数

(1) 光学系统入瞳口径 D_0 和焦距 f'。

热像仪光学系统的 D_0、f' 是决定其性能、体积与重量的重要因素。

(2) 瞬时视场。

在光轴不动时,系统所能观察到的空间范围即瞬时视场。它取决于单元探测器的尺寸及红外物镜的焦距,决定系统的最高空间分辨率。

若探测器为矩形,尺寸为 $a \times b$,则

$$\alpha = a/f' \tag{2-2}$$
$$\beta = b/f' \tag{2-3}$$

即为瞬时视场平面角(常以 rad 或 mrad 表示)。

(3) 总视场。

总视场是指热像仪的最大观察范围。通常以水平方向、铅垂方向的两个平面角来描述。

(4) 帧周期 T_f 与帧频 f_p。

系统构成一幅完整画面所花的时间 T_f 称为帧周期或帧时(以秒计);而 1s 内所构成的画面帧数叫帧频或帧速 f_p(以 Hz 计),故

$$f_p = 1/T_f \tag{2-4}$$

(5) 扫描效率 η。

热像仪对景物成像时,由于同步扫描、回扫、直流恢复等都需要时间,而这些时段内不产生视频信号,故将其归总为空载时间 T'_f。于是,差值 $(T_f - T'_f)$ 即为有效扫描时间,它与帧周期之比就是扫描效率:

$$\eta = (T_f - T'_f)/T_f \tag{2-5}$$

(6) 驻留时间。

系统光轴扫过一个探测器所经历的时间称为驻留时间,记为 τ_d,是光机扫描热像仪的重要参数。

若帧周期为 T_f,扫描效率为 η,热像仪采用单元探测器,则探测器驻留时间 τ_{d1} 即为

$$\tau_{d1} = \eta \cdot T_f \alpha \beta / (A \cdot B) \tag{2-6}$$

式中:A、B——热像仪在水平方向、铅垂方向的视场角;

α、β——瞬时视场角。

当探测器是由 n 个与行扫描方向正交的单元探测器组成的线列时,则驻留时间 τ_d 即为

$$\tau_d = n\tau_{d1} = \eta \cdot \eta T_f \alpha\beta/(A \cdot B) \tag{2-7}$$

3) 工作原理与结构

热像仪的工作流程:热像仪的红外光学系统把来自目标景物的红外辐射聚焦于红外探测器上,探测器与相应单元共同作用,把二维分布的红外辐射转换为按时序排列的一维电信号(视频信号),经过后续处理,变成可见光图像显示出来。

其中"相应单元"的作用就是"扫描"。

按扫描的体制,热像仪有"光机扫描""电扫描"(固态自扫描和电子束扫描均属电扫描)和"光机扫描+电扫描"三种类型。

图 2-10 是采用单元探测器的光机扫描热像仪原理图。

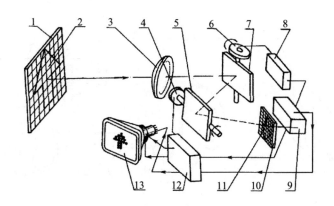

图 2-10 单元光机扫描热像仪原理图

1—无平面;2—箭头形物;3—物镜;4—高低同步器;5—高低扫描平面镜;
6—水平同步器;7—水平扫描反射镜;8—水平同步信号的放大器;
9—前放及视频信号处理器;10—像平面;11—单元探测器;
12—高低同步信号放大器;13—显示器。

电扫描热像仪系统示意如图 2-11 所示。

图 2-12 是"光机扫描+电扫描"的一种热像仪系统示意。

3. 主动红外夜视仪

主动红外夜视仪用近红外光束照射目标,将目标反射的近红外辐射转换为可见光图像,实现有效的"夜视",故它工作在近红外区。

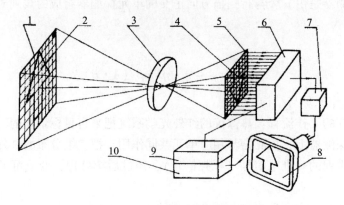

图 2-11 电扫描热像仪原理图

1—物空间平面；2—箭头形物；3—物镜；4—箭头热像；
5—多元面阵探测器（256×256）；6—CCD；7—视频处理器；
8—显示器；9—CCD 的驱动器；10—同步信号产生器。

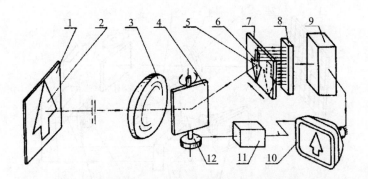

图 2-12 光机扫描和 CCD 混合型热像仪原理图

1—物平面；2—箭头形状物；3—物镜；4—摆动扫描镜；5—箭头像；
6—线列探测器；7—像平面；8—CCD；9—视频信号处理器；
10—显示器；11—高低同步信号产生器；12—方位同步信号产生器。

主动红外夜视仪一般由五部分组成：红外探照灯、成像光学系统、红外变像管、高压转换器和电池（图 2-13）。

工作过程：红外探照灯发出一束近红外光照射目标；目标将其反射，有一部分进入红外物镜，经物镜聚焦，成像于红外变像管的光电阴极上。由于光电阴极的外光电效应，把红外光学图像变成相应的光电子图像，再通过变像管中的电子光学系统，使光电子加速、聚焦和成像，以密集、高速的电子束流轰击

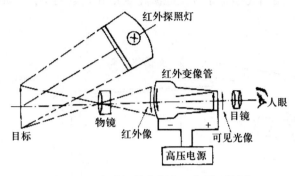

图 2-13 主动红外夜视仪工作原理简图

变像管的荧光屏，在荧光屏上形成可见光图像。人眼借助目镜进行观察。

4. 光电侦察车热像仪工作原理

自然界的一切物体，只要它的温度高于绝对零度（-273℃），都会不断地辐射红外线。红外线是人的眼睛看不见的"光线"，和可见光一样，也是电磁波的一种形式，在真空中以光的速度传播。一个物体红外辐射（又称热辐射）的能量与物体自身的温度 T（绝对温度）四次方成正比，也与它表面的辐射率成正比。热成像技术，是把自然景物反射或自身辐射的红外光转换成可见光的一门技术，即将目标与背景的温差或它们本射的辐射率差构成的"热图"转换成人眼可见的图像。热像仪能在完全黑暗，不使用人工照明的情况下工作，所以不会被对方发觉。而且军用热像仪的工作波段一般为 $8\sim12\mu m$，穿透薄雾、霾、尘埃的能力较强，又可识破各种伪装，不受战场上施放烟幕的干扰。因此，在漆黑的夜晚和能见度不良的白天使用热像仪，大大提高了全天候侦察和作战能力。

热像仪光学电子系统示意图如图 2-14 所示。景物的红外辐射经俯仰反射镜和大孔径望远镜收集，并经过水平扫描转鼓和垂直扫描摆镜反射，聚焦到红外探测器的光敏元上。当转鼓和摆镜按程序动作时，投射到光敏元上的物方红外光束产生摆动，或者说光敏元在物平面上的像在空间进行水平方向和垂直方向扫描。扫描区域景物的"热图"通过红外探测器转换成一系列电信号，再经信号处理器处理成标准视频信号输出，在监视器屏上生成景物的黑白电视图像。

热像仪将景物和目标的热图像以标准视频信号输出，能够完成目标图像采集；将热像仪与白光侦察系统结合起来，二者的俯仰反射镜机械联动，二者的瞄准线平行和同步运动。就可以在夜间或大气能见度低时，用热像仪观察和采集目标的图像,用白光侦察系统实施激光测距和光电测角,完成目标的坐标采集和输出。

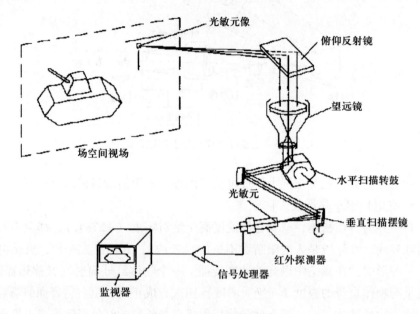

图 2-14 热像仪工作原理

2.1.4 激光探测技术

1. 激光测距技术

1) 概况

激光测距技术优点:

(1) 激光测距与一般光学测距相比,具有操作方便、系统简单和昼夜可用的优点。

(2) 与雷达测距相比,又表现了抗干扰力强和精度高的特色。

(3) 激光的频率比微波高得多,以小尺寸的发射天线就能发射极窄的波束。

(4) 激光脉冲可以很窄,故易于精确探测目标的距离。

(5) 激光优良的方向性使之在测量目标时不受其他物体的影响。

激光测距技术缺点:

(1) 激光测距是主动式工作,因而容易暴露和被敌方探测。

(2) 可能受敌方延迟转发式信号欺骗而得到错误结果。

(3) 相对于雷达测距而言，其突出缺点是受天候条件影响很大。

激光测距有脉冲式和连续波式两种体制。目前军用激光测距机以前者为多，且绝大多数采用固体激光器。

2) 普通脉冲式激光测距机

(1) 原理。

脉冲式测距系基于对光波在本机与目标间渡越时间的计量而感知目标距离，即属于"时基法"测距（这与普通被动式光学测距基于求解三角形，即所谓"几何法"不同），其原理如图2-15所示。

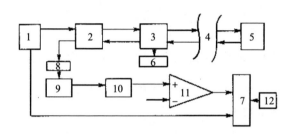

图 2-15　激光测距机原理框图

1—激光器；2—光学系统；3—指示与稳定系统；4—大气层；5—目标；
6—传感器；7—测距计时器；8—窄带光学滤波器；9—光探测器；
10—放大器和匹配滤波器；11—比较器；12—时钟。

设晶体振荡器产生的时钟脉冲频率为 f，激光往返的时间间隔为 t，目标距离为 L，则计数器记得的脉冲数 N 为

$$N = f \cdot t \tag{2-8}$$

则时间 t 和 f 为

$$t = \frac{2L}{C} \tag{2-9}$$

$$f = \frac{CN}{2L} \tag{2-10}$$

若每个脉冲代表 r 米的距离，则

$$N \times r = L \tag{2-11}$$

于是，

$$f = \frac{C}{2r} \tag{2-12}$$

设 $r=10\text{m}$，则 $f\approx15\Omega\text{Hz}$；若 $r=5\text{m}$ 时，则 $f\approx30\Omega\text{Hz}$。

（2）最大可测距离。

测距机的最大可测距离 R_m 是重要性能之一。

设激光器发射功率为 P，目标距离为 R，目标被照表面与光束截面夹角为 a，设目标表面的反射率为 ρ，接收物镜入瞳面积 S_e，考虑到发射和接收光学系统的透过率 τ_0，大气透过率 τ_a，系统可探测的最小功率 $P_{\min}$。激光束的平面发散角表示 θ，被照射且在测距机视场内的目标面积表示 S。

如果激光束完全照射在目标上，则

$$R_m = \left[\frac{\rho\tau_0\tau_a PS_e}{\pi P_{\min}}\right]^{1/2} \qquad (2-13)$$

如果测距光束有部分射在目标之外时，对漫反射目标有

$$\sigma_T = \rho S/\pi \qquad (2-14)$$

此时最大可测距离可写为

$$R_m = \left[\frac{\tau_0\tau_a\sigma_T P\cos a S_e}{0.25\pi\theta^2 P_{\min}}\right]^{1/4} \qquad (2-15)$$

像涂有无光漆的车辆、普通地表、树叶等表面，反射率 ρ 值随入射波长不同而明显变化，在一般估值计算时，典型目标截面可取为 $0.1S$。

（3）测距精度。

引起测距误差的因素主要有：

① 大气折射率数值不准引入的误差 ΔR_n。

② 时标振荡器的振荡频率不稳引入误差 ΔR_f。

③ 脉冲计数不准引入误差 ΔR_m。

以 $f=75\text{MHz}$ 的振荡器为例，一个脉冲计数误差对应的测距误差 $\Delta R_m = 2\text{m}$。这是因为，在一个脉冲所经历的时间 $\Delta t = 1/f$ 范围内，光往返传播的距离为

$$L = 0.5c \cdot \Delta t \approx 0.5 \times 3 \times 10^8/(75 \times 10^6) = 2(\text{m})$$

④ 系统时间响应特性引入的误差 ΔR_t。

（4）距离选通技术。

距离选通技术：假定在接收物镜前设置一波门，在出射激光束离开发射物镜的同时令波门关闭，使任何光波都不能进入接收系统。待从目标返回的激光束刚好到达接收物镜的瞬间迅速打开波门，使携带目标距离信息的光波刚好进

入。这样，在波门关闭期间，接收系统完全不工作，大气后向散射光波和其他杂散干扰都被拒之门外。

3）连续波激光测距

目前普遍使用的是脉冲式激光测距机。前已述及，这种测距机要取得优于1m的测距精度是不现实的，故不宜用于航测地形和海浪起伏等需要更高精度的场合。连续波激光测距可弥补这一缺陷。它能从空中感知地面小量起伏，辨别凸起的公路、战场的壕沟、被炸机场的弹坑等。一般最大可测距离达百余千米，采用"合作目标"时可测几百至几十万千米，且精度很高。

连续渡激光测距通常是基于对目标回波相位的探测，故也称相位式测距。其测距原理如图2-16所示。

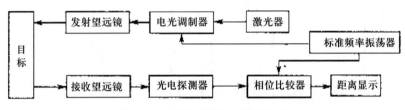

图2-16 相位式激光测距原理图

4）应用与发展

（1）手持式和便携式脉冲激光测距仪广泛用于步兵、炮兵和装甲兵，作用距离为几百米至几十千米，误差5~10m。

（2）在火炮、坦克、飞机和舰艇上，有包含激光测距仪的火控系统。如高重复频率的激光测距仪与红外、电视跟踪系统结合，组成舰载近海面反导弹的光电火控系统。

（3）激光测距仪与微波雷达结合，可弥补后者在低仰角下工作易受地面杂波干扰的不足。

（4）大型激光测距仪可精确测量卫星的轨道；使用角反射器时，测程可达月球，误差为厘米级。

（5）蓝绿激光可探测水下目标。

（6）相位式激光测距作用距离为几十至几万米，误差为毫米级，可做地形测绘。

（7）在测距精度要求很高时，可用双波长测量以消除大气折射率变化的影响。

（8）应用微通道板光电倍增管作探测器，可消除因探测器响应时间抖动所造成的误差。

2. 光电侦察车激光测距仪和光电测角机构

1）激光测距原理

激光测距系统的物镜、头部俯仰反射镜与双目望远镜系统共用。下部由染料调 Q 的 Nd：YAG 脉冲激光器、激光电源、主波取样头、30MHz 距离计数器等组成，原理框图如图 2-17 所示。

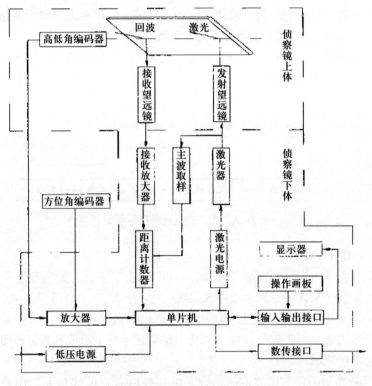

图 2-17 激光测距仪框图

当侦察镜瞄准被测目标时，激光器发射出波长为 1.06μm 的脉冲激光，同时主波取样头取出激光主波送至距离计数器作为开门脉冲。侦察镜的接收望远镜把被测目标反射回来的激光脉冲会聚到处于物镜焦平面处的激光接收器（硅雪崩光电二极管）的光敏面上，转换为电脉冲，经接收器内的放大器放大、整形后送至距离计数器作为关门的回波脉冲。距离计数器给出主波开门及回波关门之间的时间 Δt，则目标距离为

$$R = 1/2 C \times \Delta t \tag{2-16}$$

式中：C——光速，$C = 3 \times 10^8$ m/s。

目标的距离信息经单片机的数据总线送到单片机，经运算给出目标的十进制距离数据，并显示于显示屏上。

2) 光电测角原理

（1）高低角。

侦察镜的高低角测量采用绝对式光电编码器，它通过弹性联轴节与侦察镜头部俯仰反射镜的转轴联结。其输出角度信号经放大比较和模/数转换电路，转换为数字信号送给单片机处理。角度值以 mil 数送至显示窗，并将高低角零位设置在望远镜光学系统视轴与水平面平行的位置上，被测目标高出水平面为正角，低于水平面为负角。

（2）方位角。

方位角采用组合绝对式光电编码器，它通过联轴节、小齿轮/支架和吊篮座圈的大齿圈啮合。编码器内部由传动比为 10∶1 的两码盘组成。其输出信号经放大比较后，由矩阵码转换为周期二进制，再由周期二进制转换为自然二进制，并利用校正码对两码盘转动差进行校正，连接形成 14 位的自然二进制。单片机软件再将其处理为 mil 制，显示在显示窗上。

2.1.5 雷达探测技术

1. 雷达探测技术概述

雷达探测技术出现在 20 世纪 30 年代中期，在第二次世界大战中得到了广泛应用。雷达是为了防空的需要而研制发展起来的。"雷达"一词是英语 RADAR 的音译，来自英语"无线电探测与定位"的词头缩写。因此，雷达的基本任务是利用无线电电波测定感兴趣的目标，如空中的飞机、导弹，海上的舰船和陆上的车辆等的准确位置。雷达之所以能够对目标进行探测，是因为它利用了无线电波的反射特性，因为大多数物体都反射无线电波，就像都反射光波一样。经过几十年的发展，雷达技术更加成熟，出现了许多不同用途的雷达，也出现了许多新的雷达探测技术。雷达的基本任务是测距、测速和测量目标的方位。

测量目标的距离是雷达的基本任务之一。无线电波在大气中的传播近似为匀速传播，传播速度约等于光速，每秒 30 万 km。因此，只要测出雷达发射的无线电波在目标和雷达之间往返一次的时间就可以计算出雷达到目标的距离。根据雷达发射信号的不同，雷达测定电波延迟时间的方法也不同，主要有脉冲法、频率法和相位法。目前广泛使用的是脉冲时延测距法。

在脉冲雷达中，目标的反射信号是滞后于发射脉冲的回波脉冲。雷达发射信号的少量能量泄漏到接收机，在雷达显示屏上直接显示出来，这个信号通常称为"主波"，它位于显示器的零距离处。雷达发射的大部分信号能量由天线辐射出去，辐射的电磁波遇到目标后，产生回波信号，回波信号被天线接收后送到接收机，最后显示在显示屏上。回波信号在显示屏上滞后于主波信号的时间，这个时间差就是雷达到目标之间往返一次的时间，根据这个延迟时间，就可以计算出雷达到目标的距离。

目标回波的延迟时间通常是非常短促的，一般在几十到几千微秒的量级。如一架飞机距离雷达300km，飞机的回波脉冲延迟时间就是20ms。这样短促的时间必须借助快速的计算方法。最初的计算是雷达操作员用眼睛直接估算出来的。现代雷达采用了先进的计算机后，测距的精度大大提高了。

雷达测角的原理基础是电磁波在均匀介质中的直线性和雷达天线的方向性。由于电磁波沿直线方向传播，目标散射和反射电波到达雷达的方向，就是目标所在方向。当然，由于大气并不是均匀的介质，密度、湿度以及复杂的地形影响，会造成电波传播路径的偏折，从而造成误差。因此，在远距离的测量时，必须进行必要的修正。

雷达对目标进行测角，实质上就是提取目标相对于雷达天线波束指向的角度偏差。雷达提取角度偏差的方法，经历了顺序波瓣、圆锥扫描和脉冲相控阵技术几个阶段。

脉冲相控阵技术是利用单脉冲信号进行角度测量。其基本原理：在雷达天线轴的上、下、左、右同时设置四个对称的偏置波瓣。当目标位于天线轴的正方向时，四个波瓣接收到的目标回波信号强度相同；当目标偏离天线的瞄准轴时，如向右偏时，则右波瓣接收到的回波强度比左波瓣接收的大，根据左右回波强度的差别，就可以计算出方位偏差角；同理，当目标上下偏离时，可以计算出目标相对于天线瞄准轴的俯仰偏离角。这种测角方法的特点就是，雷达只需要接收到目标的一个，而不是一串信号，就可以提取目标的角度信息，因此，被称为单脉冲测角。显然，这种测角方法的精度十分高。目前，可以达到0.1mrad，也就是说，雷达对100km远的目标进行测角，其横向误差不会超过10m。

雷达要探测的目标通常是运动着的物体，如空中飞行的导弹、飞机，海上的舰船以及地面车辆等，因此，雷达测速是其基本的重要的功能。雷达测速原理就是利用了电磁波的多普勒效应。多普勒效应是指当发射源和接收者之间有相对径向运动时，接收到的信号频率将发生变化。

为了方便对多普勒频率的测量，雷达一般应采用连续波的信号形式，但连续波信号，又难以测定目标的距离，因此，现代雷达多采用脉冲多普勒雷达，即采用脉冲波形来完成多普勒频率的处理，同时实现测距和测速的功能。脉冲多普勒雷达需要采集一串脉冲的回波信号，才能通过复杂的信号处理技术从中提取目标运动产生的多普勒频率，因此，它的构造要比一般普通的测速雷达，如交通用的测速雷达复杂得多。

脉冲多普勒雷达的作用并不仅在于测定目标的运动速度，目前脉冲多普勒技术更多地在机载雷达中得到应用，它可以帮助雷达从很强的地物杂波中探测到目标。因为地物等杂波的信号强度非常大，常规雷达根本无法在强杂波中监测到目标的回波。但由于载机相对于地物和目标的运动速度不同，因此产生的多普勒频率也不同，雷达可以根据载机自身的运动速度计算出地物的杂波多普勒频率，从而可以设计针对杂波的滤波器，将杂波滤除，使目标回波显示出来。因此，脉冲多普勒雷达可以广泛应用于下视的机载火控雷达或机载预警系统中。

2. 雷达探测新技术

由于技术的发展和作战的需求，雷达探测不断地出现了许多新技术，也出现了许多新的雷达，带来了战场感知新的变化。

1）相控阵雷达技术

传统雷达要改变波束的指向，只能由雷达的天线转动而实现，因此，一些庞大的雷达系统，由于天线转动速度的限制，要快速改变天线波束的指向是困难的，对于一些快速运动的目标，或者多目标的探测和跟踪，就显得力不从心。相控阵技术使得雷达对快速移动目标和多目标的探测得以顺利实现。相控阵雷达天线由很多小的收/发天线单元按一定规律排列而成，形成一个天线阵面，每一个天线单元都可以独立地被电子计算机控制，它控制每个阵元所辐射的电磁波的相位，当雷达发射电磁波的时候，每个天线单元都向外发射电磁波，雷达天线阵的波束就由所有小阵元发射的信号合成而得。计算机按照事先计算好的数值控制天线单元发射的电磁波的相位，使各个天线单元发射的电磁波在预定的方向上合成时具有增强相加的效果，从而形成该方向的波束。只要改变对各个天线单元的控制信号，就能使波束立即改变指向，而不必机械转动天线阵，由此形成的波束移动称为电扫描。由于摆脱了机械转动，波束扫描的速度主要由控制天线阵元相位的移相器速度决定，移相器的转换速度可以达到微秒量级，也就是1s可以转换几百次到上万次，因此，天线波束的扫描速度极快，扫描的方式也非常灵活。

相控阵雷达技术带来了军事应用上的重大飞跃。由于波束快速的转换功能，使得相控阵雷达可以同时完成多项任务，即能集中搜索与跟踪于一身。相控阵雷达是军用多功能雷达的理想雷达，已经广泛地运用到导弹制导、警戒、机载、远程预警等具有复杂功能的雷达系统中。

2）合成孔径雷达成像技术

合成孔径雷达成像技术是20世纪50年代发展起来的一种新型雷达探测技术，它也称为微波全息成像技术或者微波成像技术。要对一个物体成像，成像传感器就必须具有很高的二维或三维分辨率。对于常规雷达，天线波束的宽度决定了雷达的角分辨率。天线孔径越大，波束越窄，分辨率越高。显然，常规雷达的横向分辨率远远低于光学和红外传感器的分辨率，而机载的雷达更难做到很大的天线，因此，难以满足雷达成像的目的。例如，用波长3cm的机载雷达侦察侧面100km处的地面目标，在方位上要达到10m左右的分辨率，其真实天线孔径在水平方向要达到300多米，这几乎是不可能的。为了克服天线孔径的限制，人们提出了"合成孔径"的概念，研制了合成孔径雷达（通常称为SAR雷达）。

合成孔径雷达的设想是在雷达载体运动过程中，实现天线的等效合成，形成一个比真实孔径大得多的合成孔径，从而把方位方向分辨率提高到米的量级，甚至更高。合成孔径雷达一般装载在飞机或航天器上，其波束指向采用正侧视方式，又称侧视雷达。它是利用与目标作相对运动的小孔径天线并采用信号处理技术，获得高方位分辨率的相干成像雷达。由于机载合成孔径雷达的天线只有几米，其波束宽度大，天线随飞机或航天器作匀速运动，当对侧面同一目标进行探测时，由于天线的波束宽度很宽，对该目标的照射时间较长。假定在对该目标的照射时间内飞机飞行的距离为 L，可看成天线依次移动到一虚构线阵天线的若干单元位置上。雷达在每一个单元位置上发射信号、接受回波并加以存储，存储时保持回波的幅度和相位，并对回波相位进行校正。当天线移动距离 L 后对该目标的最后回波接收完毕，将存储的所有回波信号经过信号处理器同相相加进行合成，就得到了合成孔径天线信号。所获得的方位分辨率与有效合成孔径为 $2L$ 的线阵天线的方位分辨率是相等的。理论研究表明，实际天线的孔径越小，方位分辨率越高，而且与波长和距离无关。因此，合成孔径天线无论是安装在飞机上还是在航天器上，小孔径天线都能获得极高的方位分辨率。而距离上的高分辨率则采用脉冲压缩技术获得。由于需要进行信号的合成和处理，因此飞行姿态和位置偏差的补偿等需要采用非常复杂的技术。目前，先进的合成孔径雷达的分辨率可以达到30cm。

3）超视距雷达探测技术

常规雷达利用了微波沿直线传播的特点来对目标定位，但是由于地球曲率的限制，常规雷达不能观测到地平线以下的目标。超视距雷达利用短波的一些特性，可以探测到地平线以下，海上或空中运动的目标。超视距雷达根据电磁波传输的路径分为天波超视距和地波超视距。

天波超视距雷达利用电离层对 3~30ΩHz 短波的反射作用来发现目标，其探测距离覆盖 1000~4000km。由于探测距离远，雷达的发射功率要达到兆瓦，接收和发射天线分别设置，天线阵等设备十分庞大。由于电离层受到日照等因素的影响，其高度和反射特性是变化的，必须设法修正由此带来的影响。

地波超视距雷达则利用中波和长波能够沿地球表面绕射的特性，来探测地平线以下的目标，其探测距离可达到 200~400km，这种雷达作为岸基雷达，可探测海面舰艇和低空飞行的飞机。由于受到地面杂波和海面杂波的影响，通常需要采用多普勒技术从杂波中提取运动目标的信号。

超视距雷达主要用于预警，对超低空飞行的飞机、导弹的探测距离远，预警时间长，是低空防御的一种有效探测手段。同时，由于工作频率低，对目标照射角、反射特性等与常规雷达不同，因此，还具有探测隐身目标的能力。

4）多基地雷达探测技术

一般情况下，雷达的接收和发射天线是共用的，这种雷达统称为单基地雷达或单站雷达。如果收/发天线分开，并相距较远的距离放置，如几十千米至上百千米，由此而形成的雷达系统称为双基地雷达。双基地雷达发射机和接收机之间保持信号的同步，发射的电磁波经过目标散射到接收机。信号发射和散射路径形成的夹角称为双基地角。雷达接收机可以测量出信号发射路径和散射路径的距离之和，以及散射信号的到达角等数据，从而对目标定位。双基地雷达接收的散射信号与发射信号存在一定的夹角，这样目标的散射强度就与单基地雷达的情况不一样，因此有利于对隐身目标的探测。同时，由于接收和发射站分置，也有利于抗反辐射导弹的攻击。但缺点是系统复杂，在不同区域的定位精度不同，特别是发射机和接收机连线附近不能对目标定位。

多基地雷达可以很好地解决这个问题。由一个发射站和多个接收站共同组成的系统称为多基地雷达。它可以弥补双基地雷达精度下降的缺点，并能提供更强的信息组合和抗干扰能力。同时，多基地雷达不依靠目标的后向散射回波，因此还具有一定的反隐身能力。抗摧毁能力也大大提高。但多基地雷达的构成就更复杂一些。

3. 典型雷达探测系统

雷达的用途广泛，种类繁多，分类的方法也非常复杂。通常可以按照雷达的用途分类，如预警雷达、搜索警戒雷达、炮瞄雷达、气象雷达、航行管制雷达等。按其功能又可分为空中监视雷达、目标引导与指示雷达、卫星与导弹预警雷达、超视距雷达、火控雷达、导弹制导雷达和精密跟踪测量雷达等。以下几种雷达在作战中发挥着重大作用。

1) 警戒、引导雷达

警戒雷达主要用于地面防空系统、岸基海防系统等，也称为情报雷达，提供对空、海域远距离目标的情报。因为远距离目标俯仰角都很低，几乎没有多大变化，所以传统上多采用两坐标机械旋转扫描雷达。为了有利于远距离探测，雷达的工作频率一般选在 $4000\Omega Hz$ 以下。由于频率低，其天线和发射机设备都非常庞大笨重。

引导雷达用于防空系统中，主要根据警戒雷达提供的情报，在中等距离上对目标进行较准确的定位，包括目标的飞行高度和飞行速度，并把这些数据传到指挥中心，给火力系统指引和分配目标。引导雷达为了获得较高的测量精度，一般采用比警戒雷达稍高的工作频率。传统的两坐标雷达不能测定目标的高度，为了弥补这个不足常常再配备测高雷达。测高雷达的天线波束是横宽纵窄，在俯仰方向扫描，从而测定目标的俯仰角，再和两坐标雷达的测距数据相结合，计算出目标的高度。现在，先进的三坐标雷达已投入警戒和引导雷达的使用之中，并将在今后发挥越来越重要的作用。

2) 机载预警雷达

机载预警雷达是预警飞机最重要的电子设备。由载机把预警雷达升到高空，使探测空域大大增加。它可对周围大范围空域内的敌我飞机和军舰进行监视。机载预警雷达采用了十分复杂的信号处理技术，来消除地、海杂波的影响，并装有大型计算机，提供对大批目标的跟踪计算。美国的 E-2C、E-3A 以及以色列的"费尔康"等预警飞机，配有各种不同型号的机载预警雷达，在 E-8C 上装有"联合星"系统，即联合监视与跟踪攻击雷达系统。

3) 火控与制导雷达

在高炮防空体系中大量使用炮瞄雷达。常见的炮瞄雷达采用圆锥扫描的角跟踪方式，它只能跟踪单一目标，而且容易受到电子干扰的影响。

地空导弹防空武器是一个复杂的系统，需要有目标搜索、引导、跟踪和导弹控制的雷达协调工作，来完成任务过程。早期的系统往往使用两部以上的雷达，分别完成目标搜索指示和跟踪制导的功能。跟踪制导雷达一般具有与导弹相联的无线电指令通路，并且要同时跟踪目标和导弹。在角跟踪方面一般采用单脉冲体制，而采用的波形既有脉冲的，也有连续波的。

4) 多功能相控阵雷达

在防空导弹等武器系统中，需要由雷达来完成目标搜索、跟踪和导弹制导等多重任务，原先这些任务分别由不同功能的雷达各自完成，使得系统中雷达数目多，协调复杂，机动性差，系统总的作战能力受到了限制。现代雷达采用相控阵技术后，把防空系统中所有这些雷达的功能集于一身，由一部雷达来完成，即多功能相控阵雷达。美国雷声公司研制的"爱国者"防空导弹系统使用的制导雷达 AN/MPQ-53 就是一般多功能相控阵雷达。AN/SPY-1 是美国雷声公司为"宙斯盾"舰载防空指挥控制系统研制的多功能相控阵雷达，装备于"提康德罗加"级导弹巡洋舰等军舰上。

5）机载截击雷达

机载截击雷达装载在战斗飞机上，提供目标搜索和导弹攻击指示等功能。为了探测下方目标，现代机载截击雷达都采用脉冲多普勒的工作体制。新型机载截击雷达把相控阵、合成孔径等技术结合起来，实现了多模式工作。

除了以上提到的雷达之外，还有战场侦察雷达、导航雷达、测绘雷达、星载侦察雷达、测控雷达、气象雷达等许多类型。为了提高探测系统的电子战性能，还将雷达组网，甚至把无源探测手段组合运用，形成生存能力更强、更有效的综合探测系统。

2.2　间接瞄准目标信息感知技术

现代典型侦察监视技术包括地面传感器侦察技术、航空侦察监视技术、空间侦察技术和无人机技术等。

2.2.1　地面传感器侦察技术

地面传感器侦察技术主要是利用地面传感器对地面目标运动所引起的电磁、声、地面振动和红外辐射等物理量的变化进行探测，并转换成电信号所进行的探测。因为人员、装备在地面上运动时，必然要发出声响，引起地面振动，或使红外辐射发生变化，在一定条件下，携带武器的人员和装备还会引起电场、磁场的变化。地面传感器正是通过探测这些物理量的变化，来发现与识别运动目标的。

地面传感器可布放在战场侦察雷达、光学器材、夜视器材的"视线"达不到的山地或丛林地区，所以受地形地物限制很小。利用中继器转发信号及遥控指令，还可以对敌深远纵深地区进行侦察与监视，而监控人员只需呆在己方的坑道或指挥所内，就能及时获取情报。

常见的传感器有振动传感器、声响传感器、磁性传感器、应变电缆传感器、红外传感器等。运用地面传感器进行战场侦察，通常都是由一定数量的各类传感器或监视器组成系统。要发挥传感器的优越性，就需要将不同类型和不同发射频率的传感器混合使用。一种高性能的混合式传感器能探测和确定入侵的车辆或人员，并能确定它们的数量、纵队的长短、前进的方向和运动速度等。

2.2.2 航空监视与侦察技术

侦察监视是指用航空器在环绕地球的大气空间时，对敌方军队及其活动、阵地、航空地形等情况进行的侦察与监视。在人造卫星上天之前，飞机曾经是战场侦察的主角。在两次世界大战当中，航空侦察发挥了重要的作用。第二次世界大战以后，航空侦察进入了一个崭新的阶段。由于同空间侦察相比，航空侦察具有灵活、机动、准确和针对性强的特点，所以即使是有了侦察卫星，航空侦察仍然宝刀不老，既是获取战术情报的基本手段，也是获取战略情报的得力助手。

现代航空侦察监视平台有各种飞机、飞艇、漂浮气球和旋翼升空器等，其中主要为飞机侦察平台。按飞机的种类分为有人驾驶侦察机、侦察直升机、无人驾驶侦察机和预警机。机上通常装有可见光照相机、多光谱照相机、激光扫描相机、红外扫描装置、电视摄像机、合成孔径雷达、机载预警雷达、无线电接收机等侦察设备。航空侦察监视的原理就是利用机上的这些光电遥感器或无线电接收机等侦察设备，接收并记录各种目标的电磁辐射，经加工处理后，从中提取有价值的情报信息。

1. 航空侦察的分类和方法

1）航空侦察的分类

航空侦察根据任务和侦察装备的不同有不同的分类方法。

（1）按任务分为战略航空侦察、战役航空侦察和战术航空侦察。战略航空侦察是为获取战略情报所实施的侦察，通常是根据作战的需要，保障战争的进行而实施的，侦察纵深可达近千千米甚至数千千米；战役航空侦察，是为获取组织实施战役所需要的情报，在战役全纵深内所进行的侦察，侦察纵深可达数百千米；战术航空侦察，是为了获取组织实施战斗所需要的情报，在战场上和战术纵深内所实施的侦察。

（2）按侦察装备分为各种飞机、飞艇、气球和旋翼升空器等，其中主要为侦察飞机。按飞机的种类分为有人驾驶侦察机、无人驾驶侦察机、侦察直升机和预警机。有人驾驶侦察飞机包括专用侦察飞机和用其他飞机改装的侦察飞机；无人驾驶侦察飞机包括母机投放的和地面发射的，有远程和近程、高空和低空型之分；侦察气球是指在气球上悬挂侦察设备，在气球飘行中获取图像情报，按程序控制回收或自动控制回收。

2）航空侦察方法

航空侦察手段主要有成像侦察设备、电子侦察设备和目视侦察设备。

（1）成像侦察。成像侦察技术在20世纪60年代以前称为照相。随着遥感技术的发展，获得图像情报的方法有了重大发展，于是"成像"一词即应运而生。成像包括可见光照相、红外扫描成像、微波成像等。可见光照相是利用航空照相机的光学透镜，把地面目标的影像记录在各种感光胶卷上，经冲洗加工，获得目标图像。红外扫描成像，是使用红外线扫描仪把探测到的地面景物辐射中的中、远红外波变成可见光，然后使胶卷感光而获得红外线影像。微波成像指利用机载侧视雷达获得图像情报，机载侧视成像雷达包括真实孔径侧视成像雷达和合成孔径侧视成像雷达两种。目前主要使用合成孔径侧视成像雷达，它能获得较高的方位分辨率，并能提供远距离、高分辨率的图像。

（2）电子侦察。是指利用航空飞行器上的电子技术器材进行侦察，它包括无线电技术侦察、雷达侦察和电视侦察等，无线电技术侦察包括无线电通信信号侦察和非通信信号侦察。无线电通信信号侦察，是使用无线电信号检测记录设备截收侦察对象在各种信道的各类电报、语音、数据、图像等通信信号，通过台情分析、解译通信内容、分析信号特征、测定辐射源位置、破译密码等方法，从中获取反映其兵力、部署、动向、作战意图等内容的情报。非通信信号侦察，是使用相应的电子侦察设备，对各类主动发射或无意泄漏的非通信信号，进行搜索监测、分析判读，以查明其电子装备和载体的战术技术性能、类型、用途、分布状态、配置变化和活动状况等，进而判断其装备水平、作战能力、防御体系状态以及活动意图。雷达侦察是指使用机载雷达测定敌方地面、水上目标的位置和判定其性质。电视侦察是以机载电视摄像机摄取目标的影像，通过无线电波传输到地面接收站或指挥所，在荧光屏上显示出来，使指挥员及时直观地掌握目标的动态情况。

（3）目视侦察。是指飞行人员以目视或借助仪器对目标进行系统观察，判明目标的位置、性质、型别、数量、动态、运动方向等。此种方法简便易行，因而被广泛采用，特别是在搜索运动目标时更有价值。

2. 航空侦察的特点和发展趋势

航空侦察监视的原理就是利用机上的这些光电遥感器或无线电接收机等侦察设备，接收并记录各种目标的电磁辐射，经加工处理后，从中提取有价值的情报信息。

1）航空侦察优点

（1）有人驾驶侦察飞机可以发挥人的主观能动性，灵活选择侦察地区的目标，减少无用的数据和资料。

（2）无人驾驶侦察飞机成本低，使用方便，且生存能力强，可避免人员伤亡。

（3）航空侦察系统飞行高度低，侦察效果好。

（4）航空侦察系统可以多次重复使用，且航空照片成本低。

2）航空侦察缺点

（1）易受各种防空火力的攻击。

（2）和平时期飞越别国领空进行侦察活动，会引起外交纠纷。

（3）无人机操作、维护、控制难度大，且易受干扰。

3）航空侦察发展趋势

航空侦察作为现代军事侦察监视的重要手段，有着广阔的发展前景，它将继续贯穿于整个军事斗争和各种作战样式之中。航空侦察力量将保持和发展，航空侦察装备、器材将随科学技术的发展不断完善和更新，航空侦察战术将不断被创新。其基本趋势大体如下：

（1）具有高空、高速或隐身性能且配有自卫。电子战设备的侦察机将问世。美空军正在研制速度为 4~8 马赫、飞行高度为 30~75km 的隐身侦察机；航天侦察机也将在 21 世纪初投入使用，它们将主要执行战略侦察任务。

（2）新型作战飞机改装的、用于执行战略或战役战术侦察任务的侦察机，仍将是各国侦察机的主要部分，这些侦察机通常装有光学照相、红外成像、微波成像和电子侦察等多种仪器设备。

（3）大型运输机改装的用于执行电子侦察任务和预警情报任务的电子侦察机、空中预警机和无人驾驶侦察机的数量将日益增多，这些侦察机通常装有电视摄像和电磁信号截收设备，能实时传输信息和长时间留空监视。

（4）直升机的侦察在陆军航空兵编成内的比例将明显增加，主要用于战术纵深内侦察。

（5）侦察—打击一体化系统可能是未来发展方向之一。如有的是遥控飞行器携带侦察、跟踪、瞄准装置和弹药，经侦察发现目标后，能很快将目标摧毁；有的侦察机的雷达在发现 100~200km 距离上的目标后，能在数秒钟内完成信号处理，传输给地面，并引导地面兵器准确打击目标。

（6）机载侦察设备器材将向更大的空间覆盖面、更长的时间以及更高的精度发展，使侦察能力有极大提高。如借助于现代信息技术的高性能传感器，把侦察系统和分析系统结合起来，使航空侦察情报在获取、传输、处理、分发阶段的时效性和准确性上更适应作战要求。同时，一些最新科学技术，如全息技术、电荷耦合器、光波导技术、激光技术、光电技术等将被引入，使侦察的灵敏度、分辨率和实时性得到进一步提高。

（7）不同功能的侦察仪器将集中于一个运载工具，使侦察机具有多种侦察能力。

2.2.3 空间侦察技术（天基侦察监视系统）

天基侦察监视系统包括低—中轨道和同步轨道卫星系统。低轨道卫星使用可见光、红外、微波（合成孔径雷达、逆合成孔径雷达）获取详细图像。但覆盖不连续，轨道可以预测，因而可躲避与隐藏。同步轨道卫星可以连续覆盖，但分辨率低，用于电子情报、导弹发射预警和天气预报，可分为照相侦察卫星、预警卫星、电子侦察卫星及海洋监视卫星。

1. 成像侦察卫星

成像侦察卫星包括可见光、红外、雷达成像侦察卫星。成像侦察卫星发展的趋势是：

（1）成像侦察卫星技术水平不断提高。

（2）成像侦察卫星尺寸向两极方向发展。

（3）建设小或微卫星探测网。

（4）照相侦察卫星采用超频谱成像、雷达成像技术。

（5）侦察监视卫星不断向更多国家扩散。

2. 天基红外系统

美、俄都有天基预警卫星系统。美军现在开始发展新的天基红外系统，以代替原有的预警卫星系统。天基红外系统有高轨道和低轨道两种卫星，部署时间分别为 2004 年和 2006 年。它们将代替现在的"国防支援计划"，导弹预警卫星的工作，为美国国家导弹防御系统提供拦截来袭导弹的线索。

3. 海洋监视卫星

海洋监视卫星主要用于探测、跟踪世界各海洋上的舰艇。主要通过截获舰艇上的雷达、通信和其他无线电信号，或者通过雷达对海上的舰艇进行监视。由于海洋十分广阔，需要探测的目标又是活动的，所以海洋监视卫星的轨道比较高，而且多采用由几颗卫星组网的侦察体制，以便扩大覆盖面积，连续监视，提高探测概率和定位精度。海事监视卫星包括雷达型和电子侦察型两种类型。现在，只有美、俄两国拥有海事监视卫星。

4. U-2 高空侦察飞机

U-2 飞机使用几个波段搜集数字图像，并可传输到加州比尔空军基地（飞机的母基地），并在执行任务的同时进行分析。U-2 飞机的改进是加装电光侦察系统（SYERS）和"联合信号情报电子装置家族"（USAF），以便为国家决策者提供实时图像。U-2 飞机改进计划还包括用 80 号链路进行改进。美国空军现有四架双座的 U-2S，其余为单座的 U-2S。

2.2.4 无人机技术

无人机是向信息化转型所需的信息化程度很高的装备之一，是未来战争中不可或缺的侦察监视和作战平台。

新型无人侦察机将装备合成孔径雷达、移动目标指示器、光电摄像机、低频信号收集系统、超光谱成像、通信中继等设备，并采用无源隐身天线。为满足特殊需要，无人侦察机可采用太阳能作为动力，以使其可以在作战区域盘旋若干个月。

无人战斗机包括以自身作为战斗部杀伤敌目标的自杀性无人攻击机，以及携带投放武器进行对地攻击，并可反复使用的无人战斗机。机上装备合成孔径雷达、激光雷达、实时机载传感器等，采用目标识别技术，实现目标探测、识别、定位和瞄准，用于攻击雷达、导弹发射架、指挥控制中心等重要目标，压制敌方防空火力。大力发展微型飞行器，飞行器装备超级微型雷达、窃听装置、可见光和红外图像侦察设备等，用于逐行侦察和监视任务。

无人驾驶飞机（Unmanned Aerial Vehicle，UAV，简称"无人机"）与其他武器相比有更好的优越性。无人机是具有自主程序控制、可进行无线遥控飞行的空中飞行器，可与遥控人员协作完成半自主控制，也可在无人驾驶、控制的状态下自主操作。无人机设计灵巧，空间利用率高，可重复使用，实际用途十分广泛。无人驾驶飞机主要包括飞机机体、飞控系统、数据链系统、发射回收系统、电源系统等。其相关技术涉及隐身、飞行控制、动力、数据链、发射等方面。

1. 无人机的系统组成及特点

1) 系统组成

无人机主要包括飞机机体、飞控系统、数据链系统、发射回收系统、电源系统等。飞控系统又称为飞行管理与控制系统，相当于无人机系统的"心脏"部分，对无人机的稳定性、数据传输的可靠性、精确度、实时性等都有重要影响，对其飞行性能起决定性的作用；数据链系统可以保证对遥控指令的准确传输，以及无人机接收、发送信息的实时性和可靠性，以保证信息反馈的及时有效性和顺利、准确地完成任务。发射回收系统保证无人机顺利升空以达到安全的高度和速度飞行，并在执行完任务后从天空安全回落到地面。

2) 系统特点

（1）机体灵活性好，体积小、重量轻。由于无人机的设计不用考虑驾驶员的部分，机身可以设计得很小，同时使用较轻的材料以减轻机身重量，提高生存能力和飞行速度。

（2）可担负多载荷任务并进行远距离、长时间续航。与相同体积和重量的有人机相比，无人机有更多的空间和载重量用来承载燃料、武器和设备等，提高了工作效率，延长了续航时间；同时，不用考虑飞行员自身的承受极限和飞行加速度的影响，可执行更复杂的飞行作战任务。

（3）隐身性能好，生存能力强，费用低廉。与载重量相当的有人驾驶飞机相比，无人机造型小巧，机体灵活，可采用雷达反射特征不敏感的材料制造以达到较好的隐身效果，从而躲避敌人的探测。目前，大部分中小型无人机的价格已降至有人驾驶飞机的 1/10 左右，而小型无人机更是价格低廉。

（4）安全系数高，自主控制能力强。无人机最大的特点就是机上无人驾驶，使其可以担负许多有人机无法执行的特殊、危险且艰巨的任务，如核污染区的勘测、生、化危险区的工作以及新武器试验等。既扩大了执行任务范围，又减少了不必要的人员伤亡，增强了安全可靠性。无人机具有极强的自主控制能力，可以在地面站的操作人员控制下进行遥控飞行，也可根据预编程序进行自主控制飞行，同时能与指挥中心进行实时通信。

2. 无人机的相关技术

（1）隐身技术。在现代化的战争中，无人机主要是在敌方上空完成作战任务，生存环境恶劣、易于被发现。因此，隐身技术的应用对提高无人机的战场生存能力具有至关重要的作用。无人机主要通过对机身表面材料的改进和对机体构造的设计来降低雷达信号的反射。通常，无人机机体表面采用降低反射雷达信号波能量的复合材料构造，使用雷达吸波材料。RCS 越小，目标向雷达接收方散射电磁波的能力就越弱，目标的生存性能就越好。同时，无人机也尽量采用减小电磁波反射的机身构造，即在机身各部分的连接处进行光滑处理，避免形成角度增强反射，并在凹口处采取相应的隐身措施。

（2）飞控技术。飞控技术包括传感技术、导航定位技术、飞行控制律设计等。随着作战任务的不同，如侦察、校射、运输、空中格斗等，无人机控制规律各不相同。尤其是一机多用时，无人机的控制任务也要随之改变，这就对飞行控制提出了更高要求，飞行控制律的设计成为难点。飞行控制律是解决无人机的核心系统与已建立的对象模型及各传感器间匹配的控制规律。目前，多模型的方法是处理不确定问题的重要方法，多模型的自适应控制技术是比较适合的。将设计模型与在线识别和决策相结合，可根据情况的变化自主地在已建立的模型集中选择适合当前工作状态的模型及与之匹配的控制器，形成实时的、具有高鲁棒性的控制系统，降低决策和控制的复杂程度，使总体性能达到最佳。

（3）动力技术。由于无人机具有承载任务多、续航时间长的特点，在无人机飞行过程中就需要有较好的动力推动技术和低油耗、高可靠性的发动机。当前，无人机使用的发动机主要有活塞式、涡轮式、转子式、太阳能式等。其中，太阳能式发动机能有效利用能源，满足无人机的长滞空需要，前景看好。

（4）数据链技术。无人机要实现智能的自主控制飞行，最关键的技术是数据链传输的安全和可靠问题。宽带、大数据量的传输是无人机的发展趋势和必然要求。目前，无人机主要采用 Ku/Ka 波段、C/X 波段和 L 波段进行通信。

（5）发射、回收技术。发射系统按其发射点位置来区分，主要包括陆（或雪、冰）上发射、水（舰）上发射和空中发射。陆上发射又可根据发射方式分为发射架发射、起落架起飞、滑跑车起飞和垂直起飞等；空中发射主要是指母机投放，即由母机运载到空中指定位置后进行点火投放，以提高无人机的使用寿命，降低伤亡率，但对母机的设计要求较高，同时应用的环境较受限制。按回收地点可将回收分为空中回收、陆上回收、水上或舰上回收；按回收方式可分为自主降落回收和遥控降落回收；按回收系统可分为回收网回收、伞降回收、滑跑降落回收（起落架回收）等多种。其中，自主降落方式要求在飞控系统中加入返航、降落、定位等的程序，设计复杂但操作运用简单，应用较广泛。

3. 无人机现状及发展趋势

1）现存问题

（1）小型无人机由于机身重量较轻，故存在易受大风等恶劣天气状况的影响，使其不能保证正常地执行任务。

（2）无人机在数据传送上的理想状态是高数据传输率及零误码和延时，但是在实际的过程中仍受信道、外界环境及敌方的干扰和其他因素的影响。

（3）随着人工智能技术在无人机领域的运用，无人机自主控制识别的能力不断增强，但大量试验验证，无人机仍不能有效区分目标的真假，在危机时刻并不能做到选择最佳方案克敌制胜并减少伤亡。

（4）由于无人机相关技术的成熟与发展，对操作人员在技术上和综合素质上提出了更高的要求，既要掌握操作控制技术，又应具有决策判断能力。

2）发展方向

（1）由辅战装备向主战装备地位的转变。无人战斗飞机由于不用考虑驾驶人员的各种生理要求，可根据执行的任务需要设计成为满足超长航时、高战斗性能等的结构，其角色扮演将由侦察、监视为主转变为攻击、战斗为主。在不久的将来，无人战斗飞机将在空对空作战中取代有人机，成为我军空中对敌精确打击的有效武器之一。

（2）轻型化、小型化、智能化和攻击机、战斗机。小型无人机的尺寸为

100~300cm，超小型无人机为 15~100cm，微型无人机≤15cm。小型无人机除具有无人机的特点外，还因其尺寸小、重量轻、运动灵活等特性而拥有更大的优势。可以在未来战场上作为单兵作战装备飞向敌方重要目标，实行低空侦察探测，也可以用在跟踪、探测等民用领域。为减少人为控制指挥与伤亡，无人机的智能化发展是一个必然的趋势。将根据预编程序实时判断当前状态，并选择最佳模式进行控制飞行；可主动搜索寻找攻击目标，并在危机时刻像人一样进行"思考""判断"，做出决策。同时，国内外对攻击型无人机和战斗无人机正在加紧研究，在不久的将来，大型无人机也将飞速发展并被广泛应用于军事领域，从而改变传统的作战理念。

（3）增强隐身特性。随着技术的发展，探测精度越来越高，探测距离越来越远，无人机要想在防探测方面有立足之地，就必须降低其被探测概率。据统计，在科索沃战争和阿富汗战争中，无人机的损耗率较高，所以增强无人机的隐身特性是提高生存率、降低损耗率、增强防探测性的有效途径之一。以往采用复合材料和光滑平整外形的反雷达探测以及减小红外（热）信号的反红外（热）探测技术已不足为奇，在不久的未来将采用等离子隐身技术或采用新工艺来减小其反射截面，增强战术性能，提高无人机的生存率。

（4）更远距离、超大容量、数字化的传输体系。随着无人机的广泛应用，各国对于全球性、全天候的执行任务有了更高要求。这就要求无人机在远距离、大容量、精确传输上有进一步的突破。光纤通信、微波通信、卫星中继将在无人机上得到广泛应用，作战指挥、信息分析、效能评估等任务将实现网络化，不同类别的侦测信息将应用到各个部门，实现信息共享。

随着科技信息飞速发展，越来越多的高科技将应用到无人机领域，在未来信息化条件下的战争中，无人机将具有举足轻重的地位。目前，无人机已经在通信、电子侦察、监视、制导、探测、评估等方面得到了运用。相信在不久的将来，无人机在要求以精确打击为主的全方位一体化作战的军用领域及民用领域有更巨大的发挥潜力，它必将成为普遍应用的高效率的打击武器，推动新军事思想的前进。

2.3 车载武器定位导航技术（获得车体实时坐标）

2.3.1 INS 惯性导航技术

1. 惯性导航系统概述

惯性导航系统（Inertial Navigation System，INS）是 20 世纪初发展起来的。

其基本原理是根据牛顿提出的相对惯性空间的力学定律，利用陀螺、加速度计等惯性元件感受载体在运动过程中的加速度。然后通过计算机进行积分计算，从而得到载体的位置与速度等导航参数。由于惯性导航具有自主性等特点，它不需要引入外界信息即可实现制导与导航，所以越来越广泛地应用于军用与民用的众多技术领域中。特别是捷联惯导系统由于价格低、体积小何可靠性好等方面的优势，越来越受到重视，目前已被广泛用于军事和民用领域。

一个完整的惯导系统应包括以下几个主要部分。

（1）加速度计。用于测量载体的运动加速度。通常应有两个至三个，并安装在三个坐标轴方向上。

（2）陀螺稳定平台。为加速度计提供一个准确的坐标基准，以保持加速度计始终沿三个轴向上测定加速度，同时也使惯性测量元件与载体的运动相隔离。

（3）导航计算机。用来完成诸如积分等导航计算工作，并提供陀螺施距的指令信号。

（4）控制显示器。用于输出显示导航参数以及进行必要的控制操作等。

（5）电源及必要的附件等。

目前应用中的惯性导航系统主要分成两类：平台式惯性导航系统与捷联式惯性导航系统。平台式系统中，惯性元件（陀螺和加速度计）安装在一个物理平台上，利用陀螺通过伺服电机驱动稳定平台，使其始终跟踪一个空间直角坐标系（导航坐标系）。而敏感轴始终位于该坐标系三轴方向上的三个加速度计，就可以测得三轴方向上的运动加速度值。该坐标系也是完成诸如积分等导航计算所在的坐标系，故又称计算坐标系。根据计算坐标系选取的不同，平台式惯导系统又分为两类：空间稳定式（Space-stable）和当地水平式（Local-level）。空间稳定式 INS 平台在载体运动过程中一直模拟惯性坐标系，所有观测（观测值）及计算（结果）都是在该坐标系中进行的。当地水平式 INS 的稳定平台模拟的是当地水平坐标系（即东北天坐标系）。观测的结果是东、北、天方向上的加速度，经积分计算直接给出载体所在的位置参数。

第二类惯性导航系统，即捷联式惯性导航系统（Strapdown Inertial Navigation System，SINS）中，没有实体平台，陀螺和加速度计直接安装在载体上。运动过程中，陀螺测定载体相对于惯性参照系的运动角速度，并由此计算载体坐标系至导航（计算）坐标系的坐标变换矩阵。通过此矩阵，把加速度计测得的加速度信息变换至导航坐标系，然后进行导航计算，得到所需要的导航参数。

与平台式系统相比，捷联式惯导系统的优点在于：

（1）省掉了机电式平台，体积、重量和成本都大大降低。

（2）惯性元件可以直接按数字信号形式（无须 A/D 转换）输出并记录原始观测信息，包括载体的线运动加速度和角速度，而这些参数是载体控制所需要的。在采用平台式惯导的载体上控制系统所需要的这些量，必须由单独的加速度传感器和角速度传感器来提供；采用捷联式惯导系统这些传感器可以省掉。

（3）捷联式惯导系统由于可以获得数字信号形式的原始观测量，所以可以进行测后各类动态建模和最优数据处理；可以提取不同应用领域所需要的各类信息，因而大大拓宽了惯性系统的应用范围。

（4）捷联式惯导系统可靠性高。

（5）捷联式惯导系统初始对准较平台式惯导系统快。

2. 平台式惯性导航系统

在平台式惯性导航、惯性制导系统以及平台罗经、航向姿态基准系统中，都有一个平台，陀螺仪和加速度计安装在这个平台上，再通过内外框架与舰船、飞机等运载器相联，三环或四环式的框架系统，从外到里与运载体的横滚、纵倾和方位相对应。方位环就是一个实实在在的物理平台，它模拟了运载体的导航坐标系，像船用的指北水平系统，平台方位稳定地指向正北，并始终保持当地水平，因而框架系统可以测量出运载体的航向角、纵摇角和横摇角。平台系统隔离了运载体对惯性仪表的影响。平台式惯性导航系统原理图如图 2-18 所示。

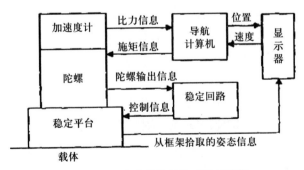

图 2-18 平台式惯性导航系统原理图

将北向加速度计和东向加速度计测得的比力信息 a_N、a_E 进行一次积分，与初始北向速度和东西速度 V_{N0}、V_{E0} 相加，得到运载体的速度分量，即

$$V_N = \int_0^t a_N dt + V_{N0} \tag{2-17}$$

$$V_E = \int_0^t a_E \mathrm{d}t + V_{E0} \quad (2-18)$$

将速度 V_N、V_E 进行变换并再次积分，就得到运载体位置变化量，与初始经纬度 λ_0、φ_0 相加，得到运载体所在地理位置的经纬度 λ、φ 的值，供给运载体导航定位使用，即

$$\varphi = \frac{1}{R_E}\int_0^t V_N \mathrm{d}t + \varphi_0 \quad (2-19)$$

$$\lambda = \frac{1}{R_E}\int_0^t V_E \sec\varphi \mathrm{d}t + \lambda_0 \quad (2-20)$$

式中：R_E——地球的平均半径。计算出的速度 V_N、V_E，按 $V=\sqrt{V_N^2+V_E^2}$ 进行合成计算，得到运载体的运动速度，便于导引运载体航行。

平台系统在早期的航海、航空、航天以及陆用的高精度导航、制导中几乎一统天下。一直到 20 世纪 70 年代，随着计算机、微电子以及控制等新技术在惯性技术领域的应用，出现了捷联式惯性系统，平台系统受到了强有力的挑战。目前在长时间高精度的系统中，如船用惯性导航中，还仍然应用着平台式系统，但在中低精度的应用领域已广泛应用捷联系统，特别在航空和导弹等导航、制导系统中，捷联系统的应用备受青睐，大有取代平台式系统的趋势。

3. 捷联式惯性导航系统

捷联式惯导系统是把惯性元件，即陀螺仪和加速度计直接固定在运载体上，陀螺仪和加速度计分别测量运载体相对惯性空间的三个转动角速度和三个线加速度沿运载体坐标系的分量，经过坐标变化，把加速度信息转化为沿导航坐标系的加速度。经过计算，得到运载体的位置、速度、航向和水平姿态等各种导航信息。捷联式惯导系统是一种十分先进的惯性导航技术，是近年来惯性技术的一个发展方向。在捷联惯导系统中，用计算机来完成导航平台的功能，以数学平台代替了平台惯导系统中的物理平台。捷联系统没有平台系统复杂的框架结构和框架跟踪陀螺的伺服系统，因而大大简化了系统结构，给系统带来许多优点：①整个系统的体积和成本大大降低；②惯性仪表便于安装、维护和更换；③能够提供更多的导航和制导信息；④惯性仪表便于采用余度配置，提高系统性能和可靠性。由于捷联系统具有的系列优点，在许多方面正逐步取代平台式惯导系统。捷联式惯性导航系统原理图如图 2-19 所示。

激光、光纤等新型固态陀螺仪是捷联系统的理想远件。捷联系统将取代平台式系统，已成为新世纪惯性技术发展的一种大趋势。有关资料报道，美国军用惯导系统 1984 年全部为平台式，到 1989 年已有一半改为捷联式，1994 年

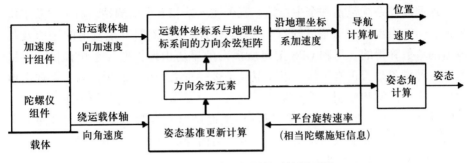

图 2-19 捷联式惯性导航系统原理图

捷联式已占有 90%。由于飞机、战术导弹、鱼雷的惯导系统具有中等精度与低成本的要求，所以采用捷联方案十分适宜，在这些领域中已广泛采用捷联式惯导系统。惯性系统正在向体积更小，重量更轻，长寿命，高可靠性，数字化，自动化，低成本的方向发展。

2.3.2 GPS 定位技术

卫星全球定位系统（Clobal Positioning System，GPS）利用接收 GPS 卫星信号实现导航、定位与授时的这种技术，具有在海、陆、空进行全方位实时三维导航与定位能力，因此 GPS 技术从根本上解决了人类在地球上的导航和定位问题，它在导航、定位工程领域中占有不可或缺的重要地位，并带来了很好的经济效益和社会效益。

1. GPS 定位系统组成

GPS 系统三大构成部分：空间星座部分——GPS 卫星星座；地面监控部分——地面监控系统；用户设备部分——GPS 信号接收机。

1）GPS 卫星星座

GPS 卫星星座部分由 21 颗工作卫星和 3 颗在轨备用卫星组成，记作"21+3"GPS 星座，24 颗卫星均匀分布在个 6 轨道平面内。当地球对恒星来说自转一周时，GPS 卫星绕地球运行两周。这样，对于地面观测者来说，位于地平线以上的卫星颗数随着时间和地点的不同而不同，最少可见到 4 颗，最多可见到 11 颗。在用 GPS 信号导航定位时，为了计算测站的三维坐标，必须观测 4 颗卫星，称为定位星座。这 4 颗卫星在观测过程中的几何位置分布对定位精度有一定的影响。对于某地某时，甚至不能测得精确的点位坐标，这种时间段叫做"间隙段"。但这种时间间隙段是很短暂的，并不影响全球绝大多数地方的全天候、高精度、连续实时的导航定位测量。

2）地面监控系统

地面监控系统包括一个主控站、三个注入站和五个监测站。对于导航定位来说，GPS 卫星是一动态已知点。该卫星的位置是依据卫星发射的星历及其轨道的参数算得的。每颗 GPS 卫星所播发的星历由地面监控系统提供。卫星上的各种设备是否正常工作，以及卫星是否一直沿着预定轨道运行，都要由地面设备进行监测和控制。地面监控系统另一重要作用是保持各颗卫星处于同一时间标准——GPS 时间系统。这就需要地面站监测各颗卫星的时间进而求出钟差。然后由地面注入站发给卫星，卫星再由导航电文发给用户设备。

3）GPS 信号接收机

GPS 信号接收机能够捕获到按一定卫星高度截止角所选择的待测卫星的信号，并跟踪这些卫星的运行，对其所接收到的信号进行变换、放大和处理，以便测量出 GPS 信号从卫星到接收机天线的传播时间，解译出 GPS 卫星所发送的导航电文，实时地计算出测站的三维位置，甚至三维速度和时间。对于陆地、海洋和空间的广大用户，只要用户拥有能够接收、跟踪、变换和测量 GPS 信号的接收设备，可以在任何时候用 GPS 信号进行导航定位测量。

2. GPS 定位技术的特点

GPS 全球定位技术主要有以下几个特点：

1）不受时间、地点的限制

GPS 有 24 颗卫星，且分布合理，轨道高达 20200km，所以在地球上合近地空间任何一点，均可连续同步地观测 4 颗以上卫星，实现全球、全天候连续导航定位，即在地球上任一位置、任一时间都至少能同时观测到 4 颗卫星，因此，不论白天还是黑夜、无论是海上、天空还是在陆地上均可随时进行定位、授时等服务。

2）不受天气限制

不论是雨雪还是风雾等天气均可进行 GPS 定位服务，因此，在恶劣气候环境下也能进行 GPS 定位，保证用户在恶劣气候环境下按时顺利地完成任务。

3）实时定位

对导航用户而言，需要实时知道自己所处的位置。利用子午卫星系统要测若干段时间后才能获得定位结果，而 GPS 利用实时的观测数据获得实时的定位结果，具有实时性。

4）无须通视

对常规测量而言，点与点之间只有通视才能进行测量，而 GPS 用于测量的一个显著优点就是点与点之间无须通视，只要各测量点能接收到卫星信号就可进行定位。因此，可以避免许多过渡点，不仅给测量工作带来许多方便、节省许多费用，而且能够提高测量精度。

5）被动式全天候导航定位

用户设备只须接收 GPS 信号就可进行导航定位，不须用户发射任何信号。这种被动式导航定位不仅隐蔽性好，而且可容纳无数多用户。

6）抗干扰性能好、保密性强

GPS 采用数字通信的特殊编码技术，即伪噪声码技术，因而具有良好的抗干扰性和保密性。

7）定位精度高、速度快、经济效益高

在导航及测量领域，GPS 与常规方法相比，具有精度高、速度快、操作简单、自动化程度高等优点，由此带来了很好的经济和社会效益。

3. GPS 定位原理

对于 GPS 接收机而言，根据其运动状态可将 GPS 定位分为静态定位与动态定位。

1）绝对定位原理

GPS 绝对定位又称为单点定位，是以地球质心为参考点，确定接收机天线在 WGS-84 坐标系中的绝对位置。其基本原理：以 GPS 卫星和用户接收机天线之间的距离观测量为基准，根据已知的卫星瞬时坐标来确定用户接收机天线所对应的位置。

GPS 卫星发射测距信号和导航电文，导航电文中含有卫星的位置信息，用户用 GPS 接收机在某一时刻同时接收 3 颗以上的 GPS 卫星信号，测量出接收机天线中心 P 至 3 颗以上 GPS 卫星的距离并解算出该时刻 GPS 卫星的空间坐标，据此利用距离交汇法算出测站点 P 的位置，如图 2-20 所示。

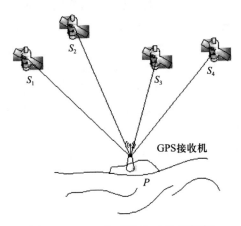

图 2-20　GPS 绝对定位（单点定位）

2）相对定位原理

用两台或多台接收机分别放置在不同点上，其位置静止不动，通过一段时间的观测确定点间的相对位置关系，称为相对定位。GPS 相对定位，是目前 GPS 测量中定位精度最高的定位方法。

GPS 静态相对定位是指用两台接收机分别安置在基线的两端点，其位置静止不动，同步观测相同的 4 颗以上 GPS 卫星，确定基线两端点的相对位置，如图 2-21 所示。在实际工作中，常常将接收机数目扩展到三台以上，同时测定若干条基线，如图 2-22 所示。这样做不仅提高了工作效率，而且增加了观测量，提高了观测成果的可靠性。

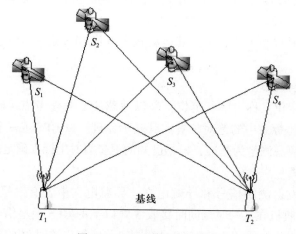

图 2-21 GPS 静态相对定位

静态相对定位可以达到很高的精度。在通常情况下，采用广播星历定位，精度可达 $10^{-6} \sim 10^{-8}$ 量级，如果采用精密星历和轨道技术，那么精度可提高到 $10^{-8} \sim 10^{-9}$ 量级。但是静态相对定位观测时间过长。近几年发展了一种整数周未知数快速逼近技术，使定位测量时间缩短到几秒钟。

GPS 动态相对定位，也称为差分定位，是指将一台接收机放置在基准站上固定不动，另一台接收机放置在运动的载体上，两台接收机同步观测相同的卫星，通过在观测值之间求差，以消除具有相关性的误差，提高定位精度。而运动点定位是通过确定该点相对基准站的位置实现的，如图 2-23 所示。其定位精度在小区域范围内（<30km）可达 1~2cm，是一种快速且精度高的定位方法。

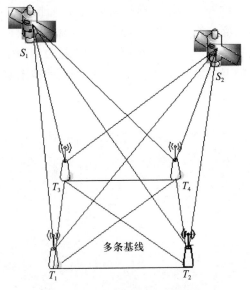

图 2-22 多台接收机扩展定位

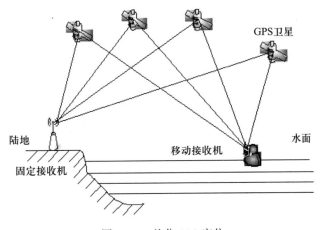

图 2-23 差分 GPS 定位

2.3.3 "北斗"定位技术

1. 北斗系统简介

GPS 全球定位系统虽然定位精度高,又能快速定位,但用户要随时承担被迫停止使用的风险。另外,GPS 系统无法完成双向通信任务。北斗卫星导

63

航定位系统是我国第一代全天候、全天时提供卫星导航信息的区域导航系统，系统是由空间卫星（两颗工作星一颗备用星）、地面控制中心站和北斗用户终端三部分构成。地面部分负责工作系统的监控和管理、数据存储、交换、传输和处理并提供高度解算用户位置。用户终端能够接收地面中心站经卫星转发的测距信号，并向两颗卫星发射应答信号。由中国空间技术研究院自行研制的北斗导航卫星，如图2-24所示。

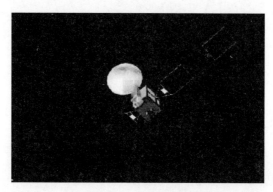

图2-24 北斗导航卫星

北斗导航系统综合了卫星导航和无线电导航定位的优点，相当于把无线电导航台设置在围绕地球同步旋转"静止"的卫星上，从而为军事导航、公路交通、铁路运输等提供全天候24小时连续的导航定位服务。它具有以下优点：

（1）可在服务区内提供全天候的定位、通信和授时服务。
（2）定位快速。一般用户定一次位只需$0.6\sim0.7s$，最多几秒钟。
（3）定位精度高。一般用户定位精度几十米。
（4）定位兼容通信。

所有这些，为导航定位系统的建立提供了方便而廉价的手段。

2. 北斗系统组成

北斗导航系统是区域性有源三维卫星定位与通信系统。该系统可以对我国领土、领海及周边地区的用户进行定位及授时，并且可以实现各用户之间、用户与中心控制站之间的简短报文通信。北斗卫星导航系统由空间段、地面段和用户段三部分组成，空间段包括5颗静止轨道卫星和30颗非静止轨道卫星，地面段包括主控站、注入站和监测站等若干个地面站，用户段包括北斗用户终端以及与其他卫星导航系统兼容的终端。其系统结构如图2-25所示。

1）空间卫星部分

空间卫星部分由3颗地球同步卫星组成。它们的任务是完成中心控制系统

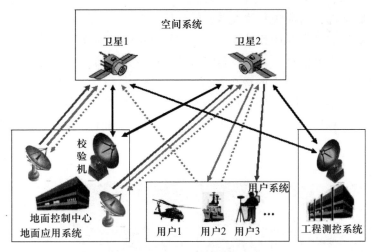

图 2-25 北斗导航系统结构图

和用户收发机之间的双向无线电信号转发。卫星上主要载荷是变频转发器、S 天线（两个波束）和 L 天线（两个波束）。两颗卫星的 4 个 S 波束分区覆盖全服务区，每颗卫星的两个 L 波束分区覆盖全服务区，备份星可随时替代任一颗工作卫星工作。工作卫星能够执行测控子系统发出的测量卫星状态的命令以及接收和执行地面中心控制系统发出的控制命令。

2）地面中心控制系统

地面中心控制系统（下面简称中心站）是北斗导航系统的控制和管理中心，是北斗导航系统的中枢，一切计算和处理都集中在中心站完成。中心站具有全系统信息的产生、搜集、处理与工况测控等功能，主要由信号收/发分系统、信息处理分系统（包括定轨子系统和加密子系统）、时间分系统、监控分系统和信道监控分系统等组成。它的主要任务是：

（1）产生并向用户发送询问信号和标准时间信号，接收用户入站信号。

（2）确定卫星实时位置，并通过出站信号向用户提供卫星位置参数。

（3）向用户提供定位和授时服务，并存储用户有关信息。

（4）转发用户间通信信息或与用户进行报文通信。

（5）监视并控制卫星有效载荷和地面应用系统的工况。

（6）对新入网用户机进行性能指标测试与入网注册登记。

（7）根据需要临时控制部分用户机的工作和关闭个别用户机。

（8）可根据需要对标校机有关工作参数进行控制等。

3）用户终端部分

用户终端部分由混频和放大器、信号接收天线、发射装置、信息输入键盘和显示器等组成。主要任务是接收中心站经卫星转发的询问测距信号，经混频和放大后注入有关信息，并由发射装置向两颗（或一颗）卫星发射应答信号。凡具有这种应答电文能力的设备都称为用户终端，又称为用户收发机（简称用户机）。根据执行任务的不同，用户终端分为通信用户机、卫星测轨用户机、差分定位标校用户机、气压测高标校用户机、授时用户机和指挥用户机等（图 2-26）。

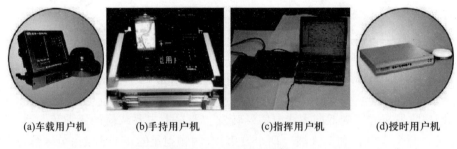

(a)车载用户机　　(b)手持用户机　　(c)指挥用户机　　(d)授时用户机

图 2-26　北斗用户终端

北斗用户收发机的基本功能一般包括：

（1）导航定位功能：平面定位精度为 20m（标校机范围内）；

（2）汉字及代码通信功能：每次通信最长可编发 120 个汉字或 420 个 BCD 码；

（3）单向定时功能：单向定时精度 50~100ns。

4）地面标校站

地面标校站的作用是连续精确测量两颗北斗导航同步卫星的位置，并把测量的数据传送给地面中心站，以提高中心站数据处理的定位精度。地面标校站设置在观测几何位置较好的地方，精确测量同步卫星在空间的位置，这要求地面标校站的位置是精确已知的。对某些用户设备，可以利用附近的地面标校站进行差分定位，消除系统误差，进一步提高定位或导航精度。

3. 北斗系统工作流程

北斗导航系统用两颗地球同步卫星进行双向测距来定位，可实现双向数据报文通信，系统自含差分定位功能以提高卫星业务 L/S 频段，卫星至中心站链路使用标准 C 频段。在定位方式上，北斗导航系统采用主动式—应答式定位，需要和中心站建立联系才能定位，系统用户量有限制。

北斗导航系统定位的过程：控制中心测出用户发出的定位响应信号到2颗卫星的2个时间延迟，由于控制中心和2颗卫星的位置是已知的，从上述的2个时间延迟量可以计算用户到第1颗卫星的距离，以及用户到2颗卫星距离的和，而且也知道用户处在以第1颗卫星为球心的1个球面和以2颗卫星为焦点的椭球面的交线上，控制中心站存有数字高程模型，查寻用户高程值，计算用户所在点的三维坐标，再通过卫星发给用户。

北斗导航系统通信过程：控制中心接收到用户发送来的响应信号中的通信内容，进行转换后再发送到北斗导航系统的用户终端收件人。北斗导航系统的工作流程总结如图2-27所示。

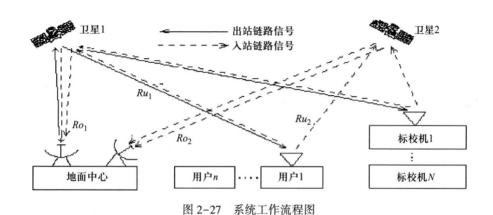

图2-27 系统工作流程图

（1）控制中心向2颗卫星发送询问信号。
（2）卫星接收到询问信号，经卫星转发器向服务区用户播发询问信号。
（3）用户响应其中1颗卫星的询问信号，并同时向2颗卫星发送响应信号。
（4）卫星收到用户响应信号，经卫星转发器发回地面中心。
（5）地面中心收到用户响应信号，解调出用户申请的服务内容。
（6）地面中心计算出用户的三维坐标位置，再将它发送到卫星；或者将用户的通信内容进行相应处理，再发送到卫星。
（7）卫星又收到地面中心发来的坐标数据或者通信内容，经卫星转发器发给用户或者收件人。显然，北斗导航系统的工作过程是比较繁琐的，但是它采用码分多址（CDMA）制式，抗干扰能力大大优于现有的卫星导航系统。

4. 北斗系统定位的基本原理

地球同步卫星进行地面的导航定位比较复杂。北斗导航系统是采用3球交会测量原理进行定位，以 2 颗卫星为球心，2 球心至用户的距离为半径可作 2 个球面；另一个球面是以地心为球心，以用户所在点至地心的距离为半径的球面；3 个球面会在地球的南半球与北半球的球面上各有一点相交，其中一个就是用户位置，如图 2-28 所示。该方法定位精度受用户所在位置的纬度影响，靠近赤道，精度下降。而且定位方法没有多余观测量，受高程误差的影响比较大，在地形复杂地区（山区）还可能出现多值解，系统的服务精度通常是数十米到数百米的量级。

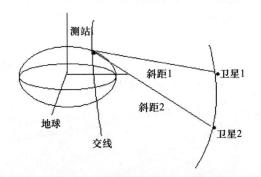

图 2-28　交线圆穿过赤道与地球

如图 2-29 所示，地球不是一个规则的球体，通常解算是用球面去与交线圆相交，由于交线圆上的点到两颗卫星的距离相等，对一个确定的用户，这个球的半径必须是用户点到地心的距离。要确定这个圆的半径，还需要知道用户的大地高。

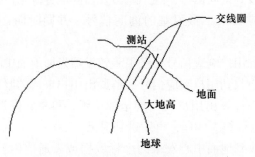

图 2-29　大地高与交线圆唯一确定测

算法原理及公式如下：设用户至两卫星的距离为 $R_{u1}R_{u2}$，地面中心至两卫星的距离为 $R_{01}R_{02}$，用户高程值为 Hu，$S_{U1}S_{U2}$ 为从地面中心—卫星 1（或卫星 2）—用户—卫星 1（或卫星 2）—地面中心间、地面中心—卫星 2（或卫

1）—用户—卫星1（或卫星2）—地面中心间的距离和观测量。根据系统的定位原理可建立如下用户定位方程：

$$\begin{cases} R_{U1} = S_{U1}/2 - R_{01} \\ R_{U2} = S_{U2} - S_{U1}/2 - R_{02} \end{cases} \text{或} \begin{cases} c \times t_1 = 2(R_{01} + R_{U1}) \\ c \times t_2 = \dfrac{c \times t_1}{2} + R_{02} + R_{U2} \end{cases} \quad (2-21)$$

即

$$\begin{cases} c \times t_1 = 2(R_{01} + \sqrt{(X_{s1} - X_u)^2 + (Y_{s1} - Y_u)^2 + (Z_{s1} - Z_u)^2}) \\ c \times t_2 = \dfrac{c \times t_1}{2} + R_{02} + \sqrt{(X_{s2} - X_u)^2 + (Y_{s2} - Y_u)^2 + (Z_{s2} - Z_u)^2} \end{cases}$$

$$(2-22)$$

$$\begin{cases} R_{01} = \sqrt{(X_{s1} - X_0)^2 + (Y_{s1} - Y_0)^2 + (Z_{s1} - Z_0)^2} \\ R_{02} = \sqrt{(X_{s2} - X_0)^2 + (Y_{s2} - Y_0)^2 + (Z_{s2} - Z_0)^2} \end{cases} \quad (2-23)$$

式（2-21）中，C 是光速，t_1、t_2 是地面中心所测得以光速途经 S_{U1}、S_{U2} 所需的时间，(X_{s1}, Y_{s1}, Z_{s1})，(X_{s2}, Y_{s2}, Z_{s2})，(X_u, Y_u, Z_u)，(X_0, Y_0, Z_0) 分别为卫星（1）卫星（2）用户和地面中心的地心坐标。由于卫星（1）卫星2是地球同步卫星，所以两颗卫星和中心站的地心坐标已知，即 $R_{01}R_{02}$ 已知，t_1、t_2 由中心站计算得出。

为了获取用户高程，通常建立服务区的数字高程模型（DEM）数据库，存储在数据库中，定位解算时取出用户高程，再加上用户离地面的高度即可得到用户大地高 H_u。利用椭球参数方程推导可知

$$H_U = \sqrt{(1 - e^2)(X_U^2 + Y_U^2) + Z_U^2} - b_e \quad (2-24)$$

式中：$e^2 = \dfrac{(a_e + H_u)^2 - (b_e + H_u)^2}{(a_e + H_u)^2}$；

a_e、b_e、e——椭球参数中的长半径、短半径和第一偏心率。

利用式（2-22）和式（2-23），即可解算出 (X_u, Y_u)，即用户的坐标。由于 DEM 精度和高程异常等因素的影响，上述方法得到的大地高精度一般不能优于 10m，成为北斗导航系统进一步提高定位精度的一大障碍。

5. 北斗系统的基本功能

北斗导航系统具有快速定位、简短通信和精密授时的三大主要功能。

（1）快速定位。可快速确定用户地理位置，为用户提供定位导航服务。水平定位精度 100m，有标校站区域定位精度小于 20m。定位响应时间：1 类用户 30s；2 类用户 10s；3 类用户 1s。连续定位更新时间达到 1s。一次性定位

成功率95%。

（2）信息通信。北斗导航系统具有用户与用户、用户与地面控制中心之间双向数字报文通信能力，一般1次可传输36个汉字，经核准的用户利用连续传送方式还可以传送120个汉字或480个BCD码。

（3）精密授时。北斗导航系统具有单向和双向2种授时功能，根据不同的精度要求，利用定时用户终端，完成与北斗导航系统之间的时间和频率同步，提供100ns（单向授时）和20ns（双向授时）的时间同步精度。

2.4 敌我识别技术

2.4.1 敌我识别技术概述

在现代战争中，由于目标识别不清，误伤事件时有发生，为了减少误伤己方和友方目标，就需要借助一套适合的敌我识别设备来完成敌我目标的识别任务。传统的敌我识别主要是依靠人眼观察目标的形状或颜色等特征来进行识别的，但是这个落后的方法已远不能满足现代战争的需要，必须研究和开发能适应现代战争的敌我识别技术。

现代的敌我识别技术实质上是利用现代的通信手段完成的，它通常由询问方和被询问方之间的互发信号彼此确认来完成的。当询问方和被询问方为友方或同为己方时，由询问方向被询问方发射信号，被询问方接收到信号后，对信号进行分析判断确认发射方是否为友方，若为友方，则由被询问方向询问方发射一个回波信号，询问方接收到回波信号后经过解码便可知道被询问的目标是己方或友方；当询问方和被询问方是互为敌方关系时，当被询问方接收到询问信号后，由于被询问方不知道事先约定的编码方式，所以询问方将不能对其解码。通过这样的方法双方就可以确认对方为友方还是敌方。

敌我识别设备通常安装在直升机、战车等作战平台上。对于单兵作战，敌我识别设备通常安装在士兵的头盔上。鉴于敌我识别的特殊任务和特殊工作环境，敌我设备要求体积小、结构简单、识别时间短、灵敏度高、可靠性高、抗干扰能力强、不易被截获，操作简单方便。

2.4.2 敌我识别技术的分类

敌我识别系统从工作原理上分为协作式和非协作式两种。

1. 协作式敌我识别技术

图2-30为协作式敌我识别系统，由询问机和应答机两部分构成，通过两

者之间数据保密的询问/应答通信实现识别。其特点：过程简单、识别速度快、准确性高，而且系统体积小，易于装备和更换。

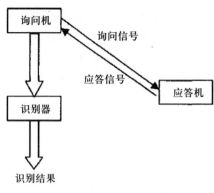

图 2-30 协作式敌我识别工作原理图

协作式敌我识别系统从识别手段上来分，主要有无线电通信的敌我识被系统、毫米波通信的敌我识别系统和基于激光通信的敌我识别系统。

无线电通信的敌我识被系统的特点：识别距离远，识别范围广，无线电信号发散性大，容易被敌方截获和干扰。

毫米波通信的敌我识别系统的特点：通信波束窄，不易被截获，而且有利于在密集的作战武器间对特定目标进行识别，对烟、尘、雾、雨、雪等障碍物的穿透能力很强；工作频率很高，可在更短时间内完成加密通信，减小敌人截获和利用的可能性，但识别距离较近。

基于激光通信的敌我识别系统的特点：激光发散角极小，可以非常精确的指向待识别的目标，激光信号不受电磁干扰的影响，信号传递信道窄，保密性好，且调制速度高，大大缩短识别的时间和被截获的可能性。缺点：识别距离相对较近。

以上三种不同通信手段的敌我识别系统各有其特点，根据实际需求的不同应用于不同的场合。现代战争中空军和海军使用的敌我识别系统必须满足超视距作战的需求，识别距离远，范围广，因此主要使用无线电信号工作。陆军具有作战武器密集性高的特点，这时更适合使用毫米波和激光等波长更短的信号进行识别。

1）无线电通信的敌我识别系统

早在第二次世界大战之初，对敌我识别系统的研制就已开始。第一个的 IFF 系统是由 Watson-Watt 研制的 MARK I 系统，它是一种机载询问/应答

(Q&R)模式的敌我识别装置,使用20~30MHz无线电信号通信。此后美国陆续研制了MARK系列的后续产品,直到现役的MARK XII系统。在20世纪80年代中期,美国曾计划开发基于扩展频谱技术的新一代IFF系统MARK XV,并做了大量的研究工作。同时欧洲的北约各国也在并行的联合开发一个全新的敌我识别系统NIS(NATIO Identification System),这个系统的规划全面涵盖了应用于海、陆、空军之间的协作和非协作式的多种敌我识别子系统。但是,由于整个系统的设计过于庞大,同时许多技术还不成熟,使得北约各国在进行了一段时间的开发后发现完全实现这个全新的系统在时间和费用上的耗费都是无法接受的。为了迅速开发出更为先进的敌我识别系统而且维持可以接受的研究费用,美国及北约各国相继终止了MARK XV和NIS的开发计划,而把研究重点转移到在现有系统的基础上进行改进以实现各国间敌我识别的互操作性上来。美国使用扩展频谱技术对MARK VII系统进行改进,以提高其信号的抗干扰和失真的性能,新系统命名为MARK XIIA。同时在原有通信模式的基础上开发新的MODES和MODE5模式,作为北约各国敌我识别互操作的通用模式。北约各国在放弃了NIS以后也分别进行着各自的研究计划,但都注意与MARK XII保持兼容,如英国的SIFF(Successor Identification Friend or Foe)、法国与德国共同开发的NGIFF(Nest Generation IFF)等。美国现役的MARK XII系统是一种Q&A模式的协作式敌我识别系统,询问频率为1030MHz,应答频率为1090MHz。MARK XII的通信模式共有MODE 1、MODE 2、MODE 3、MODE 4四种,其中前3种模式为非加密的,而模式4为加密通信信号。MODE 3用于飞行交通管理,为军民两用,其中MODE 3/A用于自动驾驶飞行的飞行控制,与之联系的MODEC用于飞行高度报告。MODE(1)2和4为军用通信模式,其中MODE 1用于飞行器类型和任务识别,MODE 2利用最多4096个"尾码"(Tail Number)来识别飞行器的特定身份;MODE 4为军用的加密识别通信模式,通过特定的加密算法和不断更新的密钥对识别信息进行加密,以防止信号被敌方破译和伪造。

美国在MARK XII的基础上扩展了MODES和MODE 5两种新的工作模式。MODES为其每一个使用者分配一个独有的MODES识别码标志其身份,这种识别码的总数可达16M个以上。通过这个识别码,所有进入MODES控制区内的使用者都可以自动的与中央计算机通信并被独立的识别,从而大大提高了整个识别系统的效率和安全性,同时从识别信号中还可获得使用者的速度、高度等特定的信息。MODE 5是将用于替代MODE 4的新一代军用加密识别通信模式。MODE 4早在30多年前就已经开始使用,很多方面都已不能满足要求,使用MODE 5将会大大提高识别通信的信息容量和安全性,更为重要的是,它可能是北约各国下一代 IFF 系统的一个通用模式，各国将可以通过这个模式实现敌我识别的互操作。2000 年北约 SISC 会议的一份报告总结了 MODE 5 最近一次的国际联合测试的结果，其识别距离、多路干扰下的识别能力等性能都有显著提高，但具体数据由于保密尚无报道。虽然 MODE 5 使用的识别方法无法得知，但可以推断，基于每个使用者拥有独立识别码的识别模式将是大势所趋，MODE 5 必定也会包含类似的功能。英国的 SIFF 在 1997 年开始的一项多阶段研究计划，目的是开发兼容于 MARK XIIA/ MODES 的新一代敌我识别系统，这套系统将装备在英国海、陆、空军超过 50 种不同类型的作战平台上，预计总耗资约 5 亿英镑。目前该计划的第一阶段即方案比较阶段已经结束，英国国防部已于 2000 年底决定以一亿英镑的研制费用由 RSL 公司进行 SIFF 系统的开发，周期为 5 年。据 RSL 称，此系统还将包括一种为本国服务的独有的加密通信模式 CIRCE Secure Mode。法国和德国在 2000 年共同投资 1.6 亿欧元由 EADS 公司和 Thomson-CSF 公司联合研制 NGIFF 系统。NGIFF 不仅具有与 MARK XIIA/ MODES 的互操作性，还提供与 ACAS（Automatic Collision Avoidance Systems）的接口，并保留了扩展到 MARK XIIA/ MODE 5 的能力；这一系统将被广泛的装备在多种飞行器、舰只及地对空武器系统中。

2) 毫米波通信的敌我识别系统

基于无线电通信的敌我识别系统在战争中应用最广，但是无线电信号发散性大、容易被敌方截获和干扰，而采用波长更短的毫米波或光通信来实现敌我识别就可以大大克服这种缺陷。毫米波的通信波束窄，不易被敌方截获，而且有利于在密集的作战武器群，如坦克群中对特定目标进行识别；对烟尘、雾、雨雪等障碍的穿透能力很强；工作频率高，可在更短的时间内完成加密通信，减小被敌人截获和利用的可能性。毫米波共有 4 个大气传播窗口，分别是 35GHz、94GHz、140GHz 和 220GHz，每个窗口都有非常大的带宽，可以得到很高的信息传输速率和抗干扰能力。北约各国在 20 世纪 90 年代初就已开始研究和实验各自的毫米波敌我识别系统，经过多次联合测试，最后评定法国的 BIFF（Battle field Identification Friend or Foe）系统的综合性能最佳。美国采用了美国 TRW 公司的 BCIS（Battle field Combat Identification System）方案，并于 2000 年 1 月签订了为期 3 年的生产合同，法国 Thomson-CSF 公司的 BIFF 系统也在 2000 年 3 月与法国国防采购局签订了生产合同。BCIS 是美国 TRW 公司研制的工作于毫米波 Ka 波段 38GHz 的协作式毫米波敌我识别系统，它通过询问机和应答机之间的加密通信实现识别。由于使用毫米波信号，BCIS 询问机能够将询问信号限制在±1.3°之间，可以准确选择特定的目标进行识别，并大大减小了信号被敌人截获和干扰的可能。应答机在接收到询问信号后发射

360°的应答信号。为了进一步加强防伪性能，BCIS采取了特殊的信号波形和每次通信至少43次自动跳频的技术，大大提高了识别的安全性。BCIS的识别范围为150~5500m，天气晴朗时可达14km。BIFF是由法国Thomson-CSF公司研制的协作式的毫米波敌我识别系统。它的工作频率为33~40GHz。为了与美国BCIS兼容，BIFF与BCIS设计使用相同的信号波形，在1998年BIFF与BCIS通过互操作测试后这种波形被确定为北约的标准化草案STANAG4579。

3）基于激光通信的敌我识别系统

近年激光技术及其在通信技术中的应用为敌我识别技术的发展带来了新的希望。激光的发散角极小，可以非常精确的指向待识别的目标。激光信号不受电磁干扰的影响，信号传递信道窄，保密性好；并且调制速度快，大大缩短识别时间和信号被截取的可能性。激光敌我识别系统已经成为当今研究的重点之一。1992年美国DARPA（Defense Advance Research Projects Agency）资助Pacific-Sierra Research公司开始名为LIFES（Laser Identification For Enhanced Survivability）的激光敌我识别研究项目，并在1995—1996年进行了测试。LIFES的询问机使用对人眼安全的激光信号作为询问信号，应答机在接收到询问信号后发射一个包含身份信息、GPS位置信息等的加密的无线电回应信号，询问机接收到回应信号，通过身份信息进行识别，若识别成功就再向被识别者发送一个确认信号。LIFES在烟、尘和高湿度等测试条件下最大可达到5km的识别距离，该系统可以作为美国陆军现在采用的BCIS的替代方案。1997年美国国防部资助Motorola等公司研究名为CIDDS（Combat identification for the Dismounted Soldier）的激光/RF单兵敌我识别系统，这种系统可以在2km的范围内使用对人眼安全的近红外激光识别士兵的身份；激光询问机安装在士兵武器上，包含士兵身份信息的RF应答机配备在士兵身上，应答机收到激光询问信号后发出加密的RF信号表明身份。若系统性能达到要求，美国政府预计将购买100000套来装备部队。激光信号的发散角小，一方面可以准确地选择识别目标，不易被截获；但是另一方面，应答方在发送信号前需要瞄准询问方，也即被询问方需要预先知道询问者的位置信息，而作为被询问方是很难准确判断询问者的方位的，这也就是上面提到的2个项目都采用激光询问而使用无线电应答的原因。但使用无线电应答丧失了很多使用激光信号带来的优势。因此从作战需求和技术发展的趋势看，如果能克服应答瞄准问题，使得询问和应答都使用激光信号将是比较理想的敌我识别方案。

2. 非协作式敌我识别技术

非协作式敌我识别技术是利用各种功能不同的传感器收集目标的各方面信息，将这些信息汇总到数据处理中心，通过数据融合来得到识别结果（图2-31）。非协作式敌我识别系统也是战争中不可缺少的一个识别手段，这种识别系统的最大优势是不需要被识别目标做任何技术上的配合，识别范围广，识别结果可在各识别器间共享。但系统结构复杂，识别速度低，易受干扰和不确定因素影响。现代作战武器都具有很强的隐身能力和伪装能力，仅利用单一的探测信号很难准确地进行识别。通过对多种类型的探测信号进行综合分析将是今后的发展趋势。

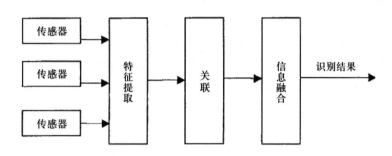

图 2-31　非协作式敌我识别工作原理图

2.4.3　敌我识别系统的要求

在一定时间空间范围内，双方目标混杂在一起是战场常见现象，也是对目标敌我属性信息获取需求最为迫切的情况。这时，对目标敌我属性信息获取的目的一方面是要保障在采取一定军事行动时避免对我方目标的误伤，另一方面又要求能有效和迅速地确定敌方目标的位置、状态等其他运动要素以便采取相应的军事行动。由于这种情况的出现必然意味着一定的军事行动背景，双方对敌我属性信息的敏感度非常高。因此敌我识别系统应具备以下一些特点：

（1）满足目标之间的相互协调性要求。
（2）较强的抗干扰能力。
（3）严格的保密性、安全性。
（4）识别的准确性、可靠性。
（5）快速的反应能力，即高度的实时性。

在目前技术发展状况下，要满足上述这些基本要求，只有依赖于现在相对比较成熟的各类协同识别系统，如二次雷达、毫米波、光电等技术，并通过这些系统的有机配合和分层次的配置、相互之间的信息交换和信息共享来共同完成对目标的敌我属性确认任务。非协同识别手段只能是一种辅助手段，而间接识别则是保障上述直接识别系统的一个基础环节。

采用激光技术是实现运动目标敌我识别的有效方法之一，激光系统可抗电磁干扰，抗原子辐射，信号传递通道窄，保密性好，系统结构紧凑，体积较小，相对于无线电系统和微波系统有着很大的优点。

2.5 战场告警与光电对抗技术

光电对抗技术作为信息化条件下高技术战争中克敌制胜的一种重要对抗技术，在作战中的地位突出、作用明显、应用广泛，尤其是在侦察与反侦察、干扰与反干扰、摧毁与反摧毁等战术层面，涉及的光电对抗技术很多。本节主要分析与阐述的光电对抗技术有以下四个方面：光电告警技术、光电干扰防护技术、激光致眩盲技术和主动防御技术。

2.5.1 光电告警技术

1. 红外告警技术

红外告警技术是研究与开发最早的一类告警技术，根据目标发出的红外信号来发现并定位目标。红外告警设备是红外搜索与跟踪系统，是靠跟踪目标的红外辐射来工作的，在接收到导弹或飞机等高速运动目标的红外辐射后，系统将其与目标周围的背景比较，计算出目标位置相对于瞄准中心线的误差后，送至随动系统，保持跟踪。目前红外告警设备已发展到第三代，其特点是全方位，多目标搜索、跟踪与定位，目标分辨率可达微弧量级，自动引导干扰系统作战，还能通过成像显示提供清晰的战场情况，威胁告警距离可达 10~20km。

1) 目标的红外辐射特征

导弹和作战飞机的红外辐射主要是由发动机加力和导弹巡航阶段的燃料燃烧所产生的，是尾焰中 CO_2 和水蒸气中 H_2O 分子引起的不同波长的辐射，相对强度较大的辐射主要集中在 $4.3\mu m$、$2.7\mu m$ 和 $6.3\mu m$ 波长。尾焰辐射的强度随导弹相对告警系统的角度、导弹的高度和速度等因素变化。

对舰载导弹逼近告警系统来说，目标的红外辐射的特征、背景以及告警系统的反应时间是至关重要的。因此，告警的情况与大气的传输状况紧密相关。表 2-2 就是红外辐射的大气传输率，作用距离越远传输率越低。另外，不同大气条件下红外辐射的大气传输特性不同，水蒸气浓度、能见度以及距离不同时，大气吸收谱表现出差异。尤其是在海面，条件将更加复杂。

表 2-2 导弹和作战飞机红外辐射的大气传输率

距离/km	2.0~3.5μm	3.5~5.0μm	8.0~12.0μm
0.5	0.608	0.725	0.921
1.0	0.546	0.667	0.877
2.0	0.477	0.539	0.808
5.0	0.379	0.467	0.657
10		0.354	0.482
20		0.233	0.288

2) 红外告警系统的工作原理

根据来袭导弹的特性、杂波条件以及使用情况来选择红外告警系统的工作波段。对于渡海中威胁舰艇的近程导弹来说，探测时往往处于导弹的加速阶段，于是对尾焰辐射的 3~5μm 波段进行探测要比 8~12μm 波段时的信噪比好。考虑到大气衰减随波长而变化，所以还可利用双波段告警系统提供目标的距离和速度的数据。尽管通过正确的导弹逼近红外告警系统的设计，可使信噪比达到最佳值，但信噪比却是由背景和目标的性质决定的。信噪比的大小可通过适当的滤波技术和其他信号处理技术来修正。

红外告警系统可分为扫描型和凝视型两类。扫描型红外告警系统采用线列的红外探测器，在光学系统中线列探测器的光敏面对应一定的空间视场，这个空间视场内的红外辐射能量将汇聚在探测器单元的光敏面上，如图 2-32 所示，在空间视场 A 内的红外辐射能量将汇聚在探测器 A' 单元的光敏面上，当光学系统和探测器一起旋转时，对应的空间视场便在物空间进行扫描。扫描到空间某一特定的目标（一般比背景的红外辐射强）时，探测器光敏面上得到一个光信号，线列探测器将光信号转换成电信号并输出。该信号通过后续处理，并与扫描同步信号相关，计算出该目标的相对方位角和俯仰角。

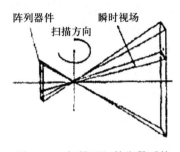

图 2-32 扫描型红外告警系统

凝视型红外告警系统如图 2-33 所示，这种系统采用红外焦平面器件，不需进行机械扫描。这种焦平面探测器采用多路分时复用原理，合成一路信号输出，对应于物空间是电扫描。因而凝视型的帧时在 30ms～几百毫秒。

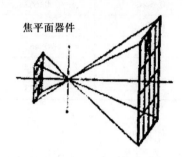

图 2-33　凝视型红外告警系统

同雷达相比，红外搜索与跟踪系统以被动方式进行工作，隐蔽性好，可成像显示，尤其是可克服雷达对掠海导弹因海面杂波干扰而难于探测的问题。所以，红外搜索与跟踪系统是雷达等舰载探测系统难以替代的，在对抗掠海高速反舰导弹更是如此。

2. 激光告警技术

激光告警作为一种特殊的侦察方法，一般固定在飞行器，装甲车或重要设施上，实战用途是探测、识别激光测距信号或是制导武器发出的制导信号，判断威胁程度及决定是否提供警告，以此提示自身战斗成员采取迅速躲避、打开对抗设备等相应措施。

激光告警设备的主要优点：

（1）能够判断威胁的大致方向，告警反应迅速。

（2）判别入射激光的威胁与否准确度较高。

（3）实施探测范围大、频带宽，能够对很大区域的范围进行实时的侦测并可以探测出目前现装备的大部分带激光武器所发出的激光信号。

（4）告警器使用面积小、质量轻且维护费用较低。

1）激光告警设备的组成

激光告警设备的硬件部分主要由激光接收系统、光电探测器、处理器、探测显示装置等部分组成，如图 2-34 所示。光学接收系统采集入射激光，通过光阑、滤波电路等滤除大部分低频背景光，光电探测器将光信号变成的电信号传给处理器，最后由显示器输出激光方向、波长等信息。

激光告警系统的主要性能指标包括：

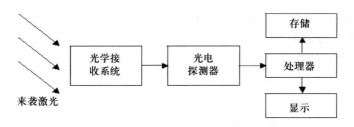

图 2-34 激光告警系统的原理示意图

（1）探测距离：可探测确定某特定强度辐射源发出激光的最大距离。

（2）探测概率：探测入射激光是否存在的正确率，正确探测的概率。

（3）探测视场：探测系统可探测区域的范围，通常用角度表示。

（4）角分辨率：探测系统可以分辨的两个激光源的最小角度。

2）激光告警技术的主要分类

按探测原理的不同，激光告警主要可分为掩膜编码型、光谱识别型、相干识别型、光纤延迟型及成像型。每种类型的激光告警系统都各有特点，应用场合及目的也不尽相同，下面就每种方法分别加以介绍。

（1）掩膜编码型。

掩膜编码型激光告警系统是利用均匀介质内光沿直线传播的原理，在特定位置上贴上带有信息编码的掩膜条码，当入射激光由不同方向通过掩膜条码时，产生的阴影是不同的，即不同的阴影对应"1"、"0"信号对应的方向编码是不同的，原理如图 2-35 所示。掩膜编码型激光告警系统的优点是原理简单、结构小巧、成本低，缺点是视场小、抗干扰能力弱、不具备光谱识别性。

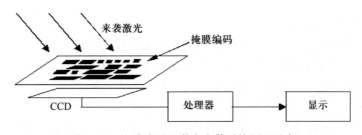

图 2-35 掩膜编码型激光告警系统原理示意

（2）光谱识别型。

光谱识别型激光告警系统的存在主要因为目前探测激光的波长为少数几

种，例如0.85μm、1.06μm、10.6μm等。所以当探测到其中某种特定波长的激光存在时，就说明可能存在激光。由于光谱识别型激光告警系统使用的技术相对简单，且成本偏低，所以在目前市场上各种类型的激光告警系统中，光谱识别型是被应用得比较多的。

光谱识别型光谱识别非成像型激光告警系统一般由几个分立的光学通道构成，每个通道都对应一组光电探测器、视场光阑及滤波片（原理如图2-36(a)所示）。这种接收系统结构简单、灵敏度高、可获得入射激光的波长的信息；但方向的分辨能力差，只能大概地判断激光的入射方向，其主要用于对方向精度要求不高且不适合成像探测的情况。光谱识别成像型激光告警系统（原理如图2-36(b)所示）是由广角透镜（或鱼眼透镜）和面阵CCD或PSD（位置传感探测器）共同使用构成的，可以扩大视场、增强角分辨率，但光学结构复杂，还要使用窄带滤光片，只能用于单波长工作，且成本高。

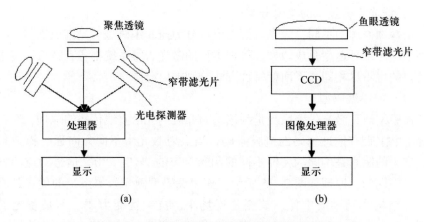

图2-36 光谱识别型激光告警系统原理示意图

（3）相干识别型。

目前使用的方法中，可以探测得到激光波长的只有相干识别法。由于激光辐射具有高度的时间相干性，并且相干长度从几百微米到几十厘米不等，而非激光光源的相干长度通常只有几μm。所以，采用干涉仪作传感器可以识别激光与非激光。激光入射时产生相干现象，而非激光入射时不产生干涉条纹，仅表现为光强的线性叠加，由此就可以将它们区别开，这就是相干识别型激光告警系统的基本原理。

由于激光告警系统常常应用在太阳光下，或者存在火光、闪电等恶劣条件下，而背景光的强度有时大于待测激光的强度，为了分辨非待测光的干扰，采用相干探测技术可以有效地解决该问题。相干识别型可分为光栅衍射型、迈克尔逊型、法布里-珀罗（F-P）型、傅里叶变换型等。

（4）光纤延迟型。

光纤延迟型激光告警系统采用光纤与光电探测器相结合，通过不同方向对应不同长度的光纤，所有光纤最后都耦合到一根光纤上，纤尾连接光电探测器，通过计算激光入射后产生的光脉冲间隔即可求得是由哪个方向入射的激光，原理如图2-37（a）所示。

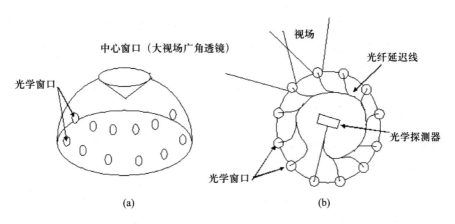

图2-37 光纤延迟型激光告警系统原理示意图

光学窗口的摆放形状为半球形，在中央最高处放置了一个大视场广角透镜，可以接收任意方向的光线，以此作为基准中心传感器，接收来自360°方向的激光信号，作为判定激光束入射时的基准信号。所有的光学窗口沿圆周均匀地分布在探头的半球面上，并分为几层。对于每个光学窗口而言，其只拥有一定的探测视场，只能接收特定方向入射的激光。各个光学窗口按照一定的规律间隔排列，相邻的光学窗口之间存在一定的视场重叠，这样可以消除死区。每个光学窗口都和一根主光纤耦合，而每根光纤的长度有规律的递增，把所有的光纤头耦合在一起后，共同接到一个光电探测器上，如图2-37（b）所示，光学窗口后连接的输入端放置在焦平面上，耦合的各个光纤长度均不相同，相邻的光纤有固定的长度差，所有的光纤最后汇聚在一起，光纤尾端耦合在一起，引向公用的探测器上。

光纤延迟型激光探头如上分析，采用半球的形状，在最高点设置一个中心传感器。光纤延迟型激光探测系统只需要设置两个探测器就够了，可以大大减小体积，降低成本；同时也能通过增加光学窗口数量的方式提高角分辨率，却不增加探头的体积、成本,这样弥补了传统的探测器阵列探测装置的不足。德国 MBB 公司在取得美国的相关专利的基础上,通过进一步的研究,开发出了光电激光检测系统(COLDS)的样系统。该系统的探头就是采用光学探头连接光纤的时间延迟型激光告警系统。

(5) 成像型。

成像型激光告警系统的工作原理是采用鱼眼透镜(大视场广角透镜)与红外电耦合器件(CCD)或位置传感器(PSD)。其优点是视场大、可凝视监视、角分辨率高(精度可实现 1mard 左右),并且无须扫描,不会因为扫描而造成漏探测。采用双光道及帧减技术,可以有效消除背景噪声,大大提高信噪比。其缺点是系统复杂、不能确定激光波长、成本高、只能单波长工作,且难以小型化。成像型激光探测系统常常与窄带滤光片联合使用,构成光谱识别性激光探测系统,除此之外,还包括直接采集目标图样,通过图像处理算法实现目标识别、激光探测等功能。

2.5.2 光电干扰及隐身技术

在现代战争中,由于高技术武器装备,特别是先进的光电侦察装备和精确打击武器的使用出现,战场变得越来越透明。在作战中,除了准确有效地打击敌方,更重要的是合理地保护自己,因此需要对敌方光电侦察和精确打击武器进行有效的干扰。就目前光电技术发展而言,干扰技术主要可分为两类无源干扰和有源干扰。除此之外,光电隐身也是一种有效的光电干扰技术。

1. 无源干扰技术

光电无源干扰技术主要指烟幕、伪装网、涂料、遮障和光电假目标,其主要目的是减小保卫目标与周围的环境的光波反射、辐射差别或以假乱真。

1) 烟幕干扰

烟幕是由在空气中悬浮的大量细小物质微粒组成的,是以空气为分散介质的一些化合物、聚合物或单质微粒为分散相的分散体系,属于气溶胶体系,是光学不均匀介质。可见光、红外辐射和激光在通过烟幕时均被散射、吸收而衰减,可起到遮蔽目标的作用,所以现代战场上经常利用烟雾来形成干扰屏障,实时对抗敌方光电武器系统,尤其是能对光电制导威胁做出快速反应,以干扰敌方光电侦察系统与光电制导系统,从而大大降低其命中率,保护我方目标和行动。

烟幕主要有辐射型干扰和衰减型干扰。衰减型烟幕主要是靠散射、反射和吸收作用来衰减光辐射,改变原光辐射传输特性,使光能量在原传输方向上形成衰减,衰减程度的大小取决于气溶胶微粒性质、形状、尺寸、浓度和光波长。辐射型烟幕则是利用燃烧反应生成大量高温气溶胶微粒,用其较强的红外辐射来遮蔽目标、背景的红外辐射,从而完全改变所观察目标、背景固有的红外辐射特性,降低目标与周围背景之间的对比度,使目标图像难以辨识。

2) 伪装技术

可见光侦察设备利用舰船表面反射的可见光进行探测,通过目标与背景之间的亮度对比来识别目标。可见光隐身通常采用三种涂料迷彩方法,即保护迷彩、仿造迷彩和变形迷彩。保护迷彩是适合某一种背景的单色迷彩,适合于单色背景上的固定目标和小型目标;仿造迷彩是在目标表面上仿制周围背景斑点图案的多色迷彩,适合于多色背景上的相对固定的目标;变色迷彩是由各种不定形斑点组成的多色迷彩,仅用于多色背景上的活动目标。由于迷彩的部分斑点与背景相融合,成为背景的一部分,而其他斑点又与背景形成明显差别,从而歪曲了目标的外形,使目标难以辨认,此法可使活动目标在活动地域内的各种背景上都产生变形效果。

2. 有源干扰技术

无源干扰技术是对敌方光电侦察设备的一种被动的干扰,也就是吸收和损耗敌方侦察的激光或红外源,降低其探测能力。而有源干扰,则是主动式的积极干扰,光电有源干扰技术主要包括红外干扰机和红外干扰弹。另外,随着激光制导弹技术的发展,又出现了对付激光制导系统的激光干扰机和激光致盲器材等。

红外干扰弹是通过抛射点燃其中的燃烧剂产生高温来形成红外辐射模拟飞机或其他要保护目标的红外特性,以强于真实目标的红外辐射干扰诱骗导弹,达到保护目标的目的。因此红外干扰弹的强红外辐射要在辐射波段上与目标相近,辐射强度大于目标的辐射,在运动特性和时间上干扰红外导弹对目标的跟踪。由于红外干扰弹有很好的效果,并且有很高的效费比,所以它是应用最广泛的一种红外对抗措施。例如在 20 世纪 70 年代的越南战争中越军使用苏制 SA-7 防空导弹,在一个多月时间内,击落美机 24 架,给美国空军以沉重打击。美军为降低 SA-7 导弹对其飞机构成的威胁,设法获取该型导弹的制导方式,随后就在其飞机上装备了红外诱饵弹,用投掷红外诱饵弹诱使导弹偏离,因而 SA-7 的命中率急剧下降。随着红外导弹导引头和计算机的不断发展,导引头能够根据红外干扰弹的动态和运动特性区分目标和诱饵,针对这种情况国外研究了一种专用的红外干扰弹,它可以模拟飞机的飞行和光谱信号,这种干扰弹本身带有推进系统,投出后一段时间内可与飞机并行飞行。这种干扰弹还可以有效地对抗红外成像导引头。另外,国外还开发出了射频/红外复合干扰弹,它是一种能同时对抗红外和微波制导导弹的干扰装置。

红外干扰机是由飞机或其他目标携带的一种调制干扰设备，与微波干扰机的构成和工作原理相似，但是红外干扰机主要是由高功率红外辐射和调制盘组成，用于对抗红外制导武器。红外干扰机是通过发射经过调制的波段与目标红外辐射相似，频率与导引头调制频率相近的干扰脉冲，使来袭导弹红外导引头产生虚假的跟踪信号，从而偏离目标，达到保护载机的目的。当前随着更先进的导弹不断问世也迫使人们加大干扰机的输出功率，由于干扰机的输出功率不能无限地增大，它受到干扰机的体积、输出孔径尺寸和基本功率消耗的限制，这就促使人们开发出定向红外对抗技术。定向式红外干扰是以窄波的形式向来袭制导武器发射红外干扰信号。红外干扰机的发展方向是，努力使其辐射集中向某一特定方向发射，以增强干扰能力，实现全方位干扰或多波段干扰等。

当前，随着激光技术的迅速发展，激光制导武器以及激光干扰武器受到世界各国的重视。因为激光有着方向性强、单色性和相干性好的特点，迅速引起军工界的兴趣。激光有源干扰技术是指有意发射或转发激光，对敌方光电设备和武器系统进行压制或欺骗的技术措施。压制性干扰即用强激光干扰、致盲敌方的光电设备，伤害人员，甚至摧毁光电设备和武器系统。欺骗干扰是使用激光干扰机欺骗或迷惑敌测距机和激光制导武器。激光干扰机的发展方向之一是采用脉冲重复率高达兆赫以上的激光脉冲对激光导引头实施压制式干扰，使导引信号完全淹没在干扰信号中，从而使导引头因提取不出信号而迷盲，或因提取错误信息而被引偏。

3. 光电隐身技术

光电隐身技术是作战中对抗敌方光电侦察的有效手段，可以提高生存能力。该技术主要是减小目标的各种可能被探测的光电特征，使敌方探测设备难以发现或使其探测能力降低。

1）红外隐身

根据热辐射定律，任何物体在高于绝对零度时都会发出热辐射任何温度高于环境温度的物体都会成为红外辐射源。红外探测器就是根据目标与背景之间的热辐射差来探知目标的存在，所以目标与背景之间的热辐射差构成了目标的可探测性，可用辐射对比度来表示：

$$C_R = [M_\lambda(T_t) - M_\lambda(T_b)]/M_\lambda(T_b) \qquad (2-25)$$

式中 $M_\lambda(T_t)$ ——温度为 T_t 的目标光谱辐射度；

$M_\lambda(T_b)$ ——温度为 T_b 的背景光辐射度。

C_R 的绝对值与目标的可探测性成正比，因此，降低 C_R 绝对值小于红外探测器的最小分辨率就达到隐身的效果。目标的光谱辐射度为：

$$M_\lambda(T) = C_1 \varepsilon_\lambda \lambda^5 [\exp(C_2/\lambda T) - 1]^{-1} \qquad (2-26)$$

式中：ε_λ——目标的光谱发射率；

T——目标的表面温度；

C_1 和 C_2——辐射常数。

此外，一般红外探测器能探测到目标的最大范围 R 表示为

$$R = \left(\int \tau_a\right)^{1/2} [\pi/2D_0(NA)\tau D^*][1/(\omega \Delta f)^{1/2}(V_s/V_n)] \qquad (2-27)$$

式中：$\int$——目标的辐射强度；

τ_a——大气透过率；

NA——光学系统的数值孔径；

D^*——探测器的探测率；

ω——瞬时视场；

Δf——系统带宽；

V_s——信号电平；

V_n——噪声电平。

由此可知，红外探测器能探测的目标最大范围与目标辐射强度的平方根成正比，与大气的透过率的平方根也成正比，另外也受限于探测器的性能。要实现目标的红外隐身，主要应从降低目标的红外辐射和大气的红外透射率着手。

2）激光隐身技术

激光隐身就是要降低目标的激光反射截面，与此有关的是目标的反射系数，相对于激光束横截面的有效目标区。为此，激光隐身采用的技术有以下几种：

（1）外形整形技术。

此法可消除产生角反射器效应的外形组合，变后向散射为非后向散射，用边缘衍射代替镜面反射，用平板外形代替曲面外形，减少散射源数量，尽量减小整个目标的外形尺寸。

（2）吸收材料技术。

吸收材料可吸收照射在目标上的激光，其吸收能力取决于材料的导磁率和介电常数。吸收材料从工作机制上可分为两类，即谐振干涉型与非谐振型，谐振型材料中有吸收激光的物质，且其厚度为吸收波长的 1/4，使表层反射波与之干涉相消。非谐振型材料是一种介电常数、导磁率随厚度变化的介质，最外层介质的导磁率接近于空气，最内层介质的导磁率接近于金属，由此使材料内部较少产生寄生反射。

吸收材料从使用方法上可分为涂料与结构型两大类。涂料可涂覆在目标表面，但易脱落，工作频带窄结构型是将一些非金属基质材料制成蜂窝状、波纹状、层状、棱锥状或泡沫状，然后涂以吸收材料或将吸波纤维复合到这些结构中去。

（3）采用光致变色材料。

利用传播介质的化学特性，使入射激光穿透或反射后改变特征。

（4）改变反射回波的偏振度。

激光雷达为提高信噪比，在接收通道中一般设置有检偏器，即只允许与发射激光偏振方向相同的回波进入。因此，可设法在被探测目标上采取适当的外形措施，改变目标反射光的偏振方向，降低偏振度，从而达到减少目标反射回波的目的。

（5）利用激光的散斑效应。

激光是一种高度相干光，在激光图像侦察中，常常由于目标散射光的相互干涉而在目标图像上产生一些亮暗相间、随机分布的光斑，致使图像分辨率降低，从隐身考虑，则可利用这一散斑效应，如在目标的光滑面涂覆不光泽涂层，或使光滑表面变粗糙，当其粗糙程度达到表面相邻点之间的起伏与入射激光波长可比拟时，散斑效果最佳。光电隐身技术的发展趋势是研究全波段隐身技术，即要兼顾可见光隐身、红外隐身、激光隐身，甚至包括雷达隐身。

2.5.3 激光致眩（盲）技术

激光致眩（盲）是一种应用非常广泛的光电有源干扰，所针对的干扰对象主要是各种光电武器或设备，包括各种光电制导系统、光电成像系统、激光测距机、星载 CCD 相机等，它利用高能量或高功率的特定波长激光束对上述目标进行照射，使相应的光电传感器等敏感部件暂时失效或永久损伤，从而使光电武器或设备的系统功能受到影响、干扰或损伤。

1. 激光破坏机理

激光辐照目标表面之后，可能产生一系列的热学、力学等物理和化学过程，使目标的某些部件受到暂时或永久性损伤。目标被激光破坏时，光斑处所需的最低激光功率密度或能量密度，就称为破坏阈值。

不同功率密度、不同输出波形、不同波长的激光与不同的目标材料相互作用时，会产生不同的杀伤破坏效应。远场光斑处沉积的激光能量，随辐照时间而增加，可将材料烧毁，这种对飞机、导弹等壳体材料和结构的破坏，称为硬破坏，其杀伤的物理机制概括起来有如下几种：

烧蚀效应：激光打到目标上后，部分能量被目标吸收而转化为热能，激光能量密度足够大时，可使目标表面汽化，其蒸汽高速向外膨胀而将一部分液滴甚至固态颗粒带出，从而使目标表面形成凹坑或穿孔。

热软化：若打到目标的激光能量密度不够大，则难以形成穿孔。但能引起目标结构强度不对称，是由于激光照射处因升温引起该处弹性屈服下降而造成。于是，对于高速运动目标，其表面就会在气流大力作用下产生弯曲或扭曲，引起目标失控。

力学（激波）效应：目标蒸汽向外喷射时，按照动量守恒定律，目标获得一个反冲作用，这相当一个脉冲载荷作用到目标表面，于是在固态材料中形成激波。激波传播到目标后表面而被反射时，可能将目标拉断而发生层裂破坏。

辐射效应：目标表面因汽化而形成等离子体云，等离子体一方面对激光起屏蔽作用，另一方面又能够辐射紫外线甚至射线，可损伤内部电子元件。

此外，软破坏也能有效地对抗武器装备和人员上的薄弱环节。所谓软破坏，是指利用激光照射作战人员的眼睛或光电制导系统的薄弱环节（如传感器），使眼睛或传感器等永久丧失视觉功能；或通过激光照射，使眼睛和传感器等处于饱和状态而暂时失去视觉功能。

2. 强激光致盲（眩）的关键技术

强激光致盲（眩）技术是利用激光束的能量干扰、攻击目标的一种定向能技术，其特点：速度快、精度高、作战效能高、效费比高、抗电磁干扰。为了有效地在实战中利用强激光致盲（眩）技术，需要攻克以下关键技术：

1）激光器技术

高功率、高光束质量激光器是强激光致盲（眩）干扰系统的基础与核心，强激光致盲（眩）干扰系统通过激光器发射强激光实现对目标的干扰与致目盲。

强激光致盲（眩）干扰系统中应用的激光器一般对以下四个技术指标有较高要求：①高的输出功率，至少要达到探测器的饱和阈值或材料的破坏阈值。②合适的激射波长，必须处于大气窗口且具有合适激光工作物质，目前常用的有波长 $1.315\mu m$ 的 COIL 激光器、$3.8\mu m$ 的 DF 激光器及 $10.6\mu m$ 的 CO_2 激光器等。③良好的光束质量，即较小的束散角，因为激光远场处的激光能量密度就与距离和束散角乘积的平方成反比，与激光器的初始输出能量成正比。一般通过光束定向发射器对输出激光进行扩束以获得较小的束散角。④体积小，重量轻，适于武器化。

2）光束定向发射控制技术

激光束发射控制系统主要由发射光束发射系统和跟瞄系统构成，其主要指标有发射系统的口径、跟踪速度和跟瞄精度。激光束发射器通常采用折反式结构，反射镜的孔径越大，出射光束的发散角越小。但是，孔径过大，制造工艺困难，精度也不容易控制。反射镜制作还应考虑重量轻、耐强激光辐射等问题。

3) 激光大气传输效应研究及自适应光学技术

大气对激光会产生吸收、散射和湍流效应。湍流会使激光束发生扩展、漂移、抖动闪烁，使激光束能量损耗，偏离目标。对于强激光，大气和激光的非线性作用会使激光发生漂移、扩展、畸变或弯曲。研究大气对强激光传输的影响，采用自适应光学技术，对这种影响进行部分处理和补偿，可使大气对激光传输的影响减少到最低限度。自适应光学技术，采用实时探测并校正激光束波前随大气参数变化的方法，来实时调整激光发射系统的光学特性，使激光束以最佳方式聚焦在待干扰或破坏的目标上。

3. 激光对 CCD 的致眩与致盲

军事成像在现代化战争中的作用越来越重要，采用定向能激光束对敌方成像侦察系统进行有效的干扰和破坏是取得制信息权的关键。

1) 激光对 CCD 的致眩

激光通过光束定向发射器聚焦到目标上，光束发射器的主镜尺寸一般为几十厘米，主镜在侦察机的整个视场中只是一个光点，如果成像光学系统是理想的，那么光点只影响一个或几个探测器。如果激光功率比较高，这几个探测器就被光点致眩。但对于实际的光学系统，来自地面的激光能够致眩相当一部分探测器，由此可以根据激光器的输出功率来推算其保护的相应地面范围。

假设地面激光器发射的功率为 P，工作波长为 $1\mu m$，发射望远镜主镜直径为 D_L，由发射系统发射的激光束的发散立体角 Ω 为

$$\Omega = (1.22\beta \frac{\lambda}{D_L})^2 \tag{2-28}$$

式中：β——光束质量因子，β 的大小是由激光器、中继光路和发射系统的非理想加工、调试以各种随机因素决定的，一般情况下 $\beta>1$。考虑到大功率激光器一般采用非稳腔，而非稳腔激光器输出的激光束一般可以用平面波近似，若再与大口径发射系统配合，就可以认为输出光束是平面波，此时 β 接近于 1；在 $\beta=1$ 的衍射极限情况下，由上式可知，当主镜直径大于 15cm，它已对激光束的汇聚几乎没有作用，此时激光束的发散立体角约为 10^{-10}rad^2。

致眩激光的强度必须比信号强度强一个量级以上才能达到较好的效果。对于机载成像系统，信号光来自地面对太阳光的反射，地面 $1m^2$ 的信号光强度约

为100W/sr；而功率为 P 的光束到达侦察系统表面单位立体角内的强度为 $P\times 10^{10}$ W/sr，使一个像元饱和所需激光功率约为 10^{-7} W。

一个像元饱和并不是有效的致眩，由于实际成像系统是非理想的，实际的光点在焦平面上是散开的，假设

$$I(d) = A(d) \cdot I(0) \qquad (2-29)$$

式中：d——离中心像元的距离；

$A(d)$——衰减因子。要使该处像元也致眩，需要的激光功率为 $10^{-7}/A(d)$。

实际的激光致眩功率还与成像侦察系统的光学结构有关，即使用足够强度的激光功率去干扰，也不能使侦察机完全丧失观测能力。因为侦察成像系统一般都有多个滤波片和相应的探测器，多波段图像数据融合可以获得全色图像。

2）激光对CCD的致盲

当激光功率足够大时，就可能使光电探测器永久损坏，这种破坏机制就是部分致盲。与致眩方式不同，这种攻击对探测器的损坏是永久的，而且其他探测器也可能在后续的探测中遭到继续的攻击。光学系统的聚光能力对于估算部分致盲所需激光功率是极为重要的，可以通过机载望远镜主镜尺寸与探测器像元尺寸来进行估算。

设可见光探测器像元尺寸为 d，它亦可以由地面分辨率通过下式反过来推算，设 l 为地面分辨率，H 为飞行高度，f 为望远镜焦距，则有

$$d = l \cdot \frac{f}{H} \qquad (2-30)$$

而望远镜尺寸 D 与探测器像元尺寸 d 满足以下关系：

$$d = 2.44 \frac{\lambda}{D} \cdot f \qquad (2-31)$$

式中：λ——探测器的工作波长。

通过上式可以计算出望远镜尺寸 D。已知主镜尺寸、探测器像元尺寸后，光学系统的光学增益 G 可以通过下式估算：

$$G = \pi \left(\frac{1}{2}D\right)^2 \left(\frac{1}{d}\right)^2 \qquad (2-32)$$

假设硅探测器的损伤阈值为 I_{th}（J/m²），激光作用时间为 Δt（s），则当激光作用时间 Δt 后，探测器像元上积累的能量为 $I_{th} = G\Delta t I$，其中 I 为单位时间内未经光学系统增益的激光辐照在探测器上的能量密度。因此部分致盲所需激光功率 P 可以通过下式估算：

$$P = I\pi \left(\frac{1.22\lambda R}{2D_L}\right)^2 = \frac{I_{th}}{G\Delta t}\pi \left(\frac{1.22\lambda R}{2D_L}\right)^2 \quad (2-33)$$

式中：D_L——高能激光束的直径。

4. 激光对光学观瞄设备探测器的致盲

在研究激光对光电探测元件的损伤时，单脉冲激光由于作用时间短，对探测器的损伤主要依靠高峰值功率，而连续激光由于功率较低，对探测器的损伤主要依靠激光照射的长作用时间。由于探测系统大多是高速运动的，入射激光在光敏面的停留时间短，特别是扫描型探测器，时间更短，因此短脉冲高功率激光更容易在短时间内损伤探测器。重频脉冲激光的脉冲数和重复频率对损伤阈值有很大影响。在相同的平均功率下，高重频脉冲激光对探测器的损伤效果要比连续激光好得多，因此激光武器侧重应用高重频脉冲激光。

激光致盲武器主要由激光器、侦察、告警定位装置、精密瞄准跟踪装置几部分组成。其工作过程：当激光器发出告警信号，激光雷达发现攻击目标并确定目标方位之后，精密瞄准跟踪装置随之捕获并锁定跟踪目标，并引导光束发射控制装置发出致盲光束。精密瞄准跟踪装置可采用红外跟踪仪、电视跟踪仪等构成的光电瞄准跟踪设备。

一般激光器与激光雷达或光电跟踪仪共轴安装，所以只要光电跟踪仪跟踪上目标，就表明激光致盲武器也瞄准了目标。激光致盲武器的发散角多为 0.5~1mrad，这表明在 1.5km 处激光光斑直径为 0.75~1.5m，在 5km 处为 2.5~5m。如目标截面积过大，则光斑有可能未覆盖住目标，这时则靠操纵手通过视频图像或直视图像来实现。激光致盲系统可装在舰船、机动车辆上用于机动作战，也可用于重要设施防御系统中进行光电对抗。

2.5.4 主动防护技术

随着技战术水平的进步，现代坦克装甲车辆的防护应从下述 5 个环节着手：首先避免被发现；如果被发现，则避免被对方武器跟踪和瞄准；如果被跟踪瞄准，则避免被命中；如果被命中，则避免被击穿；如果被击穿，则避免被击毁（击伤）。对应于这些防护措施所采取的技术就是，隐身技术、主动防护技术、装甲防护技术及防二次效应技术。但对这些环节应根据不同国家及未来战场环境对装甲车辆的防护要求区别对待，重点发展。从我们国家的实际情况结合国外背景，重点发展避免被弹药命中的装甲车辆主动防护技术是目前及未来装甲车辆防护技术发展的必然趋势。

1. 装甲车辆主动防护技术体系

坦克装甲车辆主动防护系统，是由探测定位系统、信息处理和控制系统以及各种反击手段有机组成的物理体系。基本体系如图2-38所示。

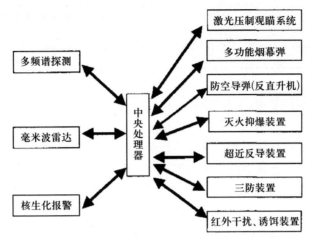

图2-38 基本体系图

2. 装甲车辆主动防护系统关键技术

1) 探测技术

探测系统对于装甲车辆好比眼睛对于人那么重要，主动防护技术是在探测技术发展的基础上发展起来的，探测技术的高低，直接影响主动防护系统的防护效能。考虑到装甲车辆平台本身的特点和所执行的作战任务以及目前及未来的战场环境，装甲车辆主动防护系统探测器组由多频谱光学探测器、车载微型雷达（核、生、化）探测器及车辆内部烟火探测器组成。

多频谱光学探测器主要用来探测对装甲车辆有威胁的光源。根据光的大气传播特性，对装甲车辆有威胁的光谱为可见光（$0.3\sim0.8\mu m$）、近红外（含 1.5（4）$1.06\mu m$ 激光）、$3\sim5\mu m$ 中红外及 $8\sim14\mu m$（含 $10.6\mu m$ 激光）远红外，多频谱光学探测技术就是在主要威胁存在的几个大气窗口分别设计光感元件以便在不同的频域对威胁进行复合探测。表2-3是国外几种装甲车辆用光学探测器。

表2-3 国外几种装甲车辆用光学探测器

国别	型号	频谱探测范围
加拿大	HARLID	$0.45\sim1.7\mu m$ 的激光
德国	COLD	$0.4\sim1.7\mu m$，也可选 $2.0\sim5\mu m$ 或 $5.0\sim12.0\mu m$
南非	LWS-200CV	$0.5\sim1.8\mu m$

(续)

国别	型号	频谱探测范围
英国	LWD2	532nm、694nm、850~950nm
英国	1223系列	0.4~1.7μm
英国	1220系列	0.35~1.1μm（正在研制可探测红外光的装置）

被动光学探测器可以提供威胁的位置信息，但不是很精确，主动光学探测器可以精确提供威胁的位置和距离信息。

装甲车辆雷达探测器要求雷达体积小，测角和测距精度高，所以一般采用毫米波雷达，其工作体制可以采用连续波双频比相体制，也可采用连续波伪码调相体制或线性调频体制，俄罗斯的"竞技场"坦克主动防护系统采用的雷达就是毫米波雷达，如图2-39所示。此雷达工作频率为8ms，探测范围为方位向220°~270°，高低向-3°~+15°，由6个子雷达组成。

图2-39　"竞技场"坦克主动防护系统采用的雷达

毫米波雷达主要用来探测威胁弹丸，可以提供来袭弹丸的精确位置、距离、速度和大小信息。

核、生、化探测技术目前已相当成熟，当前工作就是用现有技术改造，使其智能化并且体积更小，灵敏度和可靠性更高。

烟火探测器用来探测装甲车辆内部起火，主要采用热敏和光敏传感技术来探测起火信息。

2）数据融合技术

由上所述，装甲车辆主动防护系统探测器组是由多个探测器（传感器）组成的，其探测频谱范围几乎可以覆盖从可见光（几百纳米）到毫米波（几毫米）。数据融合技术就是对来自不同传感器的信息或数据进行分析、识别、推理、判断的一门科学，其最基本的特征是可包括一种分级转换和多级递阶推理的结构，它们是在各类传感器的采样信息及其他信息源提供的信息与有关实体的位置、特点及身份的决策或推理之间发生的，如图2-40所示。

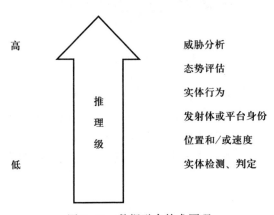

图2-40　数据融合技术原理

数据融合技术依赖于计算机软硬件技术的发展及适当的综合推理方法，以下是目前比较常用的一些数据融合推理方法。

（1）基于Bayes规则的概率方法，一般用于C^3I的决策层推理。
（2）非参数式方法，常用于目标分类、模式识别。
（3）神经网络，一般用于指挥体系。
（4）人工智能方法，也就是专家系统。
（5）不确定性理论，一般用于目标分类。
（6）D-S理论。

装甲车辆主动防护系统数据融合技术可以采用人工智能方法对威胁进行分析、识别、判断，可以说数据融合技术是主动防护技术的核心。

3）弹箭弹药技术

主动防护系统超近反导装置是根据来袭导弹的位置及速度，适时控制反击弹发射、起爆，利用反击弹破片及超压场击毁或击爆来袭导弹，从而使来袭导弹失去攻击能力以达到保护自己的一种防护手段。

目前的反击弹有两种，一种是线控火箭弹（如俄罗斯的"鸫"系统所采用的反击弹），一种是抛射式方块弹（如俄罗斯"竞技场"系统所采用的反击弹），如图 2-41 所示。

图 2-41　抛射式方块弹

这种弹设计思路非常新颖，拦截概率高，缺点是拦截距离不够远，而且在一弹多用方面不如火箭弹前景好，因为对火箭弹作进一步改进后，就可以使其不仅具备反导的功能，同时还可能具有防空的能力（反直升机）。

此外还有烟幕弹、诱饵弹等干扰弹，其技术的发展对提高装甲车辆生存能力也会有重要作用。

4）烟幕技术

装甲车辆烟幕技术发展于 20 世纪 60 年代，最初的烟幕是热烟幕，由车辆发动机产生，用于遮蔽可见光和近红外光，但由于耗油量比较大，而且有效频谱较窄，现在的烟幕技术已有很大改进，既有热烟幕，也有抛射式烟幕，其频谱覆盖范围也由原来的可见光、近红外到现在的可覆盖可见光、近红外、中远红外及远红外，可以说有了很大进步，而且烟幕形成时间更短，有效作用时间也更加合理，烟幕技术是装甲车辆主动防护技术的重要组成部分。

5）红外干扰技术

红外干扰技术最早在空军应用，其基本原理就是利用宽谱红外光源发射带有编码信息的红外光，诱使敌方主动或半主动制导导弹偏离目标，从而达到保护自己的目标，俄罗斯的"窗帘"主动防护系统就是这一技术的典型代表。这一技术的最大优点就是使用经济性很高。但缺点也是明显的，就是作战效能不高。

6）系统总体集成技术

系统总体集成技术也可称为系统总体优化设计技术，装甲车辆主动防护系统包含有多个分系统，所采用的技术措施也很广很复杂，要把这些技术措施利用好，使其成为一个整体，又要区别对待，有所舍取，各尽所能，必须采取总体集成技术，采用模块化设计思想，充分利用已有的主动防护手段，根据不同类型的车辆对主动防护的不同要求，采用合适的主动防护技术。系统总体集成技术的好处在于：

（1）从总体出发，能有效利用现有成熟技术，集中攻关关键技术，风险比较小，而且可以达到投资少，见效快。

（2）从总体出发有利于发现问题和解决问题，可以大大缩短研制周期。

（3）从总体出发，通过优化设计，可以更好地发挥各主动防护分系统的防护效能。

（4）从总体出发有利于产品的升级换代。

（5）从总体出发有利于技术管理。

第3章 车载武器状态感知技术

车载武器状态感知技术主要用于修正弹道，提高首发命中率。对车载武器状态的感知主要包括对车载武器自身状态的感知和对目标运动状态的测量及自动跟踪等。在坦克火控系统中应用了各种传感器来测量车载武器的状态信息，并把测得的信息输送给火控计算机。不同的火控系统，所采用传感器的类型和数量不同，其中选用比较多的是耳轴倾斜传感器、目标角速度传感器、横风传感器和炮口偏移补偿传感器等，下面就分别对各项技术进行详细介绍。

3.1 火炮耳轴倾斜传感器技术

耳轴倾斜传感器用来测量坦克火炮耳轴倾斜角度，并以电量的形式自动输送给火控计算机。采用耳轴倾斜传感器，通过计算机对弹道进行修正，耳轴倾斜的影响基本可以得到消除。

坦克火控系统采用的耳轴倾斜传感器按应用场合分为两类：一类用于以静止状态下射击为主要射击方式的火控系统上，另一类用于以行进间射击为主要射击方式的坦克上。

3.1.1 坦克静止状态下测量耳轴倾斜传感器

1. 磁倾计耳轴倾斜传感器

这种倾斜传感器以一个磁倾计作为重力传感元件。安装时磁倾计的敏感轴平行于火炮耳轴（图3-1）。倾斜传感器的输出是一个与倾斜角正弦成正比的直流电压信号。当其敏感轴在水平位置时，输出电压为0；当向左、右两个方向倾斜时，分别输出$0\sim\pm5V$的电压。在实际系统中，$\pm5V$电压对应$\pm14.5°$的倾斜角变化范围，测角精度为2mil。

磁倾计倾斜传感器基本工作原理如下：

平时重锤在重力作用下位于垂线位置，敏感轴线位于水平位置，叶片处于位置传感器的正中央，扭矩电机中无电流，系统处于平衡状态。

当耳轴倾斜时，例如反时针倾斜 θ 角度，最初在重力作用下叶片不动，由

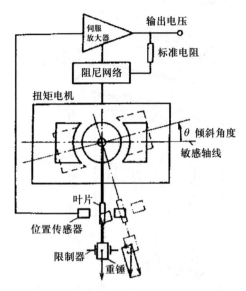

图 3-1　磁倾计耳轴倾斜传感器工作原理图

于位置传感器随同底座转动，使叶片和传感器间的相对位置发生变化——叶片靠近传感器左侧。此时，传感器向伺服放大器输入一个误差信号，放大器对该信号进行电压和功率放大，然后输出一个电流信号给扭矩电机。电机产生扭矩并将重锤和叶片扭动，直到使叶片回到传感器的中立位置为止。由于该位置传感器十分灵敏，放大器放大系数甚大，故系统静态误差很小。

扭矩电机产生的扭矩与伺服放大器向其提供的电流成正比。利用相应的电流通过一个标准电阻，从而在电阻两端产生一个与倾斜角正弦成正比的电压信号。该信号在输给计算机之前要进行滤波和放大。所用滤波器为一低通电路，截止频率为 5Hz。目的是消除由于坦克发动机振动所产生的干扰。

在实际结构中，重锤两端设有限制器，在倾斜传感器未通电工作时用来限制重锤摆动。当倾斜传感器投入工作时，限制器被解除，同时叶片自动移到零位。另外，为提高系统工作的稳定性，叶片组件被放在油中，以对叶片的运动产生一定的阻尼。

2. 重力摆式耳轴倾斜传感器

重力摆式耳轴倾斜传感器，是通过传感元件测量传感器壳体与重力摆之间相对位置的变化来测量火炮耳轴倾斜的角度。传感元件输出的信号经过一定电路进行变换和标准化后，以模拟量形式或直接以数字量形式反馈给火控计算机。图 3-2 为重力摆式耳轴倾斜传感器的基本结构，它主要由壳体、重力摆、传感元件和阻尼器等组成。

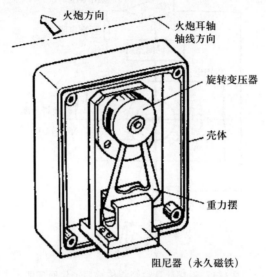

图 3-2 重力摆式耳轴倾斜传感器

重力摆和传感元件的转动部分固定在转轴上，转轴通过轴承支承在与壳体固联在一起的支座上，并可在一定角度范围内相对支座自由摆动，传感元件的固定部分通过螺钉安装在支座上。在组装倾斜传感器时，要求当壳体的安装平面处于水平位置时，传感器输出信号为 0，也就是要保证传感元件的转子此时刚好位于定子的中立位置。

在将倾斜传感器往炮塔上安装时，应使重力摆的摆动平面与火炮的耳轴轴线平行。这样，火炮耳轴随车体倾斜时，由于重力作用，重力摆的重力线（摆线）仍停在当地地垂线的位置，于是传感元件的定子将随同壳体相对转子转过一个角度。显然，这个角度就是火炮耳轴倾斜的角度。

从图 3-2 中还可以看到，在传感器内部有一个用永久磁铁构成的阻尼器（也可以用电磁铁）。当重力摆的摆叶在永久磁铁的磁场中运动时，在摆叶内将产生涡流，涡流在磁场中产生的电动力形成了有效的阻尼作用。

实验表明，当没有阻尼器时，重力摆在扬起一定角度松开后的自由振动时间（该时间定义为从摆角初始幅度的 90% 减幅到初始幅度 10% 所用的时间）往往长达 10s 左右；而在安装阻尼器后，这个时间将缩短到小于 2s。这样，当坦克由运动状态到短停状态时，重力摆将迅速停止摆动，保证及时提供正确的火炮耳轴倾斜量。

3.1.2 坦克行进间测量耳轴倾斜传感器

1. 垂直陀螺仪耳轴倾斜传感器

要求具有行进间射击功能的坦克火控系统，测量火炮耳轴倾斜角度不能采用重力摆方案，可以用垂直陀螺仪作为倾斜传感器的核心部件。

1) 重力摆的特点

重力摆可以起到"人工垂线"的作用，在重力 $G=mg$ 的作用下，摆线能自动、准确地停在当地地垂线的位置。但是当坦克在重力摆的摆动平面内有加速度 a 时，则重力摆除了受到重力 G 作用外，还受到惯性力 $F_惯=ma$ 的作用，因此重力摆将停在合力 R 的方向上。合力 R 的作用线称为视在垂线。视在垂线和地垂线之间的最大夹角为 $\beta_{摆M}$（图 3-3）。

$$\beta_{摆M} = \arctan \frac{F_惯}{G} = \arctan \frac{a}{g}$$

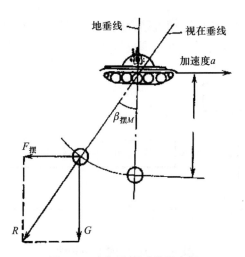

图 3-3 有加速度时的重力摆

当加在摆上的惯性力去掉后，摆的运动方程为

$$I \cdot \ddot{\beta}_{摆} + mg \cdot l \cdot \sin\beta_{摆} = 0$$

对于偏离角 $\beta_{摆}$ 较小的摆，运动方程近似为

$$I \cdot \ddot{\beta}_{摆} + K\beta_{摆} = 0$$
$$K = mg \cdot l$$

式中　I——重力摆对转轴的转动惯量，$I=m\cdot l^2$。

上述微分方程式的解为

$$\beta = \beta_{摆M}\cdot\sin\omega t$$

可见，外加惯性力去掉后，重力摆将作用期性的振荡。

由以上讨论看出，重力摆容易受加速度的影响而偏离地垂线。实际上，坦克在行驶过程中，加速度 a 是经常出现和变化的，重力摆在不停地摆动。显然，要求有行进间射击功能的坦克不能采用这种方案。

2）双自由度陀螺仪的特点

双自由度陀螺仪具有定轴性，因此可以设想把陀螺仪的转子轴作为地垂线。但是，双自由度陀螺仪是相对惯性坐标系保持定轴的。由于地球的自转，陀螺仪轴承存在摩擦力、间隙以及不平衡等原因，使陀螺仪存在着漂移，因而陀螺仪不能相对地面坐标系永远保持稳定的方向。另外，双自由度陀螺仪本身不能像重力摆那样自动定出地垂线的位置。所以，仅用陀螺仪是不行的。

3）垂直陀螺仪

将摆式元件和双自由度陀螺仪结合起来，通过传感器和修正电机组成一个负反馈的闭环系统，即构成垂直陀螺仪。图3-4为其方框图。

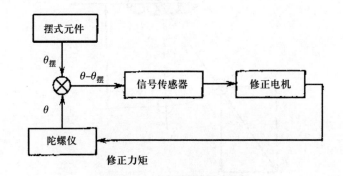

图3-4　垂直陀螺仪方框图

$\theta_{摆}$—摆式元件摆线对地垂线的偏离角；θ—陀螺仪转子轴线对地垂线的偏离角；
$\theta-\theta_{摆}$—陀螺仪转子轴对摆线的偏离角。

当陀螺仪转子和摆式元件之间有偏离角 $\theta-\theta_{摆}$ 时，信号传感器将偏离角的大小转换成相应的电信号。由修正电机产生一定的修正力矩加到陀螺仪上，通过使陀螺仪进动来消除这个偏离角。这样，通过修正系统的不断工作，便保证了陀螺仪不断地跟踪摆式元件的摆线而定出地垂线的位置。

如果在确定修正电机的修正力矩时，令该力矩对陀螺仪的修正速度仅能补偿它的漂移，而比坦克行驶时，摆式元件的摆动速度慢得多，则即使在坦克行驶时，摆式元件不断地摆动，陀螺仪也能相当稳定地定出当地地垂线的位置。这是由于陀螺仪跟不上摆式元件的摆动。

图3-5为垂直陀螺仪的结构原理图。由图可以看出，陀螺仪的转子轴沿地垂线方向安装，其动量矩向量 H 指向上方。在陀螺仪内框的下端固定一个液体摆，在外环轴的一端固定一个纵向修正电机，在内环轴的一端固定一个横向修正电机，它们一起组成垂直陀螺仪的修正装置。

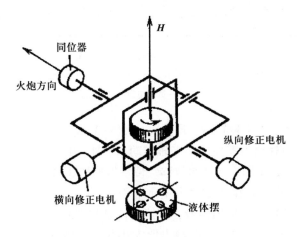

图3-5 垂直陀螺仪结构原理图

在安装垂直陀螺仪时，如果使外环轴和火炮方向一致，内环轴和火炮耳轴平行，并在外环轴的一端安装上信号输出部件，例如，将同位器的转子安装在外环轴上，定子安装在垂直陀螺仪的壳体上，就可以测量火炮耳轴倾斜的角度了。

2. 用伺服加速度计测火炮耳轴倾斜角度

该倾斜传感器由伺服加速度计和信号放大电路组成。

用伺服加速度计测量不同倾斜位置的重力时，其输出信号与倾斜角为正弦关系

$$U = A \cdot \sin\alpha$$

式中：U——输出信号；
α——倾斜角；
A——比例系数。

在较小倾斜角下（≤±15°），可近似认为输出信号与倾斜角为线性关系。

图 3-6 为伺服加速度计的工作原理图。

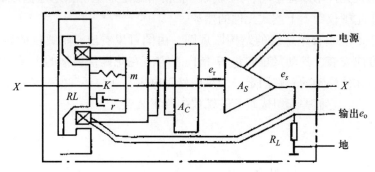

图 3-6　伺服加速度计工作原理图
BL—磁铁；A_C—位置传感器；m—质量块；A_S—伺服放大器；
K—弹簧；R_L—负载电阻；r—阻尼器。

当 X-X 轴处于水平位置时，质量块 m 沿 X-X 轴方向不产生位移，此时调整伺服加速度计使其输出为零。当 X-X 轴转动±15°时，质量块在分力±$mg \cdot \sin 15°$ 作用下滑动，在 X-X 轴方向产生位移。位置传感器 A_C 输出信号经伺服放大器 A_S 放大后，输出电流产生电磁力阻止质量块 m 移动，质量块最后平衡在某一位置。在负载电阻 R_L 上取出信号，该信号便是倾斜±15°时的输出信号。调整伺服加速度计，使其在±15°时的输出值大小相等，极件相反。为提高测量精度，可加入一级反三角函数变换器，使其输出信号与倾斜角变为比例关系。

3.2　横风传感器技术

横风传感器以火炮轴线为基准测量横风速度与风向。传感器输出与横向风速成正比的模拟电压，其极性表示风向。利用不同的测量风速原理，横风传感器有各种不同的结构。下面介绍几种横风传感器方案。

3.2.1　热阻丝式横风传感器技术

这种横风传感器是一个热阻丝风速计，其外形及结构如图 3-7 所示。在它的探头内安装有两组传感器元件，一个是 2 根长约 25mm 紧靠的并互相绝缘的铂金属丝，沿着火炮轴线方向并排安装，用以感受左右方向的风力；另一个是热敏电阻，用来感受大气温度，以实现对变换系统进行温度补偿。传感器的探头放在一个球形保护罩内、护罩固定在一个可放倒的支座上。鉴于横风传感器要求在其周围有畅通的空气流动，因而没有采取防护措施并且安装在炮塔顶部（在不使用时，可折放在安全的位置）。传感器用电缆通过炮塔装甲和安装在炮塔内部的接口装置相连接。

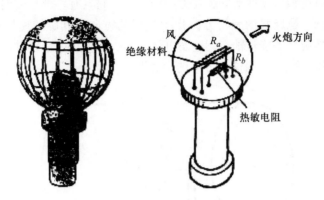

图 3-7　电阻丝横风传感器

探头上的两个铂金属丝分别感受来自左方或右方的风力，并在气流的作用下被冷却，因而其电阻值随风速作相应变化。利用电桥检测两个电阻 R_a 和 R_b 的差值，输出端 a、b 的电位 V_a、V_b 之差与电阻的差值相对应（图 3-8）。无横风时，两个铂金属丝温度一致，电阻相等，电桥输出的电位差为零。有横风作用时，直接受风吹的一个铂金属丝温度下降较多，例如 R_a 电阻变小，此时电桥输出的电位差 $V_a-V_b<0$；若风向相反，则 R_b 变小，$V_a-V_b>0$。电桥输出的电位差与风速成正比，其极性由风向确定。将电桥输出电压送至接口装置，经差分放大并进行补偿（克服气温和空气密度变化的影响）后，向计算机输出与风速、风向相对应的模拟电压。

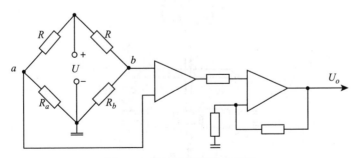

图 3-8　横风传感器接口电路

3.2.2 叶轮式横风传感器技术

这种横风传感器刚性地安装在炮塔的顶部，它具有一个与火炮耳轴平行的螺旋桨旋转轴。螺旋桨的旋转方向指示横风的方向，其旋转速指示横风的大小。只要将螺旋桨的旋转轴与测速发电机相连，即可将风速以电量的形式输送给火控计算机。图3-9为这种方案的示意图。

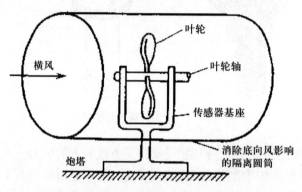

图3-9 利用叶轮测量风速的示意图

3.2.3 球式横风传感器技术

球式横风传感器如图3-10所示。它包括一个作为风敏元件的轻型塑料空

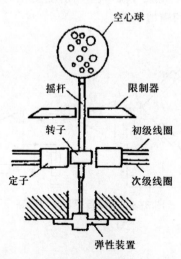

图3-10 球形横风传感器结构示意图

心球。球面上打有孔,该球安装在摇杆上,杆的另一端装有适当弹性系数的弹性装置。测量元件由定子和转子组成,图3-11为其顶视图。由图看出,转子是矩形的,位于两个相对的U形定子铁芯之间。定子和转子铁芯均由镍铁叠片构成。每个定子上有一个初级线圈和一个次级线圈;两个初级线圈串联相接,然后接到400Hz的交源电流上。

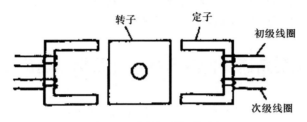

图3-11 测量元件顶视图

该传感器的电路原理简图如图3-12所示。图中两个二极管VD_1、VD_2分别与相应的次级线圈连接,进行半波整流。整流后的脉动电压经滤波电容C_1、C_2滤成直流电压后,送到差动放大器进行放大并输出。

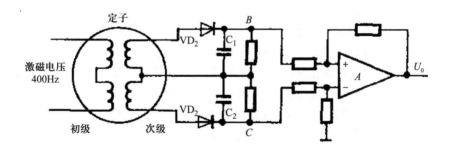

图3-12 球形横风传感器电路原理简图

当风作用于空心球时,摇杆的运动使测量元件的转子运动。于是,转子与定子中的一个之间的气隙减小,而与定子中另一个之间的气隙加大。因此在两个次级线圈中,一个感应的电压增大,另一个感应电压减小。经整流后,图中B、C两点上就产生了不相等的电位。假定$U_B>U_C$,那么当风向相反时,将有$U_C>U_B$。由此看出,B点和C点的电位差不但与风速成正比,而且可以表示风向。该电位差再经差动放大器A放大,即可输给计算机作为横风修正的数据使用。

需要说明的是,一方面横风对射击的影响是不可忽视的,这尤其是对初速较低的弹药；另一方面，要完全克服横风的影响又不是一件容易办到的事件。

横风的影响难以完全克服的原因是，即使采用横风传感器，由于它所测量的仅是坦克所在位置的横风，而在整个射程内，横风的大小不一定是同一个数值，尤其是地形比较复杂时更是如此。再者，横风传感器要求空气畅通，如果坦克位于掩体内或处于遮掩的位置，则传感器测出的将不是真正的横风。

正是由于这些原因，某些火控系统考虑到成本效应问题而不采用专门的横风传感器，仅用人工装定的办法对横风进行修正。

3.3 炮塔角速度传感器技术（目标角速度传感器）

目标角速度传感器用来测量目标在垂直或水平方向的角速度，向计算机提供射击运动目标时计算提前修正量所要求的信息。

3.3.1 不驱动炮塔测量目标速度技术（直接确定射击提前量）

用速度传感器测量目标速度需要驱动几吨重的炮塔和火炮，并要求连续平稳地跟踪目标。下而介绍不驱动炮塔（火炮）测量目标运动速度或直接确定射击提前量的方法。

1. 从分划板上读取提前量

英国研制的 DF1 型坦克火控系统用如下简单的方法求解运动目标的射击提前量：炮手在进行激光测距后，按照实际环境条件，计算机首先将测得的目标距离换算成综合距离 R_b。然后根据存储的弹丸平均速度 v_p 求出弹丸飞行时间 $t_f = R_b / v_p$。此时炮长瞄准镜目镜内一个发光二极管开始发亮。发光二极管燃亮时间的长短由弹丸飞行时间 t_f 控制。炮手从分划板上读取发光二极管发亮期间目标的运动量。最后，在瞄准射击时，炮手只要加入这个运动量即可射击。DF1 型火控系统装在"蝎"式轻型坦克中。

2. 用活动格栅测量目标速度

英国研制的 DF3 型坦克火控系统，不用弹道分划，而是借助阴极射线管在瞄准镜中投射一个椭圆形瞄准光环进行瞄准射击。该火控系统主要由火控计算机、坦克激光瞄准镜、瞄准标记电子装置、炮长控制盒及一些传感器组成。

对运动目标射击时，炮手先用活动格栅测量目标运动速度，其方法大致如下：炮手按一下控制盒上的活动目标按钮，阴极射线管就将瞄准标记电子装置产生的格栅投射到炮长瞄准镜的视场中。格栅由一条水平线和若干垂直线组成（图 3-13）。测量目标角速度时，炮手先使炮塔和火炮保持不动，然后利用控制盒上两个控制器对格栅进行控制，使格栅的水平线与目标运动方向平行，同时使格栅的垂直线与目标前进方向一致，而且在速度上与目标运动速度相等。当达到满意的程度，炮手按一下按钮，目标角速度就被输送到计算机。不管目标出现在视场中任何位置，用这种方法能够在2~3s内测出目标角速度。当炮手进行激光测距后，视场中格栅消失，并出现椭圆瞄准光环。椭圆瞄准光环的位置已经对运动目标作了补偿。最后炮手驱动火炮使椭圆瞄准光环套住目标，即可实施射击。

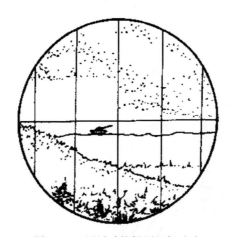

图3-13 用活动格栅测目标速度

用格栅测量目标角速度的特点是，不需要专门的速度传感器，测得的目标角速度是目标的实际速度，比驱动炮塔和火炮进行测速要准确，也降低了对炮塔和火炮伺服系统性能的要求。

3.3.2 测量目标平均角速度传感器技术

1. 获取目标转角的方法

测量目标角速度时要跟踪目标。在瞄准指标和目标中心重合的情况下，炮塔或火炮转过的角度即认为是目标转过的角度。测量目标转过的角度，可以采用光电脉冲码盘或光栅。

1) 光电脉冲码盘

光电脉冲码盘是将转动物体的转角转换成电脉冲的变换器。它通过传动机构和旋转体（火炮或炮塔）上的齿轮啮合。在盘的边缘均匀地分布着两排小孔，码盘旋转时，光源发出的红外光间断地通过小孔并被相应的光敏二极管接收，然后将信息反馈送到放大和整形电路。如果不透光时输出低电平，透光时输出高电平，就会在输出端得到一连串脉冲（图3-14）。

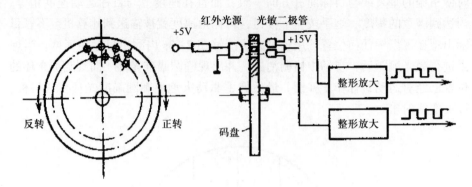

图 3-14 带有透光孔的码盘

也可以用另外的方法产生脉冲信号。如图 3-15 所示,在码盘上按一定间隔镀上两圈反光金属,通过反光和不反光来发出高电平和低电平信息。

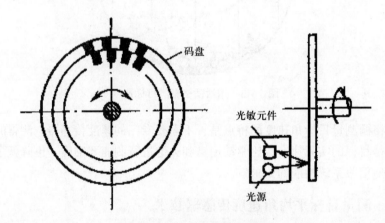

图 3-15 带有反光镜的码盘

火炮和炮塔转动角度越大,产生脉冲的个数越多。经过计算脉冲个数,可测得转角的大小。显然,码盘上在一周内小孔的数目越多以及和火炮或炮塔之间的传动比越大,码盘输出一个脉冲所对应旋转体的转角也就越小,因此角度的测量也就越精确。

2)光栅

在圆盘上开孔一般数量较少,测角精度较低。为提高精度,在码盘轴和旋转体之间要增加传动齿轮。采用光栅可以克服上述缺点。

利用光栅可以测量直线位移和转角位移,它们的工作原理是一样的。为说明问题方便起见,下面从用光栅测位移的原理入手。

在一块长条形的光学玻璃上，均匀地刻上许多线条（图3-16），这就是所谓光栅。精密的光栅每毫米可以刻100条线，甚至更多些。这个长条形光栅称为"主光栅"。另外还要用一块比主光栅短得多的"指示光栅"。指示光栅上刻线的密度和主光栅一样。

图3-16　主光栅和指示光栅

如果把指示光栅放在主光栅上面，并且使它们的刻线相互倾斜一个很小的角度，这时在指示光栅上就会出现明暗相间的条纹（图3-17）。明暗条纹的方向与刻线方向几乎垂直。两块光栅之间倾斜的角度越小，明暗条纹也越粗。这些条纹称为莫尔条纹。

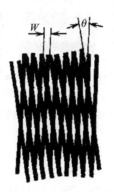

图3-17　莫尔条纹

莫尔条纹的间距随着光栅线纹交角而改变的关系如下：

$$L = \frac{W}{2 \cdot \sin\frac{\theta}{2}} \approx \frac{W}{\theta} \tag{3-1}$$

式中：L——莫尔条纹间距；

　　　W——光栅栅距；

　　　θ——两光栅线纹夹角。

从式（3-1）可以看出，θ 越小，L 越大，相当于把栅距扩大了 $1/\theta$ 倍。

如果将主光栅左右移动，那么明暗条纹就会相应地上下移动，而且每当主光栅移动一个栅距时，明暗条纹也正好移过一个周期。莫尔条纹的移动方向和主光栅的移动方向也几乎是垂直的。当主光栅向相反方向移动时，莫尔条纹移动方向亦相反。

这样，如果把两个光电转换元件按图 3-18 的位置安装，图中 L 为一个明暗条纹的宽度，当主光栅移动时，通过光电转换电路将可以得到两个如图 3-19 所示的电压信号。电压小的地方相当于遇到暗条纹，电压大的地方相当于遇到明条纹。这两个电压波形都可以看成是在一个直流分量上叠加了一个交流分量。U_1 相当于叠加一个正弦波形，U_2 相当于叠加一个余弦波形。两者在相位上相差 90°。如果主光栅向右移动，U_2 的波形超前 U_1 90°；如果光栅向左移动，U_1 的波形将超前 U_2 90°。

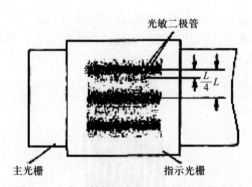

图 3-18　光电转换元件相对光栅的安装位置

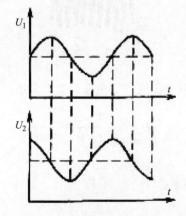

图 3-19　两个光电转换电路的电压波形

将上述两路电压波形（分别用（sin）和（cos）表示）经过施密特电路整形后，可以得到如图 3-20 所示的相位相差 90°的两路方波（分别用 [sin] 和 [cos] 表示）。对方波进行计数，将可得出与主光栅位移相应的数字量。

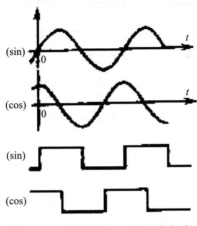

图 3-20　相位相差 90°的两路方波

光栅测角位移与测直线位移原理相同，只是光栅的结构有所区别。测角时需要做成圆形光栅。

2. 运动方向判定

单纯计算目标转过的角度，码盘上有一排孔、光栅有一组光电转换器件就够了。但是实际上，码盘上有两排孔，光栅要有两组光电转换器件，这是为判定目标运动方向而安排的。下面以码盘为例介绍几种判定目标运动方向的方法。

1）四状态分析法

码盘上两排孔的位置按图 3-21 所示的关系加工。码盘旋转时，速度传感器向计算机提供两路有一定相位关系的方波，其相位关系随码盘旋转方向改变而改变。若分别以 ϕ_1 和 ϕ_2 代表外圈孔和内圈孔产生的信号，当码盘顺时针和反时针旋转时，ϕ_1 和 ϕ_2 的波形相位关系如图 3-22 所示。

对图 3-22 所示的波形进行分析，可以得出表 3-1 所列的四种状态。

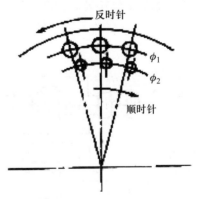

图 3-21　码盘上两排孔的位置

111

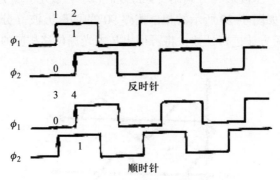

图 3-22　ϕ_1 和 ϕ_2 的波形

表 3-1　码盘输出的 4 种状态

码盘旋转方向	状态	码盘输出信号	
		ϕ_1	ϕ_2
反时针	1	上升	0
	2	1	上升
顺时针	3	0	上升
	4	上升	1

在计算机中，利用 D 触发器和"与非"门组成单脉冲形成电路（图 3-23），可将两路方波的上升沿转变为窄脉冲，并将一个支路产生的窄脉冲与另一个支路相应的方波相与。这样，利用两路方波相互控制的作用，可以得出如下结果：当码盘顺时针旋转时，在"与非"门 2 输出端产生一串 f_1 脉冲，而 f_2 脉

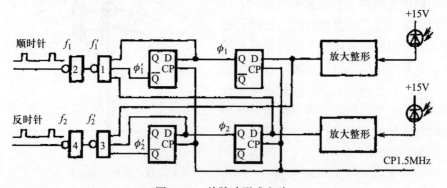

图 3-23　单脉冲形成电路

冲为 0；当码盘反时针方向旋转时，在"与非"门 4 输出端产生一串 f_2 脉冲，而 f_1 脉冲为 0。也就是对码盘的一个转动方向只在一个输出端有脉冲输出。f_1 和 f_2 波形的产生如图 3-24 所示。

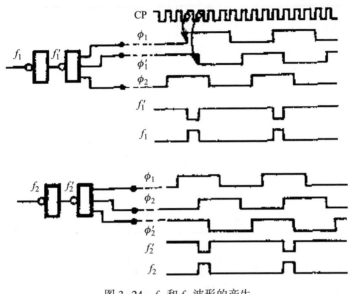

图 3-24 f_1 和 f_2 波形的产生

2) 八状态分析法

对图 3-25 所示的两路方波换一种方法进行分析，可以得出表 3-2 所列的 8 种状态。

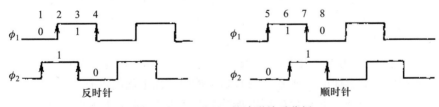

图 3-25 ϕ_1 和 ϕ_2 的波形关系分析

可以看出，当码盘反时针方向旋转时，是不断地重复 1~4 状态；而当码盘顺时针方向旋转时，是不断地重复 5~8 状态。如果能设计一种逻辑电路，可以识别表 3-3 所列的 8 种状态，达到对应 1~4 状态从一个输出点产生一串脉冲，而对应 5~8 状态从另一个输出点产生一串脉冲，同样可以反映光码盘的旋转方向。图 3-26 为这种方案的电路原理图，现说明如下：该方向识别电路由 2 输入 "或非" 门 "54LS02"、4 输入双 "或非" 门 "5425" 和双单稳态触发器 "96L02" 等组成。

表 3-2 码盘输出波形的 8 种状态

码盘旋转方向	状态	码盘输出信号	
		ϕ_1	ϕ_2
反时针	1	0	上升
	2	上升	1
	3	1	下降
	4	下降	0
顺时针	5	上升	0
	6	1	上升
	7	下降	1
	8	0	下降

由图 3-26 中不难看出，对应 ϕ_1 和 ϕ_2 输出的 8 个状态，每一种状态只有一个单稳电路工作。例如，对于状态 1，此时 $\phi_1=0$，$\phi_1=1$ 第 1 个 96L02 的清 0 端 $C_D=1$，说明该单稳态电路可以工作；ϕ_2 为上升沿，它接到 96L02 的 4 端，即上升沿有效触发输入端，则单稳态电路被触发，并在 Q 端产生一个正脉冲。进一步分析可以看出，此时其余 7 个单稳态电路或因没有触发信号，或因处于清零状态，均没有脉冲输出。第 1 个 96L02 输出的正脉冲加到上面的 4 输入 "或非" 门，并在输出端产生一个负脉冲。依次对 8 个状态进行分析可以得知，对于 1~4 状态，上面 4 个单稳态触发器分别工作；对于 5~8 状态，下面 4 个单稳态触发器分别工作。因此，当码盘反时针方向旋转时，上面的 "或非" 门有脉冲输出而下面的 "或非" 门没有；而当码盘顺时针方向旋转时情况正相反，即下面的 "或非" 门有脉冲输出，而上面的没有。

将两种方向判定方案相比可以看出，它们虽然都可以判别码盘旋转的方向，因此可以确定目标运动的方向，但是两者产生计数脉冲的数目不同。举例来说，如果码盘旋转一周，并且一周有 1024 个孔，前一方案将产生 1024 个计数脉冲，而后一方案将产生 4096 个脉冲。可见，在其他条件相同的情况下，后一种方案可达到更高的测角精确度。

3. 目标角速度计算

计算目标平均运动速度需要两个原始数据：其一是炮手跟踪目标的时间；

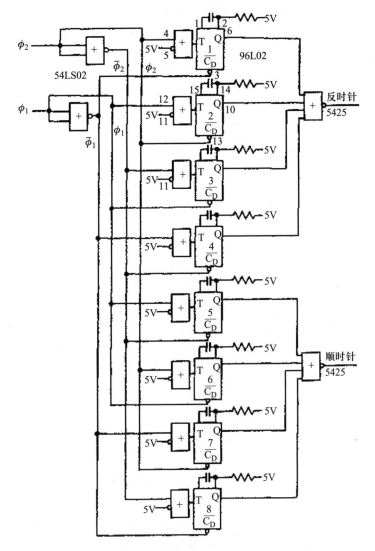

图 3-26 旋转方向识别电路

其二是在跟踪时间内目标绕本坦克转过的角度。

1) 跟踪时间获取方法

获取跟踪时间的一般过程是,在跟踪开始时用起动命令使时间计数器清零,并随即对一定频率的计时脉冲开始计数;当跟踪完毕时,用结束命令停止计数;然后,计算机读取存入计数器中的数。

(1) 用 TTL 芯片组成时间计数器。

图 3-27 为由普通 TTL 组件搭接的 16 位时间计数器的电路图。由图可以看出，该电路由 1 片双 4 位二进制计数器 54LS393 组成分频器，对输入的 2MHz 时钟脉冲进行 128 分频；由 2 片 54LS393 组成 16 位时间计数器；以及由 3 片 54L8367 组成输出缓冲器。

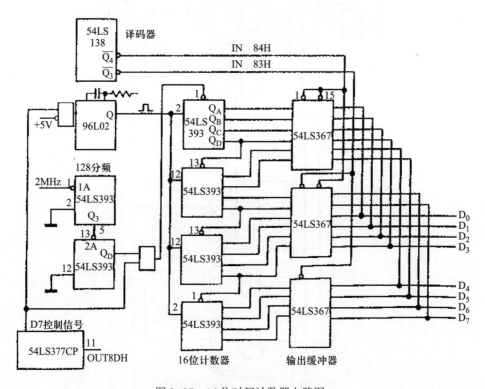

图 3-27 16 位时间计数器电路图

假设 8DH 为控制 8D 触发器 54LS377 的端口号，84H 和 83H 分别为相应三态缓冲器的端门号，则计算机通过输入/输出指令对时间计数器进行控制，即可获取跟踪时间信息。

(2) 利用可编程计时器 8253 计时。

利用 2 片可编程计时器 8253 组成速度传感器接口电路如图 3-28 所示。

2 片 8253 有 6 个 16 位二进制计数器。其中 4 个用来对速度传感器送来的光码脉冲进行计数，另外 2 个作为产生和记录计时脉冲用。其中，8253-1 内端口号为 80H 的计数器工作于方式 2（预置初始值 N，在输出端 OUT 得到 N 分频脉冲，脉冲宽度为一个计数脉冲周期）。用于对 1.5MHz 的输入脉冲进行

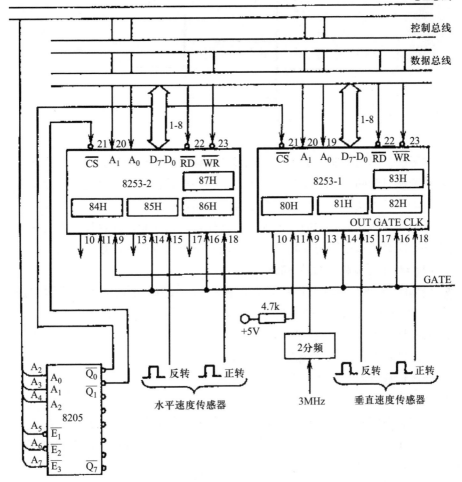

图 3-28 利用可编程计时器 8253 计数

分频,产生频率为 200Hz 的计时脉冲;8253-2 内端口号为 84H 的计数器工作于方式 5(计数器在 GATE 信号升为高电平后开始计数),对 200Hz 的脉冲进行计数。光码脉冲和计时脉冲被同一门控信号 GATE 控制。假定炮手按下激光测距按钮时开始跟踪目标,经过 T 秒钟后,停止跟踪并松开按钮,此时 GATE 信号波形如图 3-29 所示。在松开按钮后,计算机读出计数器 84H 内的计数值,即可求出时间 T。

2) 目标转角的获取方法

在跟踪时间内目标转过的角度,由光码盘输出的脉冲数表示。由于计算的

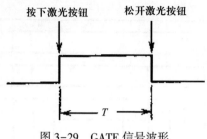

图 3-29 GATE 信号波形

是平均速度，因而不要求射手一直把瞄准指标对准目标中央，只需要在跟踪的始末瞄准在目标同一点上就行。由于射手在跟踪目标时，很可能有向相反方向操纵的动作，也就是光码盘在跟踪过程中会出现有时正转有时反转的现象。因此，正转与反转计数脉冲的差值才与目标转过的角度相应。这样，就要求测角电路具有同时记录正转与反转脉冲的功能。下面讨论两种实用的方法。

(1) 利用可编程计数器 8253。

仍如图 3-28 所示，将端口号为 81H、82H、85H、86H 的计数器设置成工作方式 5（83H 和 87H 分别为每个芯片控制字寄存器的端口号），并令

82H 计数器计入"正转"脉冲数（垂直）。

81H 计数器计入"反转"脉冲数（垂直）。

86H 计数器计入"正转"脉冲数（水平）。

85H 计数器计入"反转"脉冲数（水平）。

这样，在跟踪时间 T 内（GATE=1），4 个计数器将分别记入垂直和水平方向码盘正转与反转的脉冲数。跟踪完毕，计算机读取各计数器内的数值，即可按一定数学模型计算出运动目标的平均角速度。

(2) 利用可逆计数器 54LS193。

图 3-30 为由 5 个 54LS193 芯片组成 20 位可逆计数器。这种计数器可以直接级联，而不需要外接电路，只要将前一个计数器的借位端 13 和进位输出端 12，分别送入下一个计数器的减计数端 4 和加计数输入端 5 即可。系统通过软件控制计数器的工作。在跟踪测速开始（按下激光按钮）控制信号 EN 升为高电平时，单稳态触发器 96L02 输出的负脉冲使计数器清零，同时与门 1 和 2 打开，计数器开始计数。计数时，光码盘正转时的输出脉冲通过与门 1 加到计数器的加计数端 5，反转时的输出脉冲通过与门 2 加到减计数端 4。当跟踪完毕、控制信号 EN 降为低电平时，与门 1 和 2 关闭，计数器停止计数。然后，计算机用输入指令通过缓冲器 54LS367 将计数器计入的脉冲数取走。20 位二进制

数需要读取 3 次。图 3-30 中，假设它们的端口号为 80H、81H 和 82H。显然，此时读出的数据，已是码盘正、反转脉冲数的差值。

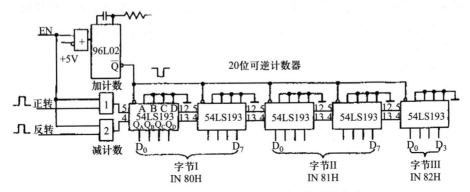

图 3-30 用可逆计数器获取目标转过角度的电路

(3) 目标角速度计算。

只要记录下光码盘正转及反转时发送到计算机的脉冲数和时间计数器记录的时钟脉冲数，即可求出目标运动的平均角速度。

例如，炮塔（或火炮）每转动 0.2mil 光码盘发送一个脉冲，时间计数器的时钟频率为 200Hz，则目标的水平和垂直平均速度可分别按下列公式计算：

$$\omega_\eta = \frac{(n_{正\eta} - n_{负\eta}) \cdot 0.2\text{mil}}{n_t \cdot 5\text{ms}} = 40 \frac{\Delta n_\eta}{n_t} (\text{mil/s})$$

$$\omega_\varepsilon = \frac{(n_{正\varepsilon} - n_{负\varepsilon}) \cdot 0.2\text{mil}}{n_t \cdot 5\text{ms}} = 40 \frac{\Delta n_\varepsilon}{n_t} (\text{mil/s})$$

式中：ω_η、ω_ε——目标水平和垂直角速度；

$n_{正\eta}$、$n_{负\eta}$——水平速度传感器光码盘正转和反转时发送到计算机的脉冲数；

$n_{正\varepsilon}$、$n_{负\varepsilon}$——垂直速度传感器光码盘正转和反转时发送到计算机的脉冲数；

n_t——时间计数器在跟踪测速时间内记下的时钟脉冲数。

显然，光码盘输出一个脉冲所对应的炮塔（或火炮）转过的角度越小，以及时间计数器的时钟频率越高，相对地说角速度的计算越准确。

3.3.3 测量目标瞬时角速度传感器技术

1. 用测速发电机测速

下面以某坦克所用的炮塔角速度传感器为例加以说明。

使用测速发电机测速的角速度传感器，由齿轮传动机构、直流测速发电机和放大器组成。角速度传感器通过过渡板安装到炮塔上，其齿轮与车体的齿圈相啮合。当炮手转动炮塔跟踪目标时，齿轮传动机构带动测速发动机转动发电。所发电压与炮塔的转速，亦即目标水平运动的角速度成正比，再经放大器放大和规格化，就得到目标水平运动的角速度信号。图3-31为炮塔角速度传感器方框图。

图3-31　炮塔角速度传感器方框图

由于测速发动机所发电压 U 与其转子旋转的角速度 ω 成正比，故有

$$\omega = K \cdot U \tag{3-2}$$

式中：K——比例系数。

该火控系统要求，当 $\omega=30\mathrm{mil/s}$ 时，$U=5\mathrm{V}$。代入式（3-2），求得 $K=8$。这样就得出炮塔角速度传感器的输出特性方程：

$$\omega = 8 \cdot U \tag{3-3}$$

当计算机在某瞬时采样到信号 U，就可按式（3-3）计算出炮塔角速度 ω。

2. 从瞄准电路提取角速度信号

各种"下反"稳像式火控系统，瞄准线受瞄准镜中双自由度陀螺仪控制。由于陀螺仪进动的角速度 ω 与流经瞄准电磁铁定子及转子线圈中电流的乘积成正比，而且在实际电路中流经定子及转子线圈的电流相等（图3-32）。这样，通过提取采样电阻两端的电压，经放大和规格化后即可作为角速度信号。关系如下：

$$\omega = K \cdot U^2 \tag{3-4}$$

式中：ω——双自由度陀螺仪进动角速度；

U——加在采样电阻两端的电压；

K——比例系数。

当炮手跟踪匀速运动目标时，如果瞄准分划和目标中心始终保持重合，火炮和炮塔转动的角速度将等于双自由度陀螺仪进动的速度。于是，可以用由式（3-4）求出的陀螺仪进动的角速度作为目标运动的角速度。这样，假定由

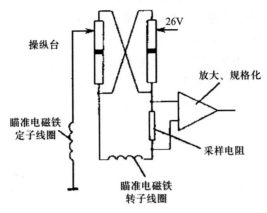

图 3-32 从瞄准电路提取角速度信号

操纵台加到水平和垂直采样电阻两端的电压为 U_d 和 U_e，则有

$$\omega_d = K \cdot U_d^2 \tag{3-5}$$

$$\omega_e = K \cdot U_e^2 \tag{3-6}$$

式中：ω_d——陀螺仪外环进动角速度；

ω_e——陀螺仪内环进动角速度。

当计算机在某瞬时采样到 U_d 和 U_e 信号，并经过 A/D 变换器变为数字后，就可按式（3-5）和式（3-6）来计算 ω_d 和 ω_e，并作为目标水平和垂直方向的瞬时角速度。

3. 从卸荷力矩电机提取角速度信号

"上反"稳像式火控系统采用双轴陀螺稳定平台对上反射镜进行稳定和控制。在内框架轴上安装有垂直卸荷力矩电机，在外框架轴上安装有水平卸荷力矩电机。稳定平台外框架和内框架转动速度由水平和垂直卸荷力矩电机控制。由此可从与水平和垂直卸荷力矩电机相关的"陀螺取样器"中提取角速度信号。

值得说明的是，上述测量目标瞬时角速度的方法，由于以下原因，不可避免地会带来一定误差：

（1）目标角速度是在炮手参与下获得的。炮手跟踪目标时，只有将瞄准分划始终对准目标上同一点，火炮和炮塔的转动速度才能真正地反映目标运动的速度。而实际上，由于车体颠簸以及火炮或瞄准线存在稳定精度等问题，炮手难以做到这点。

(2) 当瞄准分划偏离目标中心时，炮手不断地进行上下、左右修正。在修正过程中，陀螺进动速度与目标运动速度不一致。

(3) 目标运动速度可能是变化的。

由于以上原因，用某一时刻的速度来表示目标的运动速度可能出现较大的误差。为此，需要对速度信号多次采样，然后进行滤波。目前应用较多的是采用均值滤波，采样 4 次/s，以 8 次采样数据的平均值作为角速度信号。并且在其后不断地以新的采样数据代替老的数据。

要精确地测量运动目标速度，需采用目标自动跟踪系统。自动跟踪系统或是在图像跟踪过程中自动测定目标运动速度，或是在已实现自动跟踪的情况下通过速度传感器进行测量，从根本上消除人为因素的影响，跟踪精度可比人工跟踪时显著提高。

3.3.4 目标自动跟踪技术

1. 目标自动跟踪基本原理

从火控系统控制功能的角度看，可以称跟踪线、瞄准线和火炮轴线为火控系统的主线。各种扰动式火控系统的共同特点是对火炮进行控制，瞄准线从动于火炮轴线（图 3-33（a））；当光电技术和微电子技术发展到可实现瞄准线

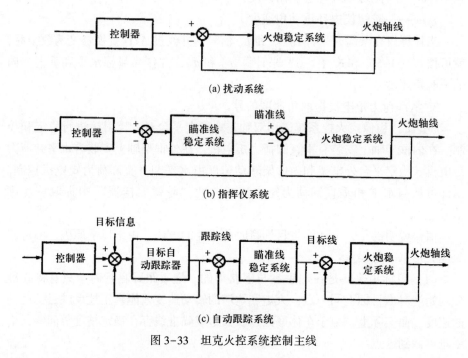

图 3-33 坦克火控系统控制主线

独立稳定时，出现指挥式（稳像式）火控系统，它实际上是在火炮控制系统的前端前置了一个瞄准线的控制系统（图3-33（b））；在计算机图像处理技术发展到可在瞄准线的前端前置一个跟踪线的控制系统时，就形成了目标自动跟踪火控系统（图3-33（c））。

目标自动跟踪以对目标运动图像的分析为基础，随时探测出目标位置及运动参数等信息，并对瞄准线进行控制，从而实现瞄准线对目标的自动跟踪。

图3-34为目标自动跟踪火控系统示意图。它的主要组成部分有图像传感器和目标自动跟踪器等。在这一系统中，当炮手操纵手控装置使瞄准镜中一定大小的捕获窗口套住目标（自动锁定情况），或直接用瞄准镜标记对准目标时（人工锁定情况），即可按动手控装置上的锁定按钮，启动目标自动跟踪器进入自动跟踪工作状态。

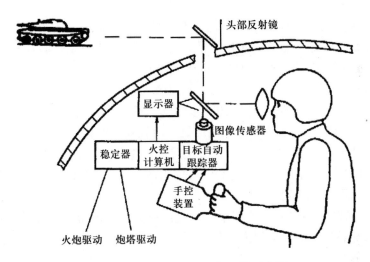

图3-34 目标自动跟踪火控系统示意图

例如，在坦克火控系统中，可作为目标自动跟踪的技术方案有采用电视和热成像传感器的视频跟踪、毫米波雷达跟踪或激光雷达跟踪等。其中以视频跟踪方案最为成熟。视频跟踪是利用可见光的图像传感器（即电视摄像机）或热成像传感器摄取目标视频图像信号，进行图像跟踪。在白天，可根据目标图像的可见特征跟踪；在夜里或能见度差时，则可利用热成像传感器，根据目标的热特征进行跟踪。由视频传感器形成的自动跟踪器，称为视频自动目标跟踪器（VATT）。

自动跟踪的基本工作原理。

1）图像输入通道

为了将目标的图像信号正确无误地送入计算机中，需要有高质量的图像输入通道。图像有彩色与黑白之分。由于火控系统实时性强，目前一般采用黑白图像。图 3-35 为通常情况下目标图像输入通道的原理。

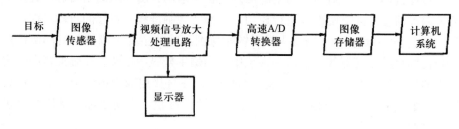

图 3-35　目标图像输入通道原理

图像输入通道是目标自动跟踪器的关键部件。由图 3-35 可见，目标图像的输入通道由图像传感器、视频信号放大与处理电路、高速 A/D 转换器和计算机系统四部分组成。各部分的功能简述如下。

（1）图像传感器。它可以是可见光或微光电视摄像机，也可以是热像仪。可以用做图像传感器的电视摄像机种类较多，而普遍受到人们重视的是以电荷耦合器件（CCD）为基础的电视摄像机，而红外图像传感器多采用中波红外波段（3~5μm）InSb 或 HgCdTe 焦平面阵列热像仪，或者采用长波红外（8~12μm）HgCdTe 焦平面阵列热像仪，有时这两个波段的热像仪都被使用，具体视应用环境和要求而定。

（2）视频信号放大与处理电路。它由放大器、模拟滤波器等电路组成。从图像传感器得到的模拟图像信号因不满足 A/D 转换器输入电平的要求，需要进行前置放大，使之放大到 A/D 转换器所需要的电压值。模拟滤波器用于消除图像信号中含有的高频噪声。

（3）高速 A/D 转换器。它用于将处理过的模拟图像信号转换为数字信号。经过这种转换，可将模拟图像转换成数字图像。对图像信号进行 A/D 转换，必须用高速 A/D 转换器。例如，对于电视摄像机传感器来说，若每行有 512 个采样点，而电视信号行扫描时间为 52μs，则对一个采样点进行 A/D 转换所允许的转换时间只有 0.1μs。

（4）计算机系统。由于计算机主存储器的存取时间要比高速 A/D 转换器的转换时间长，图像信息难以直接写入主存储器中。为此，在 A/D 转换器与主存储器之间要设置缓冲寄存器，称之为图像存储器。将数字图像信息传送到计算机系统的主存储器后，即最终完成了一次图像信号的输入过程。此后计算机系统便可对它进行需要的处理和分析了。

2) 电子窗口

在目标图像跟踪技术中，在监视器屏幕上通常显示一个"电子窗口"。设置电子窗口的目的是为了摒弃窗口之外的一切景物信号及背景干扰，以达到有利于识别目标的目的。

炮手操作操纵台搜索目标时，当从瞄准镜或视频监视器上发现目标后，将目标控制到电子窗口内，再按下锁定按钮，系统将根据目标图像与背景灰度的差异，识别出目标，并设定某一个紧靠目标的最小矩形框（称为"模板"或"样本图像"）将目标包住。其后，系统将"样本图像"移到某一坐标已知的位置（例如，电子窗口的左上角，坐标为(0, 0)），用"样本图像"信息进行水平、垂直扫描，并进行相关计算，当屏幕中某位置的信息与"样本图像"相同（样本图像与子图像相关函数为最大的位置），即为目标在视场图像中的位置。由该位置与"样本图像"放置的位置，可判断出目标的位置，该位置即为跟踪线位置。此后，系统用瞄准线与跟踪线在水平与垂直方向的位置差 Δx 和 Δy 控制瞄准线，使其向跟踪线靠拢，实现对目标的自动跟踪。这种跟踪方法在理论上称为"相关跟踪"。

在自动跟踪过程中，若目标在运动，则瞄准线与目标之间会有相应的偏移，不断产生新的瞄准线与跟踪线在水平与垂直方向的位置差 Δx 和 Δy，伺服机构也将控制瞄准线，使瞄准线不断向目标中心方向移动。目标运动时，瞄准线与目标之间的偏差反映自动跟踪系统的跟踪精度。跟踪偏差随目标速度变化而改变，只有在垂直和水平两个方向上，跟踪偏差都小于某值，瞄准线进入"跟踪门"，系统才输出跟踪允许射击信号。

值得一提的是，某些简易的自动跟踪系统采用如下技术：炮手瞄准目标并测距，以测距指令作为自动跟踪系统的启动信号，根据测得的目标距离确定目标体形范围，在这一范围内进行图像处理，找出目标轮廓，划分区域作为模板。下一场图像分区与模板匹配，求出位移量，驱动瞄准线跟踪目标。这种算法逻辑清晰，结构简单，成本低。

2. 动态多目标自动跟踪技术

战场环境的复杂性，动态多目标（包括同时多目标和随时多目标）的存在，对目标探测、识别、跟踪系统提出更高的战术技术要求。

电视图像或热成像图像目标识别跟踪系统作为有效的武器控制系统发挥着重要作用，具有显著实用性。但是，传统的目标识别跟踪系统一般采用单波门，适应于单个目标的跟踪，目标自动识别能力较弱，不能对动态多目标进行识别和多波门跟踪。针对这一情况，采用动目标提取法，建立运动轨迹，预测其运动速度，进行动态多目标识别，从而可以判断其威胁程度，为武器系统防御决策提供重要的依据。与此同时，为了最有效地防御，有必要采用多目标跟踪方法自适应多波门跟踪，并可以根据威胁程度进行目标选择和跟踪。

多目标跟踪测量，就是为了维持对多目标（同时多目标、分时多目标或随机多目标）当前状态的估计而对所接收到的测量信息进行处理的过程。图 3-36 是多目标跟踪基本原理。由图可见，多目标跟踪过程是一个递推过程，并且在开始扫描期间各目标的航迹已经形成。来自传感器的测量信息数据（"回波"）落入目标的跟踪门中，则此"回波"为有效测量（或有效"回波"）。即使只有一个目标，由于杂波的干扰，有效测量也可能为多个。跟踪门被用来粗略确定测量/航迹配对是否合理。

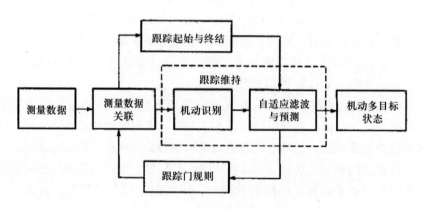

图 3-36 多目标跟踪基本原理

跟踪维持包括机动识别和自适应滤波与预测，用以判断各目标航迹的真实状态。在跟踪空间中，数据关联的输入是有效测量，与已建立的目标航迹不相关的测量或回波可能来自潜在的新目标或杂波，由跟踪起始方法可以鉴别其真伪，并相应地建立新的目标航迹。当目标逃离跟踪空间或被摧毁时，由跟踪终结方法可以删除航迹，以减轻不必要的计算开销。最后，在新的测量到达之前，由目标预测状态和接收正确回波的概率可以确定下一时刻跟踪门的中心和大小，以便重新开始下一时刻的递推循环。

多目标跟踪问题包括许多方法，主要包括机动目标模型与自适应跟踪算法、跟踪门的形成、数据关联、跟踪维持、跟踪起始与终结等。

3.4 其他弹道修正传感器技术

3.4.1 炮口偏移补偿技术

炮口的方向从校正好的位置发生偏移会给火炮射击带来较大的误差。产生炮口偏移的原因主要有三种：①由于炮管受热不均匀导致的身管弯曲，这种弯曲是由于阳光辐射和射击后受横风单方向作用引起的非对称性受热和冷却造成的；②武器系统存在着校炮保持误差；③由坦克颠簸运动产生的炮身的振动。这三种偏移的每一种都是独立地起作用的。

在炮管上加热护套只能解决部分问题，采用炮口偏移补偿装置可较好地解决这个问题。通常对炮口位移校正系统提出如下要求：能对炮口实际位置提供连续、自动的反馈；结构要坚固耐震，在恶劣的战斗条件下能可靠地工作；容易结合到现有的火控系统中去。目前补偿炮口偏移的方法主要有两种，即人工补偿和自动补偿。

1. 炮口偏移人工补偿装置

人工补偿的办法是在炮口安装一面反光镜，该反光镜通常由不锈钢制成（图3-37）。另外，在炮塔上安装一个投射器，由投射器发出的光（例如一个发光二极管）照到反光镜上，反光镜把光线反射到炮长瞄准镜的视场中（图3-38）。

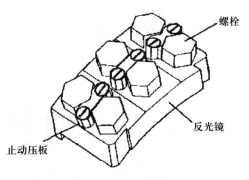

图 3-37 炮口反光镜

校准好的火炮，即炮口方向与瞄准具已达到准直，通过调整光路中一个专用的修正透镜，例如旋转光楔，可令光源的像落到瞄准具分划板上炮口准直校正圆环的中心。在校准炮口偏移时，炮长首先接通投射器光源，如果炮口发生偏移，则光源的像将产生位移。此时，炮长只要转动调整手轮，使炮口准直校正圆环与光源的像相重合，就完成了炮口轴线与瞄准具准直的调节。

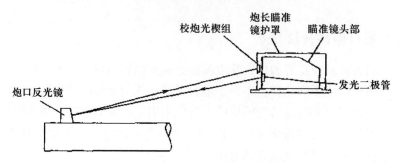

图 3-38　校炮系统工作原理示意图

这种补偿操作，炮长无须离开其座位，在几秒钟内就能将炮口轴线与瞄准镜重新准直。由于炮口轴线和瞄准镜之间在一天内会产生 1mil 的误差，通过炮长随时进行核准，可有效地提高首发命中率。

2. 炮口偏移自动补偿装置

炮口偏移自动补偿装置的原理示意图如图 3-39 所示。发射器安装在火炮防盾上，反光镜仍安装在炮口。由发射器发出的一束红外光照射到反射镜上，反射镜将红外光束反射到接收器，通过透镜和窄带滤光片射到视场光阑之后的位敏传感器上。位敏传感器是一种能测量光点在探测器表面连续位置的光学探测器，上面的光电二极管可以将光信号转变为能反映反射光线照射位置的上、下、左、右 4 个电信号，通过对该 4 个信号进行处理，可以得出校准炮口偏移的信号。这种测试动作的频率是 100Hz，因此可以得到近似连续的炮口位置校

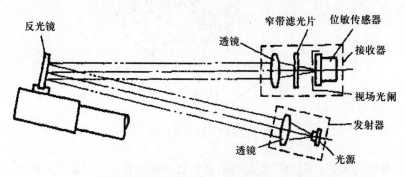

图 3-39　炮口偏移自动补偿装置示意图

准信息。该信息连同其他修正量,诸如药温、气温、横风等一起送到火控计算机,以进行高低补偿角和方向修正量的计算。据称,这种炮口偏移自动补偿装置,在高低和方位两个方向上所获得的炮口轴线偏离精度可达±0.03mil。

3.4.2 炮口磨损补偿技术

炮管磨损影响炮弹的初速,需要加以补偿。炮管的磨损与火炮发射过的炮弹数量及弹种有关。根据这个道理,研制出如图3-40所示的炮管磨损补偿装置。

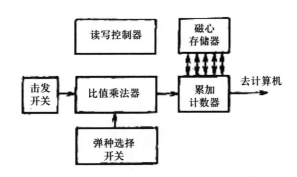

图3-40 炮管磨损补偿装置

设计该补偿装置时,需要预先通过实验测定火炮发射的各种弹药对炮膛产生的磨损系数。通过弹种选择开关的控制,火炮每发射一发炮弹,就由比值乘法器向计数器累加与该弹种磨损系数成正比的数。为了使累计的炮管磨损修正量信息在切断电源时也能长期储存,在补偿装置中使用了一个简单的铁氧磁芯存储器。这样,可在电源切断前将计数器中的信息写入到存储器中保存起来,而在电源恢复后将存储器内保存的信息读入计数器中。计算机采样计数器中反映炮管磨损的数值,随时对弹道进行修正。

3.4.3 药温传感器技术

药温影响射弹初速,药温偏离射表标准值时导致射击产生近弹或远弹。药温传感器可以测取火炮发射药的温度值,并以电压量的形式输送给火控计算机。药温传感器一般由温度传感头、电路板、壳体等组成,温度测量误差可小于3℃。图3-41和图3-42分别为某火控系统采用的药温传感器的外形图和结构图。

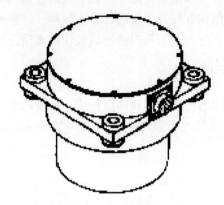

图 3-41　药温传感器外形图

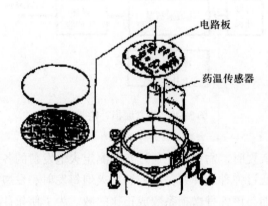

图 3-42　药温传感器结构图

第4章 信息传输及显示技术

4.1 目标信息传输技术

4.1.1 车载电台技术

车载电台是一种简便可移动的无线电台的通称。车载电台是指为开展无线电通信业务或射电天文业务所必需的一个或多个发信机或收信机,或它们的组合(包括附属设备)。一般使用在城市出租车、大型货运单位、军用车辆等。

目前,车载电台主要包括车载 U/V 电台和车载短波电台。

1. 车载 U/V 电台

车载 U/V 电台是目前使用最广泛的移动车载电台,这种设备发出的电波直线传播,又称视距传播。电台采用 FM 调频模式通话,频率高、受干扰小,音质好。在没有阻挡的情况下,可以获得良好的通信效果,通常在市区地面不依赖中继可以在 5~20km 范围内直接通信。在有中继的情况下,可以在 50~100km 甚至更远的范围内通信。这类车载电台的功率通常在 15~50W,也有个别非常的大功率电台功率可达 100W 以上。但功率超过 50W 的电台,近距离使用对身体有害。天线体积小巧、便于安装。但如果到了没有中继且建筑物阻挡严重的城市,就很难覆盖整个范围内的移动通信了。

2. 车载短波电台

车载短波电台常用于军用车辆、越野车等,基本上短波电台都可以通过安装支架安装在车上。这类电台功率大(标准 100W,有的高达 150~200W),可以通过地波和天波两种方式传播新号,电波绕射性强,不怕建筑物遮挡。具备 FM/AM/USB/LSB/CW 等多种模式,在市区可以使用 FM 模式工作,获得和 U/V 电台一样高清晰的通话效果。在荒芜人烟的地方可以使用 SSB 单边带模式工作,传送距离远,但 SSB 的音质就不如 FM 那么保真了。

这种电台的缺点是天线庞大,安装麻烦,且频率低容易受到各种各样的干扰，静噪经常会被干扰打开，听到讨厌的干扰噪声。同时车辆本身就是个干扰源，需要经过特殊的消躁处理。此外，短波电台远距离通信完全依赖电离层的反射，收到天气的影响，通信可靠性较差。如果在传播微弱的季节，1000W的功率也没有效果，因此要能够熟练掌握电离层的季节、时间变化规律，学会使用不同的短波的频率。

3. 车载电台工作原理

车载电台的传输一般为"窄带"传输。

1）概述

所谓"窄带"传输是因为系统的传输信道是无线电台信道，而电台的信道频率带宽与其他如电缆、微波等信道相比带宽较窄。但电台的信道频率带宽用于传输语音已足够，再配合数据适配器，可进行相对低速、少量数据传输。在侦察系统中，需传输的信息除语音外数据量较少，所以窄带传输系统能够满足侦察系统的信息传输的战术要求。

比如，某装甲侦察车就是利用车上装备的 TCR-96A 电台配合数据适配器等设备组成窄带传输系统，实现了数据通信的功能。

2）系统组成

窄带传输系统主要由电台、数据适配器、车内通话器、S2200 计算机和传真机组成，系统组成框图如图 4-1 所示。

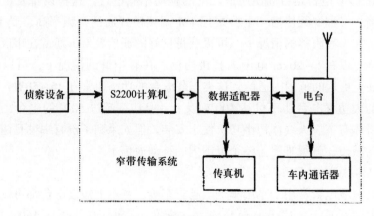

图 4-1 窄带传输系统组成框图

4.1.2 无线电通信技术

无线电通信就是利用无线电波的传播来传输信息而达成的通信。无线电通信传播的媒质是看不见摸不着的，存在于我们周围的空间。无线电通信中，发信端需要把待传的信息转换成无线电信号，依靠无线电波在空间传播，而收信端则要把收到的无线电信号还原成发信端所传信息。无线电台通信、无线电接力通信、卫星通信、散射通信和移动通信均属于无线电通信。

1. 概述

无线电通信技术的出现要起源于19世纪60年代，在那个时候英国的物理学家麦克斯韦建立了电磁场理论，并预言了电磁波的存在；在1887年，德国的物理学家赫兹用实验证实了电磁波的存在；在1895年，俄国物理学家通过金属屑与电振荡的关系的研究，宣布了无线电通信技术的诞生，并发明了无线电接收机；在1896年，波波夫将无线通信的距离延长到250m，并展示了无线传送莫尔斯电码；在1898年，意大利的马可尼利证明了无线电报可在20英里的海面进行通信，在1901年，马可尼利实现了英国与纽芬兰岛之间2700km远的远距离无线通信，从此无线电走入了人类的生活，人类进入了远距离无线通信的新时代。

随着信息技术的发展，信息超远控制技术和微电子技术都随之产生，无线电通信技术中所应用的信息技术就是在微电子技术和光电技术的基础上建立的。通过计算机和通信技术的有效结合，从而构成了无线电通信技术，实现远距离的无线通信。无线电通信技术从开发到现在，在发展的过程中已经积累了巨大的潜力，在军事、气象、生活、生产等领域都有着广泛的应用。

到目前为止，无线电通信技术已经非常发达，产生了多种分支技术，如WI*max*技术、WIFI技术、GHZ技术、3G技术、4G技术、蓝牙技术、MM-ROF系统技术等。新型无线电通信技术的出现和广泛应用，以及随着电子信息技术和计算机技术的发展，无线电设备设备功能的越来越完善，智能化程度的越来越高，其在国防、军事方面具有巨大的潜力。

2. 无线电通信技术存在的优缺点

1）优点

（1）可实施性强。无线电通信不受空间与时间的限制，人们通过无线电可以随时随地的进行通信，随着电子信息技术和计算机技术的发展，无线电设备让世界变得越来越小，设备功能变得越来越完善，智能化程度也越来越高，在国防、军事方面将起到越来越重要的作用。

（2）可靠性好。与有线电通信相比，无线电还具有防水、防电、防风等性能，这说明无线电通信技术与有线电通信技术相比具有更好的稳定性和可靠性，这是无线电技术最大的优点。

（3）传输方便。随着通信技术与无线电技术的有效结合的不断完善，现已实现了低成本、高灵活度的无线信息传输，无形之中也促进了无线电通信技术的发展。

2) 缺点

无线电技术在实现远距离通信的同时，并不受地域与时间的限制，但是其信号易受到很多因素的干扰，例如电磁信号的干扰、通信信号之间的相互干扰等，这会造成信号的丢失或者信号接收不及时。还有就是无线通信信号易被截获，这会造成用户重要信息的丢失、或者隐私的外泄，给人们甚至国家带来巨大的损失。因此无线电通信技术必须充分考虑通信信号的干扰问题和通信过程中的信号丢失问题。这也是现在制约其在军事上的应用的一个重要因素。

3. 当前几种主要的无线通信技术及特点介绍

当前，国内外应用范围较广的无线电通信技术主要有以下几种。

（1）蓝牙技术。蓝牙技术是现代无线电通信技术中最广为人知的技术之一，蓝牙技术的主要应用于短距离的无线电通信。目前我们广泛使用的手机、笔记本电脑、无线耳机等信息传输主要依靠的就是蓝牙技术。蓝牙技术的最主要优势是能够便捷地实现短距离设备之间的无线信息互传，进而省略了短距离设备信息互传所需的繁复的网络布局，也能够略去复杂的设备线路连接。此外，蓝牙技术支持点对点通信或点对多点的通信模式，数据传输速度较快，基本上可以满足目前大部分行业对于无线数据通信的需要。

（2）Wi-Fi技术。Wi-Fi技术是当前另一项应用范围较广的无线通信技术。该技术实际上是无线的局域网接入技术，由局域网的服务器发射无线信号，移动终端设备通过搜索无线信号，经过服务器认证或无须经过认证，即可接入服务器网络访问互联网网站。Wi-Fi技术的出现改变了传统意义上的设备终端访问互联网的方式，提高了设备终端的灵活性和使用效率，对于互联网技术是一个有效地补充。值得一提的是，当前国际通用的Wi-Fi技术标准是802.11，而我国网络均采用802.11b标准。

（3）3G技术。3G技术的全称是第三代数字通信技术，目前主要应用于手机等无线移动设备的通信技术之中3G技术能够为手机提供海量的信息支持和多种业务内容，其数据传输速度较传统的传输方式有着显著的提。3G技术的出现是国内外手机通信行业生产模式的一个创新性变革，并以其独特的技术优势迅速席卷了无线通信行业。目前3G通信技术已经成为了国内外手机等通信行业的主流技术之一，并已经实现了完善和成熟。

（4）3.5GHz技术。3.5GH宽带固定无线接入技术MMDS，是工作于3.5GHz无线频段上的中宽带无线接入技术，宽带固定无线接入技术因为其高带宽、建设速度快、接入方式灵活等特点，受到了业界的关注。其优点是可以远离入网，但在我国却受到带宽不足的限制。其缺点是易受外界因素的影响。

（5）4G 技术。4G 技术全称是第四代数字通信技术，该技术是集 3G 与 WLAN 于一体，并能够快速传输数据、高质量音频、视频和图像等。目前国际电联已经公布了世界范围内 4G 网络的五大标准制式，分别是 LTE-Advanced、WirelessMAN-Advanced、LTE、Wimax 以及 HSPA+，而其中在未来几年 LTE、Wimax 以及 HSPA+这三种网络标准制式将成为各大电信运营商主要的发展 4G 网络。

4G 技术可分为无线链路增强技术、无线资源管理技术、组网技术、共性关键技术等。无线链路增强技术，是采取一定手段对通信链路进行处理，从而提高通信链路的性能增大系统容量。无线链路增强技术主要包括 MIMO 技术、智能天线技术和 OFDM 等技术；无线资源管理技术就是在通信的过程中对时间、频率、资源、信道、码字等资源进行管理的过程。无线资源管理涉及到功率分配、分组调度、移动性管理等；组网技术就是网络组建技术，分为以太网组网技术和 ATM 局域网组网技术；共性关键技术是 4G 通信中的其他关键技术主要涉及软件无线电技术和位置寄存器技术。

4G 技术具有以下优势：①通信速度更快。4G 可以达到 10~20Mb/s，甚至最高可以达到每秒高达 100Mb/s 速度传输无线信息。②网络频谱更宽。每个 4G 信道将占有 100MHz 的频谱，相当于 W-CDMA 3G 网路的 20 倍。③通信更加灵活，智能性更高。④兼容性能更平滑。4G 通信系统具备全球漫游，接口开放，能跟多种网络互联，终端多样化等特点。⑤可以提供各种增值服务。4G 移动通信系统技术以正交频分复用技术（OFDM）最受瞩目，利用这种技术可以实现例如无线区域环路（WLL）、数字音讯广播（DAB）等方面的无线通信增值服务。⑥实现更高质量的多媒体通信。4G 通信系统提供的无线多媒体通信服务将包括语音、数据、影像等大量信息，因此 4G 移动通信系统也称为"多媒体移动通信"。⑦频率使用效率更高。4G 主要是运用路由技术（Routing）为主的网络架构，可以让更多的人使用与以前相同数量的无线频谱做更多的事情，而且做这些事情的时候速度相当快，其下载速率有可能达到 5~10Mb/s。

4. 无线通信技术的发展趋势

我国无线电通信技术的使用正处于发展中时期，因此对无线电技术的不断开发与推广具有很大的意义，这样才能把无线电通信技术引向更高更大的空间。要保障无线电通信技术往良性的方向发展，就必须保障无线电技术的创新，这要求做到以下几点：①采用数字通信技术，提高通信系统的频谱资源的利用率,从而保障信号的稳定,避免信号受到干扰,确保用户信息的安全。②信息的宽带化是推进目前传输技术和高通透量网络发展的关键因素,随着信息的宽带化的世界范围内的普及,无线电通信技术也在朝着无线接入宽带化的方向发展,推广通信信息技术宽带化的发展,对于增大信号信息量的传输和保障信号的稳定具有重要的作用。③在无线电通信技术中推广个人信息化技术,这样可以减小传输线路的信息堵塞,提高信号的传播速度。④无线电的自身应用和技术特征要求必须采取有效的管理才能保证其规范、安全、稳定的运行,因此必须加强无线电的管理,保障无线电管理的法制化、规范化、科学化运行,切实抓好无线电监测网络的建设,提高频率资源的有效利用,保证无线电业务的正常运作。

4.1.3 微波收发信息机技术

微波收发信息机技术在装甲车辆上的主要作用是通过宽带信道进行数字图像的传输。其中,装甲侦察车主要采用的是微波电视传输系统,主要用于战场实时侦察,并且通过该系统及时有效地将侦察得到的战场信息快速传输至情报车处理系统,可以采用单向地面直线传输或者地面中继传输方式进行。下面就以微波电视传输系统为例对微波收发信息机技术进行介绍。

1. 数字微波电视传输系统组成

数字微波电视传输分系统是侦察情报系统中一个重要的组成部分。其主要作用是将飞行器、侦察车获得的情报信息(图像和声音)实时准确地传输给情报处理系统。

数字微波电视传输系统由天线单元、发射单元、接收单元、电池盒、电缆盘、天线支杆构成。

1)天线单元

采用了左旋和右旋螺旋天线,以圆极化方式向空间辐射电磁波,中继传输时采用左右旋圆极化以减少天线互相耦合强干扰,增强中继传输质量。总之同工作频率则选用相同的旋向天线,便于发射和接收信号。

2)发射单元

主要完成微波高频功率放大,射频调频工作,通过天线将已调频波段传输至空间。

该发射单元,主要由高频板和调制板两部分构成。高频板完成射频振荡、射频放大之功能,调制板完成图像调制、伴音振荡调频之功能。发射单元的特点在于固态功率发射,体积小、重量轻。

当全电视信号由摄像记或录像机输入至发射单元 XS2 入端,音频调制送入XS3，进入调制器板完成图像调制和伴音调频，并且相加合成后送入射频VCO振荡器以实现FM—FM的调制过程。经FM-FM调制后的调频信号再经一级A类放大，进入推动级工作。同时送末级功率放大，放大到所需的射频功率，由XS1射频输出送至天线，并向空间辐射，以完成调频发射。

设计发射单元时，为了能完全适应全温范围工作，主要考虑发射机高温、低温工作，采取温升加热的方法来实现全温控制。

3）接收单元

主要由高频头、中频接收两个模块构成。主要承担放大和解调还原全电视信号。

接收单元采用了超外差式调频接收机方案，为增强信号频率的选择性，在高频头中设计了镜像抑制带通滤波器，对于$fL±140$的镜像中频进行抑制。其带外抑制大于$-40dB$，同时，还设计了低噪声宽带放大器，以提高接收灵敏度。采用了双平衡混频器，以降低内部噪声，提高中频的选择能力，混频后用中频选择电路，同时进行中频放大，提高信噪比。中频接收机，采用了宽带RC放大器，再插入带通滤频器方案，有效保证了信号宽带和频率的选择性。为降低调频解调噪声门限和减小由于幅度的变化造成鉴频性能的影响，设计了限幅器电路再鉴频的方案，以确保调频接收的最佳解调。

视放电路设计，采用了宽带集成放大器LM1733电路和视频低通滤波器，滤除图像和伴音通道的相互干扰。伴音通道采用了集成伴音中放电路块，并设计有电位器可调节音量大小。图像视放通道设置图像调节电路和去加重电路，使图像调节至最佳。

当接收单元工作时电压24V、电流为0.5A；低温环境加热工作时，电流近1A。

4）电池单元

本电池盒单元采用两组+12V镉镍电池串联使用。用于数字微波电视传输系统单向传输方式和地面中继传输方式时的供电电池，其工作电压为+24V，10A·h。

电池盒面板装有两个电源插座，可进行充电和用电工作。设有开关、电流表指示。

当充电工作时，两插座均可接入充电电缆并连接充电器，再插入220V交流电。电池盒开关处于关位置，充电器接通，发光二极管指示灯亮。充电14~16h即可。

当用电方式时，两插座均输出相同电压。连接电池与设备联接开关处于开位置，电流表指示电流值。不工作时，关掉开关即可。

数字微波电视传输系统主要到野外工作时，首先要在中途进行安装"中继站"，此"中继站"在出发前必须选好地形，使发端到中继端通视无遮挡；而后车辆到达目的地后再进行安装和调整发射单元。

5）电池单元的使用要求

电池单元采用两组 12V 镉镍充电电池组串联组成输出 24V±4V 直流电压，输出满足 24V·A。电池单元设置电压、电流表指示，能对外提供两个电源输出插座具有充电、工作两功能，通过开关完成转换，使用时，开关置工作位置。当电池单元工作时，与外设置如接收单元或发射单元，当各附属设置正确连接后，方可接通开关至工作位置，此时，电池单元电压指示表应指示在 24±4V 左右，即 0~30V，电流表指示 0~3A 处于工作时，电流指示应小于 3A。工作结束时应先将开关置充电位置，此时电压电流表无指示。

当电池单元工作电压下降到 21V 以下时，应进行充电，按充电器使用说明充电如图 4-2 所示。由于电池单元为两组 12V 电池组，因此充电器应选 20 节电池数位置充电，充电开始后，按下充电器复位计时开关，充电时间自动计数，达到 15h 后，充电器自动断电。此时充电器计时为 15h，应取下充电电缆。

一次充电一个电池单元，当充电完毕后，应收拾好充电器充电电缆及附件并放回设备箱。

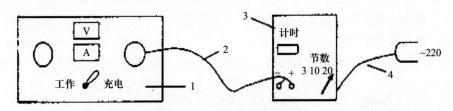

图 4-2 充电联接示意图

1—电池单元；2—充电电缆；3—充电器；4—充电器电源线。

2. 主要战术技术性能

工作频率：$F = 1700 \sim 2000 \text{MHz}$

工作体制：数字式

传输距离：单传 $R_1 \geqslant 15 \text{km}$ 直视无遮挡距离

中继 $R_2 \geqslant 30 \text{km}$ 直视无遮挡，中继站介于其间的转发中继

频点：8 点

发射天线型式：全向天线，增益 $G_1 \geqslant 5 \text{dB}$

接收天线型式：定向天线，增益 $G \geqslant 13\mathrm{dB}$

发射机输出功率：$B \geqslant 1.5\mathrm{W}$

接收机灵敏度：$S \leqslant -87\mathrm{dBm}$

通过两次传输后的图像质量 $Q \geqslant 3$ 级

通过两次传输后的声音质量 语音能听懂

可靠性：$\mathrm{MTBF} \geqslant 1500\mathrm{h}$

3. 工作原理

作为一种实时信息传递途径，数字微波电视传输系统可把侦察镜内所观察的连续动态图像和经过图像采集卡后的图像监视器上的画面图像（包括被冻结的目标图像）传输出去。

发射单元原理如图 4-3 所示。

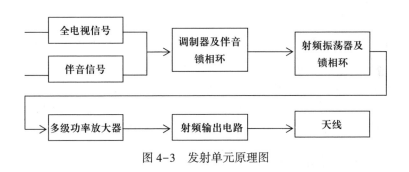

图 4-3 发射单元原理图

当全电视信号由摄像机或录像机输入至发射单元视频输入端（XS2），音频调制信号送入伴音接口（XS3），视频和音频进入调制器板完成图像调制和伴音调频，并且相加合成后送入射频振荡器以实现 FM—FM 的调制过程。经 FM—FM 调制后的调频信号经一级放大，进入推动级工作。同时送末级功率放大，放大到所需的射频功率，由射频输出送至天线，并向空间辐射，以完成射频发射。

设计发射单元时，为了能完全适应全温范围工作，主要考虑发射机高温、低温环境条件下的正常工作，采用了射频锁相，伴音锁相技术，以提高在全温范围下发射频率的稳定性，同时保证在该范围内有足够的射频功率输出。确保了微波传输的工作质量。

接收单元原理框图如图 4-4 所示。

接收单元采用了超外差式调频接收机方案，并采用了集成锁相技术，使接收机灵敏度达到 3uv 左右，为增强信号频率的选择性，有效地抑制干扰，采用了放大滤波器件，其抗干扰能力带外抵制在 60dB 左右，较好地解决了电磁干

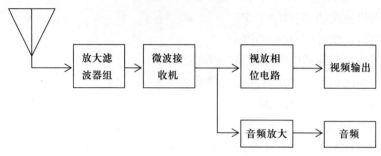

图 4-4 接收单元原理图

扰问题。

视放电路设计，采用了宽带集成放大器电路和视频低通波器，由于采用了集成锁相微波接收模块，较好地解决了接收机功率，准确性接收，设计了AGC控制，确保了接收机的动态范围和强信号的阻塞式干扰和较低的调频解调限使用象，伴音质量近中级左右，滤除图像和伴音通道的相互干扰。伴音通道采用了集成伴音中放电路块，并设计有电位器可调节音量大小。图像视放通道设计图像调节电路，和去加重电路，使图像调节至最佳。并且通过设计视频平叠门电路，以确保图像质量的清晰和图像质量的稳定。

4.1.4 传真机通信技术

1. 概述

传真通信是作为图像通信的一种特殊手段而发展起来的通信方式。它可以通过多种信道把文字、图表、照片等纸页式静止图像迅速地从一地传送到另一地，并印在纸上，得到与原稿完全相似的硬复制。因此，也有人把它称为远距离的复印。

传真通信具有真迹传送的性质，它不仅可以传送信息的内容，而且可以传送信息的形式。这是它最重要的特点，也是它获得广泛应用的一个主要原因。

传真通信的基本思想是英国人贝恩于 1843 年提出的，但是直到 1925 年贝尔实验室研制出了以初期的电子工程学为基础的第一台传真机后，才使传真技术进入了实用阶段。不过由于造价昂贵，又没有统一的标准，发展比较缓慢，运用也只限于新闻界等少数领域。自 20 世纪 60 年代以来，由于经济的发展和科学技术的进步，特别是前 CCITT（国际电报电话咨询委员会）提出了传真一类机（G1）、二类机（G2）、三类机（G3）和四类机（G4）可以进入市话通信网的建议后，传真机的生产和应用才得到飞速发展，成为仅次于电话的重要通信手段。

我国的传真通信起步不算太晚,其发展过程大致可以分为以下几个阶段:

(1) 一类机阶段。我国从 20 世纪 70 年代初开始研制一类机,1975 年前后形成大批量的生产能力。当时的一类机基本上都是滚筒扫描,碳纸或圆珠笔记录。到 1980 年左右,一类机的生产和使用已逐渐减少。

(2) 二类机阶段。我国二类机的研制起于 1977 年,1980 年前后开始小批量生产。扫描方式有滚筒式扫描、碳纸记录的,也有用光导纤维圆—直变换器平面扫描、金属丝多针电极静电记录的。但由于国外三类机的涌入,我国二类机并未形成大批量生产能力,全国总共不过 2000 台,主要分布在新闻、铁道和政府各部门。到 1984 年前后,二类机逐渐减少并停止生产。

(3) 三类机是在 1981 年前后,通过馈赠和引进,开始进入我国的。由于其性能优良,技术先进,普遍受到人们的欢迎,并很快取代了一、二类机、成为生产和使用领域的主导产品。

传真的英文是 facsimle,国际上常用 FAX 表示。常见的进口传真机大多以公司名称缩写加 F (或 FAX)。再加上序号来作为传真机的名称型号,如 UF-2,OF-10,NEFAX-63 等,其中 U、O、NE 分别代表是松下公司,OKI 公司和 NEC 公司的产品,F 和 FAX 则表示传真机,2、10、63 表示机型的代号。我国国产传真机多以汉语拼音的第一个字母表示传真,如 CZ-80、CZW-202 中 CZ 和 CZW,就分别表示一般传真机和文件传真机。

2. 传真机类型

传真机的种类很多,其分类方式也多种多样。按色调分,可分为真迹传真机、相片传真机和彩色传真机;按占用的电话路数分,可分为单路传真机、多路传真机;按传真机的用途分,可分为用户传真机、新闻传真机、气象传真机、信函传真等;CCITT (国际电报电话咨询委员会) 按照传送一页标准 No.1 测试样图所需时间,又把传真机分为一、二、三、四类传真机。

三类传真机是指在调制前以图像的统计特性为理论基础,对传真信号进行数字化编码,减少了传真信息的冗余度,主扫描线密度为 8dot/mm,副扫描线密度为 3.85L/mm 和 7.7L/mm,调制解调器速率为 4800bit/s (9600bit/s),在电话线路上约 1min 传送一份 A4 大小的文件的传真机。因为三类机是以数字信号进行传输的,所以也称之为数字传真机。

3. 传真原理

任何图像都是光的二次辅射体。即任何图像只有在某一光源的照射下才能被看见,在黑暗处则是看不见图像的。同时,我们可以认为,一幅图像是由许多微小单元 (称像素或像元) 的集合组成的,每一像素都包含有一定的亮度信息（亮度是指图像细节的明暗程度）。这里，我们仅以黑白二值图像（不考虑中间灰度等级）为例来说明传真通信的基本原理。

要将一幅图像完整无缺地传送到对方，首先必须在发送方将整幅图像依次分解成若干行，再把每行分成若干点（称像素或像元），然后，把每个点所含的信息，即该像素是黑色还是白色，以及在图像中的几何位置，不失真地告诉对方；接收方再按每个点的信息把它们组合起来，就可得到与原稿相似的图像，如图4-5所示。

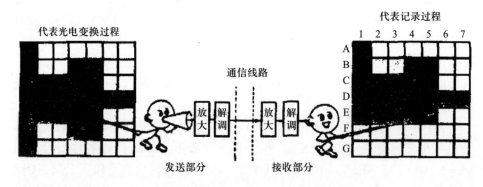

图4-5 传真通信基本过程示意图

在传真通信中，图像的分解与合成等任务都是由其终端设备——传真机来完成的。由于科学技术的发展及新型元器件的不断出现，使传真技术也不断向前发展。因此，不同类型的传真机，对图像分解与合成的方法等等都是不同的。早期的传真机（如一、二类传真机），图像信号的分解与合成均采用滚筒扫描的方法来完成。现代传真机（如三类传真机）则基本上都是采用平面扫描技术及感热或静电等记录技术来完成对图像的分解与合成等任务的。其原理如图4-6所示。

发送时，通过光学系统逐行对原稿进行扫描分解，再经光电变换器件（常用的有CCD图像传感器等）将这些像素转换成相应的电信号，然后再经过图像信号处理、数据压缩编码、调制后通过信道传输到对方。

接收时，传真机首先对接收到的信号要进行解调和解码，恢复出图像信号，再经过记录机构复制出接收副本。

现代传真机，其发送、接收过程都是在微处理器（CPU）的控制下自动完成的。

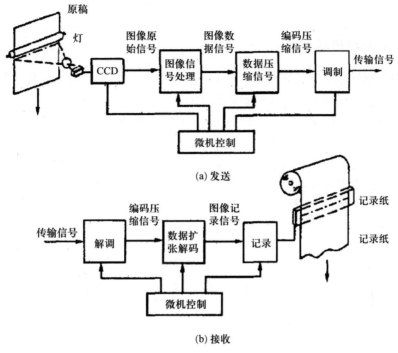

图 4-6 传真通信原理示意图

4.2 制导信息传输技术

  导引和控制飞行器按照一定规律飞向目标或预定轨道的技术和方法，称为制导。制导过程中，导引系统不断测定飞行器与目标或预定轨道的相对位置关系，发出制导信息传递给飞行器控制系统，以控制飞行。精确制导武器的核心反映在末制导导引头上的信息获取与处理技术，它涉及图像处理与匹配、模式识别、合成孔径、多传感器数据融合等广泛的理论和技术。

  制导分为有线制导和无线制导两种。有线制导，即导弹在飞向目标的过程中，其尾部会释放出一根导线，射手通过导线将控制指令传输到导弹上，以实现对导弹的飞行控制。无线制导，即在导弹发射后，射手通过地面无线电指令发射机或激光发射器向飞行中的导弹发射激光束无线电指令或通过弹上装有自动寻的成像传感器，如白光CCD、毫米波雷达、被动红外、主动激光雷达等控制导弹飞行。

  因此，制导信息传输技术是制导的关键技术之一，准确、真实的传输制导信息是精确制导的前提。制导信息传输技术可分为有线传输技术和无线传输技术。

4.2.1 有线传输技术

有线制导是遥控制导的一种方式，其是利用导弹拖曳的导线传送制导信息。在导弹飞行过程中，传输制导信息的导线是悬在空中的，因此受导线强度及其释放速度等因素的约束。目前，先进的有线传输技术已将金属导线改为光纤，即光纤制导导弹。

光纤制导是指导弹飞至目标上空时，导引头将目标及背景图像信号拍摄下来，经光纤双向传输系统的下行线传到地面的图像监视器上，射手对目标进行搜索、识别和捕获，同时形成的控制指令经上行线传到导弹，控制导弹飞向目标的制导技术。其制导信息传输示意图如图 4-7 所示。

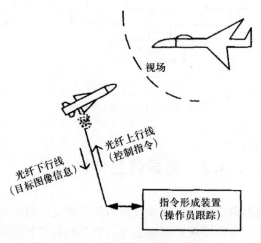

图 4-7 制导信息传输示意图

1. 传输原理

光纤信息传输本质上是一种有线遥控信息传输技术，利用弹上获取的目标及背景图像信息和光纤双向传输技术，将下传图像信息进行人工或机器自动目标探测、跟踪与识别，并形成控制指令上传给导弹，控制导引导弹的飞行。

光纤制导信息包括两个相反方向的信号传输：下行通信数据链和上行通信数据链。下行通信数据链将弹上的视频信号传输到地面发射台，上行通信数据链将指令信号传输到弹上。为解决传输"串音"问题，目前主要采用了波分复用技术和时分复用技术。

光纤信息传输的作用是传输发射控制中心与运载升降发射架之间的数据。其作用包括：与掩体内的仪器进行信号对接；将这些信号进行多路转换，使之成为连续的数据流，便于在光纤内将电信号转换成光信号；给掩体接收台的仪器分离和信号分配等。整个系统的设计突出了插件电平的自检测和故障隔离。信息传输系统在发射控制中心与每个运载升降发射架之间有三条同时双向传输的信道：第一条连接数据处理器；第二条运载数字化声频信号；第三条发射关键性的指令、安全和控制等信号。全部信号均多路传输到编码串联基带的传输格内。因此，光纤发射器和接收器的全部插件均相同。

光纤信息传输技术在国外已有三十多年的历史，光纤制导隐蔽、抗干扰性能好，在一些型号尤其在反坦克、反直升机、鱼雷反舰等慢速目标方面得到了应用。如以色列的 SPIKE 和 DANDY 是光纤制导导弹，已经装备部队；美国、西欧等国家也在光纤信息传输方面进行了大量的研究，先后有美国的 FOG-M、NLOS、EFOG-M 和 LONG FOG 计划和法德意的 POLY PHEME 和 TRI FOG 计划。目前已向远程、多种导弹、多发射平台方向发展。光纤信息传输技术的关键技术是高强度制导光纤、远距离光缆缠绕与高速释放技术、高灵敏度大动态范围光端机技术、双向传输技术等。

2. 传输光缆

光缆是传输大容量指令信息和将导弹精确制导到目标的唯一通路，其制导信息传输的保密性、隐蔽性、抗干扰性、精度、变换速率、昼夜工作以及机动灵活等独特优点都取决于光缆。而光缆的芯线是光纤（光导纤维），其制导信息传输的性能直接受光纤制作工艺水平的限制。因此，光导纤维决定了光纤制导导弹的发展前景和应用前景。

1）光纤类型及其传输性能

目前光纤通信和 FOG-M 均采用单模和多模两类光纤。单模与多模光纤相比，频带宽 100 倍，芯径约小 10 倍，损耗低 2 倍且传输性能好，抗辐射能力强、抗拉强度高。但单模光纤对耦合器的对接要求严格，光纤本身及所用光电元器件的价格较高。

2）抗拉强度

用于制导导弹（FOG-M）信息传输的光缆要求全长任何部位的抗拉强度大于 $246kg/mm^2$，即光纤承受的压强为 1.32GPa 且无任何裂纹。目前美国休斯公司推出的无缓冲层光纤唯一能满足这一要求，其玻璃芯径为 6~35μm，光纤芯包一层玻璃后直径增至 125μm，再加聚合体包层后直径达 200~300μm，重量为 0.142g/m，释放光缆的工作压强为 1.4~2.1GPa，光纤压强可达 4.2GPa，完全能满足要求，但价格昂贵。据报道，美国科宁玻璃公司采用新技术研制出一种FOG-M的专用光纤,除能达到休斯公司目前强度4.2GPa外,还可随意弯曲和伸展且不产生信号衰减,是未来FOG-M用的最理想光纤。

3) 光纤长度及其对接

光缆的长度应满足导弹作战距离,如10km、15km、20km和30~60km的要求,目前生产整根光纤的连续长度只有几千米,必须对接(或拼接)后才能制成数十千米长的光缆。而FOG-M用光纤对接处的直径和抗拉强度应与原光纤完全相同,其制作工艺极为复杂,成本比光纤通信用光缆高10倍。

4) 光纤卷盘的绕线和放线

光纤制导信息传输用的光缆通常缠绕在专用卷盘上,在导弹制导过程中能顺利地释放,以满足导弹飞行速度要求。光缆在制造过程中是大批连续生产和绕制,随着生产技术的发展,一盘光缆在高温条件下用卷盘绕制的时间可以从20h缩减至3h;而卷盘在光纤制导导弹过程中释放光缆的温度是随导弹的作战环境温度变化,通常大大低于用卷盘绕制光缆的温度。如何解决光缆在高温密绕过程中保持各条光缆的间隔和各层光缆之间的粘合力,以满足FOG-M释放光缆的速度要求,是一项有待解决的关键技术。据报道,美国休斯公司提出解决这一关键技术之一是采用一种工作温度极宽且不影响光缆释放的新型单模光纤;其二是分别在导弹和发射制导装置上各装一盘光缆释放,以避免光缆拉得过紧及减轻导弹的负载。这一方案美国在夏威夷群岛的海军海洋系统中心用BGM-34作为靶机的光纤制导导弹试验中已得到了验证;同时,德、法联合研制的光纤导弹"独眼巨人"演示中,为利于光缆从弹尾卷盘释放,导弹采用侧向排气的火箭发动机,从而避免了发动机的气流损伤光缆,保证了光纤制导信息的正常传输。

3. 有线传输的优缺点

由于有线信息传输技术具有保密性强、发射点隐蔽、抗电磁、核辐射和化学反应的干扰、制导精度高、信息传输容量大、攻击目标的变换速度快、能昼夜工作以及设备简单、体积小、重量轻、成本低和机动灵活等独特优势,深受各国军方的高度重视,应用前景极为广阔。

但因传输距离受光纤长度的限制,导弹的飞行速度受光纤自身强度和光纤卷盘释放速度的限制,其制导传输距离理论上可以达到50~60km,目前只能达到10~20km;优质光纤理论上的抗拉强度应大于246kg/mm^2,目前只能达到200kg/mm^2;光纤制导导弹的飞行速度最大可达300~320m/s,目前只能达到150~200m/s。

因此,光纤制导导弹目前主要用于复杂地形和复杂环境条件下对付不可瞄准的慢速运动（或飞行）目标，如武装直升机、地面坦克、装甲、海上舰艇等。

4.2.2 无线传输技术

在信息、网络、无线等技术不断发展背景下，无线数字传输技术由此产生，并在各个领域中得到广泛的应用。无线数字传输技术主要由传输模块、传输协议及传输频率等组合而成，通过发送传输模块，明确传输协议，合理使用传输频率，以保证无线数字传输技术的有效应用。同时无线数字传输技术具有成本较低、组网灵活等优点，因此受到各行各业的青睐。

无线制导，即在导弹发射后，射手通过地面无线电指令发射机或激光发射器向飞行中的导弹发射激光束无线电指令或通过弹上装有自动寻的成像传感器来控制导弹，如白光 CCD、无线电波、光波（可见光、红外、激光、紫外光）、毫米波、红外（$1\sim3\mu m$，$3\sim5\mu m$ 和 $8\sim12\mu m$）、激光、可见光和紫外等。

目前，无线信息传输技术主要有无线电信息传输技术、微波信息传输技术、激光传输技术、微波技术、无线光通信传输技术、红外信息传输技术等。

1. 无线电信息传输技术

无线电信息传输技术就是利用无线电波来传输文字、声音、图像等信息的通信技术。其应用的典型代表就是电视制导技术。

电视制导方式之一的电视跟踪指令制导技术便是采用无线电技术进行信息传输的。其弹体外部（如地面跟踪站）电视摄像机捕获、跟踪目标，由无线电指令导引控制武器飞向目标，这是一种指令制导方式，其信息传输示意图如图 4-8 所示。

2. 微波信息传输技术

微波传输，从字面上就可以理解到，它的传播方式主要是通过微波来对信息数据进行承载，然后微波承载的数据信息通过电磁波就可以进行数据信息的传输。随着科学技术的不断发展，微波传输已经基本取代了有线通信，不仅建设的速度大大提高，而且通信的质量也更加可靠安全，而且设备后期的维护维修，更加简单，同时也具有成本低、有色金属件的使用少、复杂地形使用范围广等的优势，这就决定了微波传输的优势性。当前的微波传输技术，主要是通过点、线结合的现代通信网络进行工作的，这样能够使得一些偏远的地区能够使用天线进行数据信息的交换，得到通信传输的普及。而微波传输也有其相应的缺点，其本身特点决定了其频带较窄、码率比较小，所以在外界自然环境进行变化时，很容易对微波传输的信息传输进行影响，甚至可以使信息传输过程

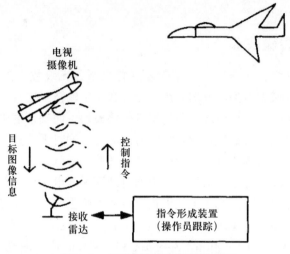

图 4-8 电视跟踪指令传输示意图

中断，同时传输的数据信息不能够对其进行良好的监控，所以微波传输的数据信息保密性相对就低，信号中断也不容意觉察。

微波传输技术主要有两种模式，即数字化微波和模拟化微波。

(1) 模拟化微波。模拟化微波传输技术主要是把视频信号调制于微波通道内，并利用无线系统发射，监控中央控制室可以利用无线系统来接收微波通道发射出的视频信号，然后再将原有视频信号解调出来。模拟化微波传输技术具有不延时、无压缩性损耗、视频质量高等优点，但是只能实现点至点单一性传输，在多样化传输中无法应用。同时由于模拟化微波不存在调制校准功能，所以其抗干扰效果较差，当无线信号处于较为复杂的环境时，将对其传输过程造成严重的影响。模拟化微波传输技术的频率相对较低、波长较长、绕射较强、对其他信号容易造成干扰，现阶段应用较少。

(2) 数字化微波。数字化微波传输技术主要是对视频信号中的编码进行压缩，然后将其调制于微波通道内，通过无线系统发射，再通过无线系统来接收信号，利用微波对视频编码进行解压和扩展，以获取原有的视频信号，是现阶段我国应用较为广泛的微波传输方式。数字化微波具有伸缩性好、多路传输、建构简单、通信率高等优点。与模拟化微波相比数字化微波监控点较多、抗干扰性强、保密性好、传输距离较远、容量较大等优点，能够适用于干扰源较多的复杂环境中。

电视制导方式之一的电视遥控制导便是利用微波进行信息传输的。精确制导武器上装有微波传输设备，电视摄像机摄取的目标及背景图像用微波传送给制导站，由制导站形成指令再发送回来，导引精确制导武器命中目标。这种传输方式可以使制导站了解攻击情况，在多目标情况下便于操作人员选择最重要的目标进行攻击。

3. 激光传输技术

激光制导技术是由弹上或弹外的激光束对目标进行照射，弹上的激光导引头接收到目标漫反射回来的激光，就可实现对目标的捕获与跟踪，并将导弹导向目标。

激光制导利用激光作为跟踪和传输信息手段，信息经过导引头接收，再经过弹载计算机计算后，得出导弹（或炸弹）偏离目标的角误差量，而后形成制导指令，使弹上控制系统适时修正导弹的飞行弹道，直至准确命中目标。激光信息传输示意图如图 4-9 所示。

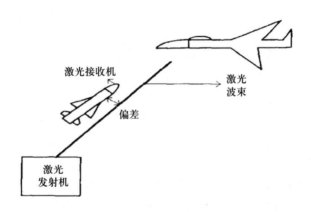

图 4-9　激光信息传输示意图

激光具有方向性强单色性好的特点，所以，激光器发射的激光束发散角小。激光技术具有精度高，目标分辨率高，抗干扰能力强，结构简单，成本低等特点；但是它也有致命的弱点，即容易受到云烟尘和雾的影响而不能正常工作。

利用激光技术进行信息传输的两个最典型的代表是：由英法德三国联合研制的催格特中程激光半主动制导反坦克导弹；由美国的洛拉尔-沃特系统公司研制的低成本反装甲导弹（LOCAAS）。

4. 毫米波技术

毫米波寻的制导是指由弹上的毫米波/微波导引头接收目标反射或辐射的毫米波/微波信息，捕获、跟踪并导引导弹等武器飞向目标的制导技术。

毫米波/微波寻的制导是利用毫米波/微波作为跟踪和传输信息手段，其信息传输示意图如图4-10所示。

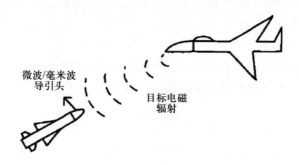

图4-10　毫米波/微波信息传输示意图

利用毫米波进行制导信息传输的显著特点是传播性能好、波束窄、带宽抗干扰能力强、精度高、体积小等。随着毫米波技术的出现与成熟，充分发挥毫米波宽带的特性而形成一维（距离）图像的技术已经实现，而且国际上诸多学者也在着力研究性能更加优越的两维和三维成像。

与其他波段相比，毫米波有其显著的特点。相比于红外光，毫米波可探测目标的距离和速度信息，可穿透烟尘和雨雾等；相比于微波，其具有增益高、波束窄、可用带宽大、高多普勒频率等特点。因此，毫米波更有利于制导信息的传输，更有利于提高抗干扰能力。

毫米波信息传输过程是弹上导引头接收目标辐射的电磁波，捕获、跟踪并控制导弹飞向目标，由于它本身不辐射电磁波、也不用照射雷达对目标进行照射，所以隐蔽性好，对敌方的雷达、通信设备有很大威胁。另外，毫米波制导还有指令制导和波束制导，其原理和上述的电视指令制导以及激光波束制导相似。

5. 无线光通信传输技术

无线光通信技术称为自由空间光通信技术，其传输方式主要是通过激光来承载数据信息，然后进行数据信息的传输。这种通信方式不仅实现了点对点、点对多点的传输，并且稳定性、安全性相对于微波传输方式比较高，可以算是光缆光纤通信的有利补充。

1）无线光通信系统的基本构成

无线光通信系统进行数据信息的传输时，主要通过的传输媒介是空气，也就是说是激光通过空气进行数据信息的传输。在此可以看出，只要确保接收、发送的设备之间的传输路径没有遮挡的视距，同时也确保发射设备的发射功率达到标准就能够对信息进行相应的传输。无线光通信系统的构成主要包括发射机、接收机以及无线光通信系统三部分，具体地说，无线光通信系统的设备主要包括专用望远物镜、标准光接收机、标准光发射机和相应的高功率的 Er/Yb 放大设备等，其中专用远物镜和光收发机是一个整体。要实现无线光通信的点对点数据信息传输，必须保证信息传输的两端的光接收机和光发射机能够正常的工作，这样才能够基本的实现点对点双工通信的正常工作，其中光电转换能够及时的进行也是无线光通信传输的基本保障。

2）无线光通信原理

无线光通信传输工作的原理是是指发射机发射的信号经过调制加载到光上得到光信号，然后利用具有天线作用的光学望远镜将光信号通过空气信道传播到接收机的接收天线也就是望远镜上，然后接收机设备的望远镜将收集到的光信号进行处理，也就是将光信号聚焦到光电检测器件上，最后将光信号在光电检测器件中转换成电信号。

6. 红外信息传输技术

红外信息传输技术具有控制简单、实施方便、传输可靠性高的特点，是一种较为常用的通信方式。红外信息传输技术是一种廉价、近距离、无线、低功耗、保密性强的通信方案，主要应用于近距离的无线数据传输，也有用于近距离无线网络接入，红外线接口的速度不断提高，使用红外线接口和电脑通信的信息设备也越来越多。红外线接口是使用有方向性的红外线进行通信，由于它的波长较短，对障碍物的衍射能力差，所以只适合于短距离无线通信的场合，进"点对点"的直线数据传输，因此在小型的移动设备中获得了广泛的应用。

1）红外技术的基本原理

红外信息传输技术是利用 950nm 近红外波段的红外线作为传递信息的媒体，即通信信道。发送端将基带二进制信号调制为一系列的脉冲串信号，通过红外发射管发射红外信号。接收端将接收到的光脉转换成电信号，再经过放大、滤波等处理后送给解调电路进行解调，还原为二进制数字信号后输出。常用的有通过脉冲宽度来实现信号调制的脉宽调制（PWM）和通过脉冲串之间的时间间隔来实现信号调制的脉时调制（PPM）两种方法。

简而言之，红外信息传输技术的实质就是对二进制数字信号进行调制与解调，以便利用红外信道进行传输；红外通信接口就是针对红外信道的调制解调器。

2）红外技术的特点

（1）红外信息传输技术是目前在世界范围内被广泛使用的一种无线连接技术，被众多的硬件和软件平台所支持。

(2) 通过数据电脉冲和红外光脉冲之间的相互转换实现无线的数据收/发；主要是用来取代点对点的线缆连接。

(3) 新的通信标准兼容早期的通信标准。

(4) 小角度（30°锥角以内），短距离，点对点直线数据传输，保密性强。

(5) 传输速率较高，目前 4M 速率的 FIR 技术已被广泛使用，16M 速率的 VFIR 技术已经发布。

3）红外数据通信技术的缺点

(1) 通信距离短，通信过程中不能移动，遇障碍物通信中断。

(2) 目前广泛使用的 SIR 标准通信速率较低（115.2kbit/s）。

(3) 红外通信技术的主要目的是取代线缆连接进行无线数据传输，功能单一，扩展性差。

4.3 网络信息化技术

从 20 世纪 70 年代末开始，美、法、英、德等国就利用航空电子系统综合化的先进技术，展开了车辆电子学有关技术的研究。但当时的研究工作主要局限在总线应用和电源管理系统的研究上。直到 20 世纪 80 年代中期，才真正开始从完整的网络化作战指挥控制系统的角度出发，构想计算机制、多路传输数据线总线和数字通信传输等技术在装甲武器平台上的发展与应用。当时，美国首先提出了"战场管理系统"的概念和设想，强调利用先进的通信设备来实现武器平台之间的信息传输，并且在此基础上进一步研究发展成为目前在 M1A2 主战坦克上应用的车际信息系统（IVIS）。法国则从高起点出发，在其研制第三代"勒克莱尔"主战坦克时，一开始就从电子系统一体化的思路进行总体设计，在车内电子系统全部实现数字化的基础上，研制并装备了先进的战场信息管理系统（FINDERS）——"面向 21 世纪的数字化坦克"。英国以其独特的设计思想，利用"武士"步兵战车底盘进行名为"车辆电子系统研究防务倡议（VERDI）"计划的研究试验，采用光纤数据总线，对乘员综合显示、数据和图像传输等相关系统的技术可行性进行演示验证，还在实现 2 名乘员的多功能操作和以间接方式驾驶车辆方面进行了大胆的尝试，并在此基础上，为"挑战者"主战坦克研制了"战场综合指挥系统（BIS）"。德国从 20 世纪 80 年代开始进行车辆指挥控制方面的研究试验，并为"豹 2"改主战坦克研制了"综合指挥与信息系统（IFIS）"。可见，虽然各国的名称叫法有些不同，但其实质都是为了提高坦克在实战中的通信指挥和控制能力，更好地适应未来信息化战争的要求。

4.3.1 综合电子信息系统

1. 综合电子信息系统主要功能

（1）具有在现代化合成战斗部队内完成赋予作战任务的能力，主要包括战场信息感知、获取能力；远距离的火力突击能力。

（2）指挥与控制能力；与其他兵种的协同作战能力。

（3）全天候、全天时和运动作战能力。

（4）光电对抗能力。

2. 综合电子信息系统功能体系结构

综合电子信息系统采用以1553B数据总线为核心的分布式开放体系结构。1553B数据总线是综合电子信息系统的神经网络，它将车内探测/识别系统、执行系统、通信系统、防护系统、检测诊断系统和监控系统有机地联成一个整体，实现信息数据的高速交换和处理。其体系结构框图如图4-11所示。

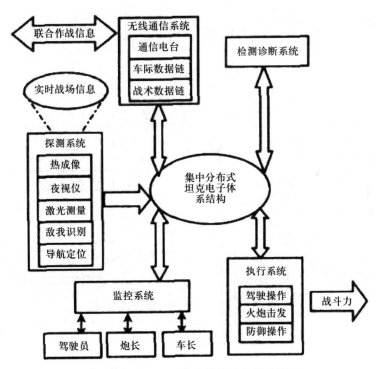

图4-11 综合电子信息系统功能体系结构

3. 综合电子信息系统的组成和工作原理

综合电子信息系统由指挥控制分系统、火控分系统和防护告警分系统组成，各分系统之间采用 1553B 多路传输数据总线，通过总线控制接口将各系统连接起来，达到信息共享、功能综合、扩展方便等目的。其组成框图如图 4-12 所示。

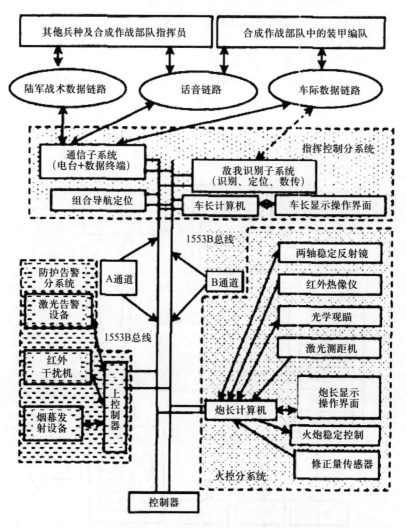

图 4-12　采用 1553B 总线的综合电子信息系统组成框图

对于战场的实时战术信息分发，在装甲车内主要采用 1553B 总线，在装甲车外主要采用战术数据链和车际数据链，通过这3种方式实现数据信息的实时传输和自动交换。按照专用通信协议，实时、自动、保密地传输和交换各种作战数据，实现情报资源共享，以获取信息优势，提高各作战平台快速反应能力和协同作战能力。

4.3.2 车际信息系统

车际信息系统是专为坦克、战斗车辆设计的嵌入式通信系统。它通过网间连接器与其他指挥控制系统连接，不间断地接收有关己方部队的位置信息，并自动为自己作战单元内的每辆车以及与其通信的其他用户提供信息。车际信息系统还能通过与激光测距机接口，准确提供目标位置和目标捕获信息，并把这些信息叠加在显示器的背景图上。

1. 车际信息系统概述

车际信息系统：车际信息双向交流的"纽带"。车际信息系统，是实现车际间信息双向交流的软、硬件设备的总称，包括乘员操纵/控制台、显示/监视器、乘员头戴受话器、车载电台、C^3I接口等。车际信息系统实现了车际间信息交换和共享，可以传输的信息包括电话、传真、电报、文字、数据以及图像等，可以交换和共享的信息包括车辆位置、地形、作战图表、敌人与友邻的位置、战斗报告、战斗计划与命令、火力呼唤、目标指示、油料和弹药消耗、车辆技术状况等。车际信息系统通过有线、无线、光纤、卫星通信等信息传输手段和计算机信息处理技术，使坦克实现了同直升机、自行火炮、步兵战车、保障车辆的信息资源共享和信息即时传送，增强了车辆指挥控制能力，增加了战场透明度，能更有效地集中和协调火力，使得坦克在体系对抗中的综合作战效能显著提高。据美军分析，装备车际信息系统的M1A2坦克制定作战计划的时间比原来缩短一半以上，乘员报告坦克自身位置的精度提高了98%，报告目标位置的精度提高了59%。

乘员显示器：数字化坦克友好的"操作界面"。坦克乘员显示器为乘员提供了直观的综合显示功能，使乘员可以直观地掌握各坐标图，掌握车辆位置和行驶方向、友军坦克的位置、火力覆盖区和车辆动力情况及其他情况。车长可以向驾驶员发送导航资料，向驾驶员提供所有规定的坦克自身和环境信息，也可以通过车际信息系统向指挥中心发送格式化的报告，提交敌方目标的精确位置、后勤需求等信息。驾驶综合显示器既能向驾驶员提供由车长发送来的导航资料，又能以数字形式向驾驶员提供发动机信息

2. 车际信息系统（IVIS）

IVIS系统是专为坦克和战车新设计的通信、指挥、控制系统。它具有通

信、定位和导航等多种功能。它通过网间连接器与其他的指挥控制系统相连接。所有的控制系统都通过两条总线进行车内和车辆间连接：一条控制武器，一条传输数据。IVIS 系统中各设备间的数据传输由计算机控制的时分多路传输数据总线构成的通信线路实现，以便使计算机、信息传输以及控制显示装置等三种资源为执行多种任务时所共用。连接到时分多路传输数据总线上的设备有三种：总线控制器、发送器和接收器。总线控制器是多路传输数据总线系统的关键部件，通常由微型计算机承担。总线控制器的功能是根据程序对总线进行控制，实现设备与设备之间的信息传输。此外，总线控制器还具有中断控制的功能。当出现某一紧急情况时，总线控制器能立即停止运行现行程序，待处理完这问题后，再恢复原运行程序。发送器则根据总线控制器的命令向某个设备发送信息，而接收器则根据总线控制器的命令接收某个发送器传输过来的信息。

IVIS 系统根据设计的需要具有如下功能：它不但自动地与自己的作战范围内的每辆车保持通信联络，并提供各种信息，而且还能不间断地、准确接收有关敌、我、友三方的各种信息，可向坦克或战车车长提供航向点；可向驾驶员显示方位信息；可与激光测距机接口，实现精确目标定位，准确提供目标位置和目标捕获信息，并把这些信息叠加在显示器的背景图上；还可进行不同组合，以满足特种用户的需要。当将其与"单信道地面与空中无线电通信系统（SINCGAR）/数字无线电系统结合成一体时，就能给指挥员及参谋人员提供传送或接收数字和有声文移的两种能力。此外，它还具有战场指挥与控制、情报、形势发展动态以及纵横方向的信息交流。

4.4 车载武器光学显示技术

光学显示技术是车载武器火控系统的重要组成部分，光学显示系统如同装甲车辆的眼睛，为指挥员提供战场态势信息，为射手提供观察、搜索和瞄准目标的通道。光学显示系统的优劣直接影响坦克装甲车辆战斗能力的强弱。

装甲车辆上体现车载武器光学显示技术的最有代表性的应用是观瞄系统。目前，观瞄系统主要有炮长瞄准镜、夜视仪、热成像瞄准镜、火控计算机等。

4.4.1 炮长瞄准镜面板

炮长瞄准镜面板如图 4-13 所示。面板功能如下：

（1）右目镜。右目镜为主目镜，是炮长昼间观察、瞄准的主要窗口，其内部有三角分划和圆圈分划。如图 4-14 所示。稳像工况下，跟踪、测距、瞄准、射击等均用三角分划。装表工况下，跟踪、测距用三角分划，当系统实施装表后，用圆圈分划进行瞄准、射击。

（2）左目镜。亦称假目镜，是一个显示机构，如图 4-15 所示。

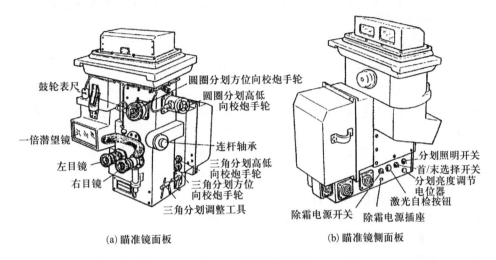

图 4-13　炮长瞄准镜

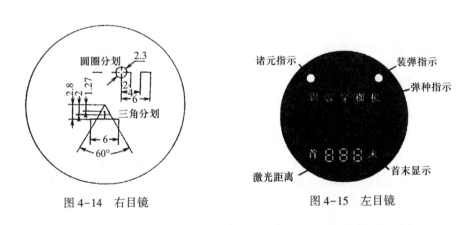

图 4-14　右目镜　　　　　图 4-15　左目镜

诸元指示灯：当火控计算机解算出射击诸元，在点亮火控计算机控制面板上诸元指示灯的同时，点亮该指示灯。

装弹指示灯：该灯亮，表示自动装弹机已装弹完毕。

弹种指示灯：显示装定弹种，它与火控计算机面板上所选弹种一致。

首/末显示：当激光测距选择首回波时，显示"首"；选择末回波时显示

157

"末"。

距离显示：进行激光测距时，显示激光距离；激光测距仪自检时，显示自检结果。

（3）鼓轮表尺。鼓轮表尺为根据激光测得的目标距离或估算的距离人工装定射击表尺的机构。

（4）圆圈分划校炮手轮。高低和水平方向各有一个手轮，校炮时旋转这两个手轮，可使圆圈分划上下、左右移动到要求的位置。

（5）三角分划校炮手轮。高低和水平向各有一个手轮。校炮时用安装在瞄准镜上的校炮扳手旋转这两个手轮，可使三角分划上下、左右移动到要求的位置。

（6）除霜电源开关。该开关用于接通或切断目镜加温器的电源。

（7）除霜电源插座。该插座用于将目镜加温器接插在电源上。

（8）首/末选择开关。该开关用于选择测距方式。置于"首"位置时，取测距方向上第一个目标的距离；置于"末"时，取最后一个目标的距离。

（9）激光自检按钮。用于激光测距仪的自检。正常情况下，首/末选择开关在"首"位置时，按压一次自检按钮，在瞄准镜左目镜内显示"075"；在"末"位置时，按压自检按钮，显示"975"。

（10）分划亮度调节电位器。该电位器用于调节瞄准镜内三角分划和圆圈分划的亮度。

（11）分划照明开关。该开关用于接通或切断分划照明电路。

4.4.2 夜视仪面板

微光夜视仪如图 4-16 所示，面板功能如下：

（1）夜视电源开关。接通火控计算机电源，再接通此开关，夜视仪工作。

（2）加温器开关。夜视仪在寒区冬季使用时，应卸下夜视仪目镜眼罩，拧上防霜镜，并将防霜镜电缆接到除霜电源插座上。当目镜出现结霜时，接通加温器开关，可除去目镜上的结霜。

（3）视度调节手轮。调节视度调节手轮，观察荧光屏，直至荧光屏上图像最清晰为止。

（4）调焦手轮。调节调焦手轮，以使观察到的物像最清楚。

（5）夜视仪瞄准标记。将瞄准镜"分划照明"开关扳到"开"的位置，瞄准镜右目镜内的三角分划和圆圈分划将投影到微光夜视仪的荧光屏上，形成夜视仪的瞄准标记。

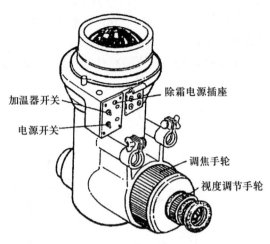

图 4-16 微光夜视仪

4.4.3 热成像瞄准镜面板

1. 主要技术性能

下面通过某型坦克安装的一个具体的热成像瞄准镜系统进行介绍，以期了解热成像瞄准镜的一般技术性能、面板功能和使用特点。

该热像系统由安装在炮长瞄准镜上的热像肘式传感头、热像 1 号电子箱和热像 2 号电子箱组成。其中，热像肘式传感头用于将被观察目标的红外辐射信号转化为电信号，并把该低频信号传送到热像 1 号电子箱。热像 1 号电子箱对输入的电信号进行处理，转化为标准的 CCIR 视频信号，最终在监视器上显示出目标图像。热像 2 号电子箱使系统具有调焦、电子变倍功能，并为系统提供各种电源电压。该热像仪主要技术性能如下：

（1）识别坦克目标距离　　　　　　≥2.5km（标准条件）

（2）观察视场

　　宽视场（水平×垂直）　　　　10°×6.7°

　　窄视场（水平×垂直）　　　　5°×3.3°

　　电子变倍（水平×垂直）　　　2.5°×1.7°

（3）倍率

　　宽视场　　　　　　　　　　　$6^\times$

　　窄视场　　　　　　　　　　　$12^\times$

（4）监视器　　　　　　　　　　　1.5 英寸 CRT 配 $3.5^\times$ 目镜显示

(5) 工作波长　　　　　　　　8~12μm
(6) 整机功耗　　　　　　　　正常工作时功耗≤130W

2. 热成像瞄准镜面板功能介绍

图 4-17、图 4-18 分别为该热成像瞄准镜的外形图和面板图。

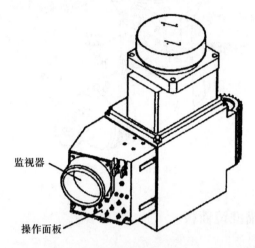

图 4-17　热成像瞄准镜外形图

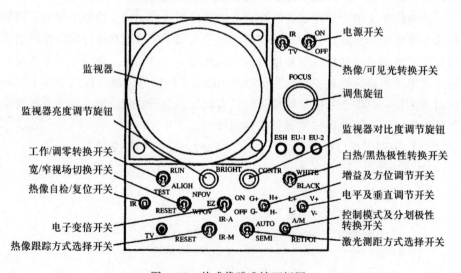

图 4-18　热成像瞄准镜面板图

(1) 调焦旋钮：转动调焦旋钮 FOCUS，使屏幕上图像最清晰。

(2) 增益和电平调节：增益和电平调节分自动、手动两种模式。热瞄镜开机后，将自行默认为自动模式，屏幕会显示 WA 或 BA。若将热瞄镜控制模式转换开关 A/M – RET. POL 向 A/M 方向拨动一次，就会由自动模式转换为手动模式（重复操作一次，又会从手动模式转回到自动模式），手动模式屏幕显示 WM 或 BM 现分叙如下：

① 自动模式"A"。自动模式 F，增益 G 和电平 L 均由计算机自动取值。此时手动调节无效。

② 手动模式"M"。此种模式下增益和电平均可手动调节。

③ 增益调节。增益用 G+/G–开关调节，开关扳向 G+方向，增益值逐渐增加；扳向 G–方向，增益值逐渐降低。增益值调高使目标热像信号加强，但同时也使噪声增大，严重时导致屏幕上出现干扰点（电视雪花）；增益调低时刚好相反。因此，增益值应适当选取。

④ 电平调节。电平用 L+/L–开关调节。开关扳向 L+方向，电平值升高；扳向 L–方向，电平值降低。在黑热 BIACK 模式下调高电平值，将使图像整体变得更黑，反之变白；在白热 WHITE 模式下调高电平值，将使图像整体变得更白，反之变黑。电平的最佳取值与增益的取值有关，即电乎值要与增益值配合调节。

(3) 亮度调节：调节亮度旋钮 BRIGHT，使整个屏幕既不过亮也不过暗，图像看起来清晰、舒服。

(4) 对比度调节：转动对比度 CONTR 旋钮，使图像的黑白对比适中，使图像清晰、自然、柔和。

(5) 视场切换：视场切换开关处于宽视场 WFOV 一边时，视场为 10°×6.7°（水平×垂直），适用于战场的搜索和观察。该开关处于窄视场 NFOV 一边时，视场为 5°×3.3°，适用于对目标进行识别、瞄准、测距、跟踪和射击。

(6) 电子变倍：在窄视场 NFOV 下，将电子变倍开关 EZ 拨至 ON，视场放大一倍，为 2.5°×1.7°。

(7) 图像极性转换：黑热/白热转换开关拨至白热 WHITE 一边时，物体图像温度高的部位呈白色，温度低的部位呈黑色。该开关拨至黑热 BLACK 一边时，物体图像温度高的部位呈黑色，温度低的部位呈白色。乘员可根据天气、目标性质和个人习惯，自行选择用黑热或白热，以求获得最佳的观察效果。

(8) 字符极性转换：开机时字符和瞄准分划自动选择黑色。将热瞄镜控制模式及分划极性转换开关向 RETPOL 侧拨动一次，字符和瞄准标记将变成白色，再次拨动，又会变回黑色，循环变化。

(9) 工作/调零转换：工作/调零转换开关拨至工作 RUN 一侧时，热瞄镜工作；拨至调零 ALIGN 一侧时进行调零。在调零状态，增益及方位调节开关 G±/H± 的增益调节功能失效，用其调整热像瞄准分划在水平向的零位：该开关向 H+ 方向拨，分划右移；向 H- 方向拨，分划左移。电平及垂直调节开关 L±/V± 的电平调节功能也已失效，用其调整热像瞄准分划在垂直向的零位：该开关向 V+ 方向拨，分划上移；向 V- 方向拨，分划下移。

(10) 自检和复位：红外-自检复位开关拨至 TESI 一侧时，热瞄镜处于自检状态；释放该开关，热瞄镜将恢复原先的工作状态。

3. 热成像监视器屏幕信息

监视器屏幕信息如图 4-19 所示。屏幕信息介绍如下：

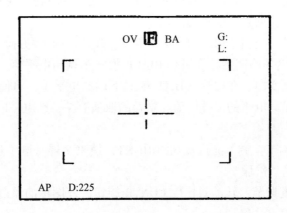

图 4-19 热瞄镜监视器屏幕信息（宽视场）

OV：数值超界

F：火控计算机故障

以上两个字符当其被框起来时，指明其所表示的含义有效。

BA：此处显示 BA，BM，WA，WM，BAT，BMT，WAT，WMT 等 8 种字符中的一种。每个字母的含义为：

　　W——白热

　　B——黑热

　　A——增益、电平自动调节

　　M——增益、电平手动调节

　　T——自检

　　G——增益，取值范围在 0~255 之间

L——电平,取值范围在 0~255 之间

AP——此处显示穿甲弹 AP,榴弹 HE,破甲弹 HA,和机枪 MG 四个弹种中的一个

D——炮长激光测距机测得的目标距离,最低位为 10m。例如 225 表示 2250m。

热像瞄准分划-中空、中心带的十字线。

标注四角的方框是窄视场的范围。

4.4.4 火控计算机面板

1. 火控计算机组成

从功能上说,火控计算机由主机模块、控制面板、步进电机驱动器等组成。图 4-20 为火控计算机外形图。

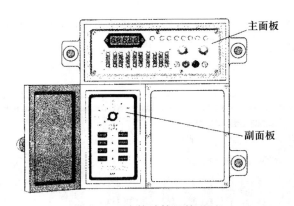

图 4-20 火控计算机外形图

(1) 主机模块。主机模块由 CPU 板、I/O 板、电源板和控制板组成,四块插件板从计算机前部插在底板的插座上。底板是计算机内部的一块电路板,垂直固定在计算机机箱内的后壁上。

(2) 步进电机驱动器。该火控系统主要工作于稳像方式,作为备用,系统具有利用步进电机装定射出诸元的装表工作方式。装表电路内位于瞄准镜中的步进电机和计算机内的步进电机驱动器组成。系统采用四相步进电机,每相绕组有自己独立的控制和驱动电路。

(3) 火控计算机控制面板。控制面板位于计算机正面,分为主面板和副面板。

2. 火控计算机面板功能

1) 计算机主面板功能

主面板是人机交互的部件，如图4-21所示。使用者通过面板上的开关、按钮向火控计算机发出各种控制信号和人工输入各种信息；计算机通过面板上的指示灯和数码管显示器，向使用者显示计算机的计算结果似及系统的工作状态等。面板功能如下：

(1) 工况选择开关，用来选择火控系统工作方式，共4种状态：

稳像：是火控系统的主要工作方式。计算机接收目标距离和稳像方式下的目标角速度，以4次/s的速率循环采样各传感器的输入信息，连续解算，输出射击诸元。

装表：在装表工作方式下系统按简易工况工作。计算机接收目标距离、炮塔角速度，以及其他传感器信息，单次解算，并控制步进电机装表机构完成表尺的装定。

测试：计算机根据副面板上自检选择开关内圈所标示的参数，显示上一发射击时的各种诸元。

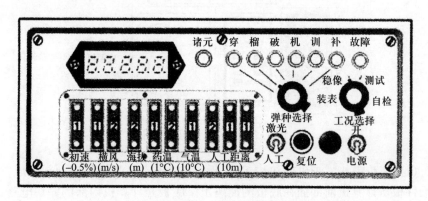

图4-21 计算机主面板

自检：计算机根据自检选择开关外圈所标示的参数，显示系统自检信息。

(2) 弹种选择开关。用于弹药选择。共有六位：穿——穿甲弹、榴——榴弹、破——破甲弹、机——机枪、训——训练弹、补——补弹，开关旋至某一位置，选定该位置所对应的弹种，此时面板上对应的弹种指示灯燃亮。

(3) 激光/人工选择开关。用来在激光测距和人工装定距离之间进行切换。开关扳向"激光"时，计算机接收激光测距仪输出的距离信息；开关扳向"人工"时，计算机接收由拨码开关输入的人工距离，拨码开关显示的数据乘以 10 就是实际输入到计算机的距离值。

（4）显示器。由五位数码管组成，用于显示各种参数及计算机的自检结果。最高位为符号位，不亮为正，"-"号为负。

（5）故障指示灯。当机内自检程序检测出系统有故障或有超界现象时，故障指示灯燃亮，同时计算机数码显示器显示相应的故障代码。

（6）电源开关与保险丝。电源开关控制整个火控系统的电源（不含炮控系统）；保险丝用于保护计算机分系缆。

2）计算机副面板功能

副面板上面有自检选择开关及 4 个弹种的综合修正开关（图 4-22），功能如下：

（1）自检选择开关。自检选择开关是一个九位拨段开关，分为内、外两圈。它和工况选择开关相配合，用来显示射击参数和火控系统的自检结果。

当工况选择开关置于"测试"时，显示自检开关内圈所示参数，用于录取射击参数。

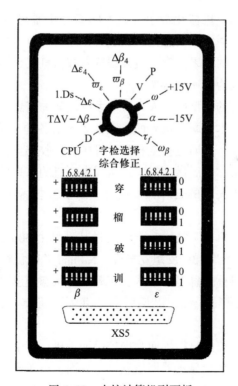

图 4-22　火控计算机副面板

当工况选择开关置于"自检"时,显示自检开关外圈所示参数,进行系统自检并显示。

(2) 综合修正量输入开关。综合修正量开关用于输入4个弹种在高低和方位向的综合修正量。修正开关有4排计8个开关,对应4个弹种(穿、榴、破、训)。左侧为水平综合修正,右侧为垂直综合修证。每个拨码开关有六位,最高位为符号位,拨到上方为正,拨到下方为负;后边五位装定修正值,用二进制码表示,开关拨到上方为"0",拨到下方为"1"单位0.1mil;五位的权值由高到低依次为1.6、0.8、0.4、0.2、0.1。装定范围(0~±3.1) mil。

综合修正量是根据实弹校炮平均弹着点的位置经换算后确定的。装定后,平时不得随意变动。

(3) XS5插座。XS5插座是调机时用的电缆插座。

4.5 车载武器人机交互技术

信息化战争不同于机械化战争,更不同于冷兵器与热兵器战争等传统战争,是一种全新的全面发挥信息化武器装备作用的战争,是信息技术等新技术推动下的新军事革命的结果。为了最大程度发挥信息化武器装备的作用,人机交互技术的发展则成为了一种必然。

在人—武器系统的模型中,人与武器系统之间的信息交流和控制活动都需要借助人机交互技术,即人机界面。武器系统的各种显示都"作用"于人,实现机—人信息传递;人通过视觉和听觉等感官接收来自武器系统的信息,经过人脑的加工、决策,然后做出反应,实现人—机的信息传递。人机界面的设计直接关系到人—机关系的合理性。研究人机交互技术主要针对显示和控制问题。

针对车载武器人机交互技术,下面通过某型号由30mm自动炮、76mm烟幕弹发射装置、"红箭"73C反坦克导弹、5.8mm并列机枪四种武器组成的武器站,从车载武器目标信息显示技术、车载武器状态信息显示技术、车载武器操控技术三个方面进行介绍,以期对车载武器人机交互技术进行较全面的介绍。

人机操控界面主要由显控界面和操控手柄组成。其中显控界面由平板显示器和控制面板组成。平板显示器即信息显示界面,可实现各类状态参数、观瞄视场等显示。控制面板可实现武器系统设置、自检、校正、武器选择和状态转换等控制。操控手柄可实现武器保险、俯仰和方向控制、装弹、击发控制等。

4.5.1 车载武器目标信息显示技术

作为人机交互过程中最终获取信息的主要途径之一,车载武器目标信息显示界面是信息装备的重要器件。

1. 信息显示界面组成

信息显示界面一般由公共信息显示界面和实时信息显示界面组成。

公共信息显示界面显示如武器系统各传感器状态、环境状态及参数、武器系统工况、测距机状态及测距结果、弹药余量等。

实时信息显示界面则根据武器系统各种武器使用的流程,进行从设置、自检、校正、战斗四个单元模块的信息显示设计。

2. 信息显示界面显示的主要内容

(1) 显示器属性显示。
(2) 武器站各传感器状态及其变化显示。
(3) 环境状态及参数显示(昼/夜、气温等)。
(4) 各系统自检及故障显示。
(5) 校正(火炮、机枪)及相关状态信息显示。
(6) 武器系统工况。
(7) 武器种类。
(8) 射击状态显示(弹药状态)。
(9) 射击方式。
(10) 观瞄视场及倍率显示。
(11) 测距机状态及测距结果显示。
(12) 弹药种类及弹药余量显示。
(13) 输入显示(装定及修正输入等)。

3. 实时信息显示界

1) 信息显示初始、退出界面

(1) 启动显示器。

信息显示界面采用全中文菜单工作方式,有设置、自检、校正、战斗四个单元模块。此时,"设置"文字下方出现白色底纹,按压控制面板上的"确定"键,即进入设置界面。对应自检、校正、战斗单元模块,可按压"2""5"键进行选择,如图 4-23 所示。

(2) 关闭显示器。

在信息显示界面,按压图 4-23 中的红色电源开关时,则进入信息显示退出界面,如图 4-24 所示。此时,"是"文字下方出现白色底纹,按压"确认"

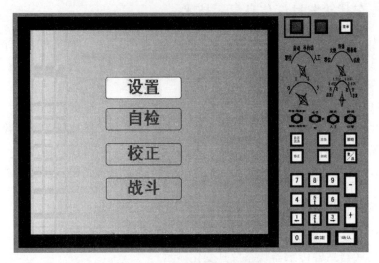

图 4-23 信息显示初始界面

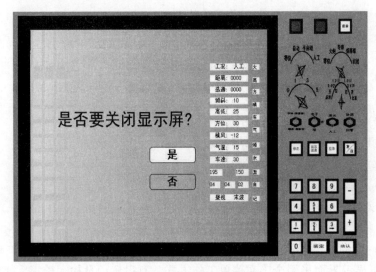

图 4-24 显示屏关闭界面

按钮,将关闭显示屏。若按压"2"按钮,"是"文字下方白色底纹消失,"否"文字下方出现白色底纹,按压"确认"按钮,则返回至原相关显示界面。

2)"设置"相关信息显示界面

如图 4-23 所示,整个武器系统信息显示界面从设置、自检、校正、战斗四个模块进行相关信息显示界面的设计。

当按压控制面板中"复/返"按钮,系统自动将所有传感器设置为通状态,"昼视"和"首波"均设置为"是"位置。按压控制面板上"2""5"按钮,图 4-25 的小黑色矩形方块可对应向下或向上移动,其对应于某文字左侧时,即可对此内容单独进行修改。当设置对话框中需修改的选项全部修改完毕后,按压"确认"按钮,退出设置界面,返回至初始界面。

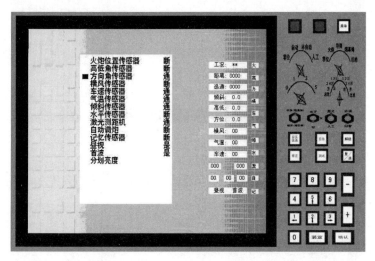

图 4-25 设置界面

3)"自检"相关信息显示界面设计

在初始界面,按压"2"按钮,则"设置"文字白色底纹消失,"自检"文字出现白色底纹。当按压"确认"按钮,则进入自检界面,如图 4-26 所示。进入"自检"界面后,可选择自检项或逐项自检。

4)"校正"相关信息显示界面

在校正界面,如图 4-27 所示,远处有一个校准靶。此时,按压控制面板上"1""3""5""2"键,即可控制瞄准分划的左、右、上、下的运动。当瞄准分划与校准靶上的十字分划重合时,即完成校正。

5)"战斗"相关信息显示界面

战斗相关信息显示界面即为武器系统平台中四种武器的实时信息显示界面。

战斗状态下的初始界面定义如下:

(1)武器站开机前工况选择开关位于"零位"。开机后选择相应的工况,通常为"自动"工况。

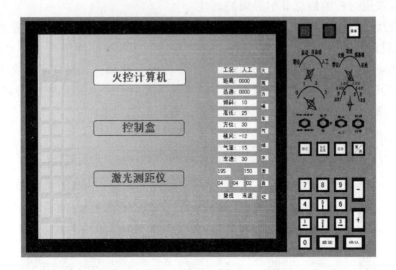

图 4-26 自检界面

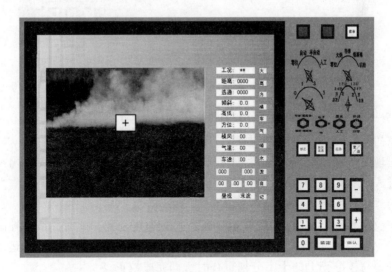

图 4-27 校正界面

（2）武器选择开关位于"零位"。

（3）实时信息界面只显示作战环境和瞄准分划，而不显示武器和弹种（选择武器后进行弹种选择）。

① 30mm 自动炮信息显示界面。

a. 30mm 自动炮工作流程。

30mm 自动炮实时信息显示界面可以在武器的使用过程中实时地根据控制面板或操控手柄上的相关操作，实时地进行相关信息显示。其工作流程图是主要的设计依据（工作流程如图 4-28 所示）。

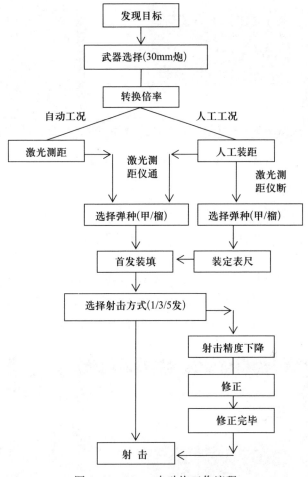

图 4-28 30mm 自动炮工作流程

b. 进入 30mm 自动炮信息显示界面。

在战斗状态下将图 4-25 所示中被小黑色矩形包围的武器选择开关由其他位置扳至"火炮"位置时，显示屏显示 30mm 自动炮战斗实时信息显示界面，如图 4-29 中左侧大黑色矩形框中所示。

图中，大黑色矩形框所包围部分为 30mm 自动炮实时信息显示界面，其相

图4-29 30mm自动炮战斗实时信息显示界面

关内容的含义如下:

(a) 遵循显示界面设计的重要性原则,设计最重要的信息布局在操作者视野的最佳位置上。即设计上方红色文字显示所选择的武器和相应所选择的弹种,即甲弹或榴弹。

(b) 下方矩形区域为视场状态,其中包括实时观察到的作战环境信息、瞄准分划。当武器站工作于人工工况时,其左边界部分会显示相应弹种的分划(图4-30)。在武器校正时,通过操作控制面板上的"2""5"键来调整分划。

图4-30 显示射击分划的30mm自动炮战斗实时信息显示界面

(c) 最下方左边第一个指示灯为射击准备指示灯,当射击电路工作正常,武器击发电路保险开关打开时,指示灯亮。

(d) 左边第二个指示灯为弹药装填指示灯,当装弹时,指示灯亮且以固定的频率闪烁,装弹完毕后,指示灯停止闪烁且常亮。

(e) 后面三个指示灯为发射方式指示灯,当选择"一发"发射方式时,第一个指示灯亮,选择"三发"发射方式时,第二个指示灯亮,选择"五发"发射方式时,第三个指示灯亮。通过控制面板的发射方式选择开关来选择相应的发射方式。

② 红箭 73C 反坦克导弹信息显示界面。

a. 红箭 73C 反坦克导弹工作流程。

红箭 73C 反坦克导弹实时信息显示界面,在武器的使用过程中,能实时地根据控制面板或操控手柄上的相关操作,实时地进行相关信息显示。其工作流程图是主要的设计依据(工作流程如图 4-31 所示)。

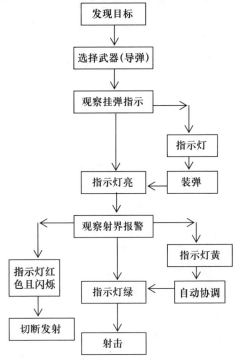

图 4-31 红箭 73C 反坦克导弹工作流程

b. 进入红箭 73C 反坦克导弹信息显示界面。

在战斗状态下将图 4-25 所示中被小黑色矩形包围的武器选择开关由其他位置扳至"导弹"位时,进入导弹信息显示界面(图 4-32)。

图 4-32　红箭 73C 反坦克导弹战斗实时信息显示界面

图中,黑色矩形框所包围部分为红箭 73C 反坦克导弹实时信息显示界面。其相关内容的含义如下:

(a) 上方红色文字显示所选择的武器和弹种。

(b) 下方矩形区域为视场状态,其中包括实时观察到的作战环境信息、瞄准分划。

(c) 下方左边起第一个指示灯为装弹指示灯。当导弹发射架上有导弹时,指示灯亮。

(d) 第二个指示灯为导弹射界报警指示灯,当指示灯显示为绿色时,说明导弹射界和视场均满足要求可以正常发射导弹。当指示灯显示为绿色时,说明导弹射界和视场均满足要求可以正常发射导弹。当指示灯显示为红色且以固定频率闪烁时,说明导弹射界未满足要求,或切割视场大于 1°,在此情况不允许发射导弹。并且报警器已将导弹发射信号切断,防止在此时发射导弹。

③ 5.8mm 并列机枪信息显示界面设计。

a. 5.8mm 并列机枪工作流程。

5.8mm 并列机枪实时信息显示界面,在武器的使用过程中,能实时地根据控制面板或操控手柄上的相关操作,实时地进行相关信息显示。其工作流程图是主要的设计依据(工作流程如图 4-33 所示)。

b. 进入 5.8mm 并列机枪信息显示界面。

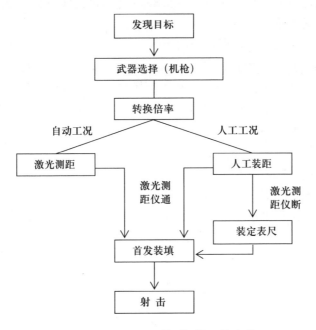

图 4-33 5.8mm 并列机枪工作流程

在战斗状态下将图 4-25 所示中被小黑色矩形包围的武器选择开关由其他位置扳至"机枪"位时，进入机枪信息显示界面（图 4-34）。

图 4-34 5.8mm 并列机枪战斗实时信息显示界面

175

图中，黑色矩形框所包围部分为5.8mm并列机枪实时信息显示界面。其相关内容的含义如下：

（a）上方红色文字显示所选择的武器。

（b）下方矩形区域为视场状态，其中包括实时观察到的作战环境信息、瞄准分划。当武器站工作于人工工况时，其左边界部分会显示机枪弹的分划（与前面30mm自动炮类似）。在武器校正时，通过操作控制面板上的"2""5"键来调整分划。

④ 76mm烟幕发射装置信息显示界面。

a. 76mm烟幕发射装置工作流程。

76mm烟幕发射装置实时信息显示界面，在武器的使用过程中，能实时地根据控制面板或操控手柄上的相关操作，实时地进行相关信息显示。其工作流程图是主要的设计依据（工作流程如图4-35所示）。

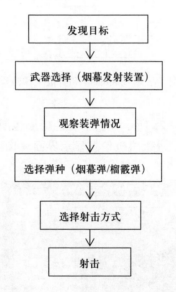

图4-35　76mm烟幕发射装置工作流程

b. 进入76mm烟幕发射装置信息显示界面。

在战斗状态下将图4-25所示中被小黑色矩形包围的武器选择开关由其他位置扳至"烟幕弹"位时，进入76mm烟幕发射装置信息显示界面（图4-36）。

图中，黑色矩形框所包围部分为76mm烟幕发射装置实时信息显示界面。其相关内容的含义如下：

图 4-36　76mm 烟幕发射装置战斗实时信息显示界面

（a）上方红色文字显示所选择的武器和相应所选择的弹种，即烟幕弹或榴霰弹。

（b）下方矩形区域为视场状态，其中包括实时观察到的作战环境信息、瞄准分划。

（c）左边六个指示灯前四个（左边起）指示灯为车体左边烟幕弹指示灯，其一、二、三、四的位置对应于车体上的一、二、三、四号发射筒，后两个为榴霰弹指示灯，当发射筒内装弹准备完毕时，指示灯为绿色；当发射完毕，发射筒内无弹药时，指示灯变红。右边与左边相同。

（d）烟幕弹有七种发射方式，即左侧一号和二号烟幕弹齐发、左侧三号和四号烟幕弹齐发、左侧四发烟幕弹齐发、右侧一号和二号烟幕弹齐发、右侧三号和四号烟幕弹齐发、右侧四发烟幕弹齐发、左右两侧八发烟幕弹齐发，对应于不同的发射方式，指示灯有相应的指示方法。

（e）对应于榴霰弹的两种发射方式，即左侧两发单发、右侧两发单发，指示灯同样也有相应的指示方法。

（f）烟幕弹和榴霰弹都通过控制面板上的发射方式选择开关来确定相应的发射方式。

4. 公共信息显示界面设计

图 4-37 中，黑色矩形框所包围部分为公共信息显示界面。其相关内容的含义如下：

图 4-37　公共信息显示界面

（1）第一列包括武器系统的工况、目标距离、选通状态、车辆倾斜状态信息、武器站位置（相对车体高低方位角）、车辆状态（车速）、环境参数，如横风、气温。此外，"195"表示穿甲弹的数量，"150"表示榴弹的数量，"05"表示导弹的数量，"08"表示烟幕弹的数量，"04"表示榴霰弹的数量。"昼视/末波"即是字面意思。这一列的信息都随武器系统各个传感器所获得的信息实时地变化，以便作战乘员能实时地掌握相应信息。

（2）第二列的"火""高""横"等对应于图 4-37 中所示的各种传感器，旁边的指示灯亮时即对应于"通"状态，不亮时对应于"断"状态。

4.5.2　车载武器状态信息显示技术

控制面板是车载武器状态信息显示技术的主要应用。

1. 控制面板的主要功能

控制面板需具备的主要功能有：

（1）武器系统的启停（供电）控制。

（2）武器系统工况转换控制。

（3）武器系统设置、自检、测试、校正。

（4）武器系统各传感器的控制。

（5）观瞄系统控制（如昼夜视场、倍率转换等）。

（6）射击准备状态显示。

(7) 武器系统的电控射击、武器选择、弹种选择及射击方式转换控制。

(8) 测距工况选择和距离选通控制。

(9) 信息输入控制。

(10) 显示器属性调整。

2. 控制面板组成

如图 4-38 所示，图中右边黑色矩形框所包围部分为控制面板。针对武器站平台中四种武器的使用特点和工作流程，控制面板共包括 29 个按键和旋转开关钮。根据使用条件及其相应的功能，将其划分为三个模块：

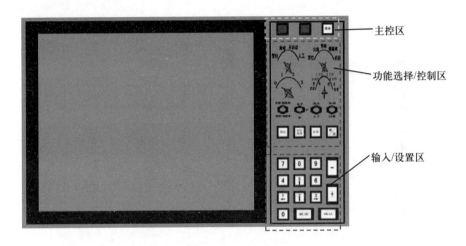

图 4-38 控制面板

(1) 模块 1 为"主控区"，共三个按键。主要针对显示屏使用。

(2) 模块 2 为"功能选择/控制区"（红色虚线框区），共十二个开关（按键）。主要针对四种武器作用过程中使用。

(3) 模块 3 为"输入/设置区"（蓝色虚线框区），共十四个按键。主要向显示屏内输入相关数值或修改相关设备的状态。

3. 控制面板的使用

控制面板中所有按键（钮）、开关都有其相对的功能，按模块的顺序设计功能如下，其中：

1) 主控区

(1) "红色按键"（左边）：显示屏电源开关。

(2) "红色按键"（右边）：武器站电源开关，即按压此键后，武器站各信号采集器（传感器）能自动把获取的信息传到此信息显示界面中。

179

(3)"菜单按键":按压此按键后,弹出菜单对话框,菜单对话框中可进行显示屏背景色阶、色彩平衡、大小等设计。

如图4-39所示,"色阶"文字左边有一灰色矩形方块,即此时可对"色阶"进行调整。此时,按压控制面板中"-""+"键,图中对应色阶下方的绿色边纹方块向左或向右移动,从而背景会发生相应的变化。方块向右移时色阶加深,向左移时变浅。此时,按压"2"键,灰色矩形方块会移至"青色"文字左边,同上,按压"-"或"+"键,随着绿色边纹方块向左或向右的移动,背景会发生相应的变化。其中色彩平衡中都是字面意思,即方块向"红色"移动时,背景红色成分增加。对应于"背景大小",方块向左移时,背景等比例地缩小,向右移时,背景等比例地增大。

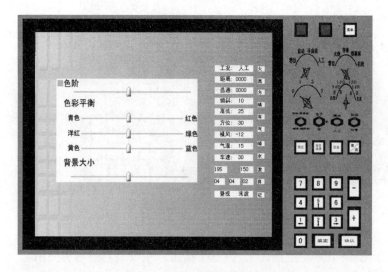

图4-39 显示屏属性调整界面

2)功能选择/控制区

(1)"自动、半自动"选择开关:进行武器站工作方式的选择。

(2)"火炮、导弹、烟幕弹、机枪"选择开关:进行武器站中四种武器的相互转换,并在选择相应的武器后,进入相应的武器信息显示界面。

(3)"1、3、5"选择开关:进行30mm自动炮发射方式的选择,即1发、3发或5发射击。

(4)"齐、整发"选择开关:在选定烟幕弹或榴霰弹后,进行发射方式选择。对应的发射方式在前面已作了相应介绍,这里不再详述。

(5)"甲、榴"选择开关:在选定30mm自动炮后,进行甲弹、榴弹的转换；选定烟幕弹发射装置后，进行烟幕弹、榴霰弹的转换。

（6）"电子、窄、宽"选择开关：进行视场转换，其中电子变大倍率常在夜视条件下使用，对应于不同的视场，瞄准分划会相应变化。图4-32界面中所示的分划为"宽视场"时对应的分划，图4-34所示的分划为"窄视场"时对应的分划，其中"宽视场"中显示两组四角边框，分别对应于"窄视场"和"电子放大"时的视场范围。电子放大视场时，瞄准分划仅为一个十字分划。

（7）"激光、人工"选择开关：进行激光测距和人工装距的转换。当武器站平台工作方式置于人工状态，此开关也扳至人工位置时，公共信息显示界面中的"距离：0000"下方出现灰色底纹（图4-40）。

图4-40　人工装距界面

此时可通过控制面板中输入/设置区中的数字键进行人工装距。图中"0000"下方还有一小黑线，表示此时对应的数位，当小黑线对应的数位输入完毕后，其会自动移至下一数位，当距离装定完成后，按"确认"键，数字的底纹消失表示修改有效。

（8）"协调、归零"选择开关：专门针对导弹发射时使用，当导弹射界不满足要求时，扳至"协调"，系统会自动调节；当导弹发射完毕后，扳至"归零"，将导弹发射架降回原位。

（9）"盲区选通"按键：按压此键后，公共信息显示界面中的选通距离加上灰色的底纹，如同图4-40所示。此时我们可对选通距离进行修改。利用选

181

通距离，可以测出测程内多个目标中任一目标的距离。具体方法为：先测最近目标的距离，然后将所测目标距离加上 20m 作为选通距离输入。再进行测距，此时所测距离即为第二个目标的距离。如要测后面目标的距离，以此类推。输入之后按"确定"，数字的底纹消失表示修改有效。

（10）"应急"按键：在实战中，如与敌方突然遭遇，可立即按键盘中的"应急"键，此时系统按目标距离 800m、射击弹种为所选择的弹种来进行射击提前量解算，并控制自动装表和自动调炮，精瞄后即可击发。

（11）"修正"按键：在战斗中，如果射击精度下降时，可按压此键进入修正界面。此界面中可对药温、初速减退量、高低和方位进行综合修正（图 4-41）。

图 4-41 修正界面

开机或系统复位后，修正参数保持上次设置值。如同前面的介绍，修改参数时，按"2""5"键移动小黑色矩形方块到所要修改的位置，按"装定"键，即可进行修改。参数设置后，按"确认"键有效。如未按"确认"键则无效，且在进入其他菜单后恢复原值。其中装定范围为：初速修正 0～-4.5%，高低和方位综合修正-5～+5mil。初速修正主要根据初速减退量进行设置，也可根据该火炮已经射出炮弹的多少来进行经验修正；综合修正量的修正则根据弹种不同，装定相应弹种的高低和方位综合修正值；药温修正，按压"装定"后，对应数字出现底纹，此时，按压"+"或"-"号进行装定，其中每按压"+"一次，增加 1℃，每按压"-"一次，减少 1℃；初速位置，按压"+"一次，初速减退量增加 0.5%，按压"-"一次，减少 0.5%。装定弹种高低和方位综合修正量时，方法同人工装距，数字下方出现小黑线表示数位。值得注意的是，高低和方位综合修正量有正负值之分，此时，可按压控制面板中的"+""-"键进行输入。

（12）"复/返"按键：在信息界面的使用过程中，对应各种设置界面，按压此键，返回上一级菜单。另外，在"设置"界面中设置传感器的工作状态时，按压此键，设置为全"通"状态。

3）输入/设置区

（1）"数字"按键：需人工装定距离或修改某些参数，用于输入数值。另外，在各种设置、修改参数时，按压"2""5"键可移动光标至所要修改的位置；在设置各传感器的工作状态时，按压"1""3"键可改变传感器的通断状态。进入校正功能模块后，"1""3""5""2"键控制瞄准分划的左右上下运动。

（2）"+""-"按键：在修正界面中，修改药温、初速减退量时，按压此键可按照设定的单位增加或减少数值，达到所需要的数值为止，修改相应弹种的高低和方位综合修正值时，可用此键进行正、负的输入。

（3）"装定"按键：在各种设置修改界面，当选择完所要修改的位置时，按压此键，出现相应的特征后，即可进行修改。

（4）"确定"按键：在各种设置修改界面，当所需修改位置设置完毕后，按压"确定"键，出现相应特征后，确认修改有效。

4.5.3 车载武器操控技术

车载武器的操控主要是通过控制手柄来实现的，控制手柄也是人机交互技术的一个重要应用。

1. 控制手柄的设计要求

（1）控制手柄应符合 GJB 2873—1997 人机工程设计的一般要求。

（2）握把部分的外表面应制成网格花纹或包上带网格花纹的橡胶层。除非另有规定，操控手柄宜采用铸造合金制造，不应使用镁合金；若要求橡胶裹覆，宜使用经硫化的合成橡胶。

（3）控制手柄应便于器件的安装和导线的连接，其内部形状结构和空腔便于导线通过，并保证在各种条件下，不应损伤导线。

（4）当需要时，在控制手柄的适当位置设置可调节的腕支撑组件或不可调节的腕支撑。

（5）除非另有规定，控制手柄外表面的颜色应为无光黑色。

（6）手柄的整体结构应能耐受温度极值，应能经受住运输、储存、装卸和维护使用中的冲击、振荡。

（7）手柄的握点应满足专用规范的要求。

2. 控制手柄操作力设计

在正常操作手柄时，对手柄施加操作力不应导致手柄的意外移动。操控手柄的操纵力设计要考虑其操作频率，即单位时间内操作多少次。用前臂和手操作的操控手柄，一般操纵力在 20~60N 的范围内。若单位时间内操作次数达到 1000 次，则操纵力应不超过 15N。并且在只用手的操作过程中，操作力应该更小。

对于中等体力的男子（右利者），坐姿下手臂在不同角度、不同指向上的操纵力，可对照参看图 4-42 和表 4-1（武器站的操控手柄只考虑向前、向后、向内侧和向外侧）。

在操作时，当手臂处于 90° 时对于人体比较舒适，而且适于长时间操作，因此操控手柄在战斗空间内安装在乘员手臂处于 90° 时的位置上，且操作力（以手臂处于 90° 时的力为基准）设计为：

（1）操控手柄的向后拉力应在 147~167N 之间，我们选取 157N。

（2）左右手在向前的推力上差距较大，因此应该将右手操作所需的器件作为基本设计，选取 157N，而将左手器件作为备份器件，设计选用 98N。

（3）向内侧拉力应在 69~78N 之间，我们选取 74N。

（4）向外侧的推力应在 59~69N 之间，差距较小，所以选用 64N。

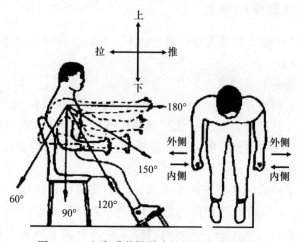

图 4-42　坐姿手臂操纵力的测试方位和指向

表 4-1 坐姿手臂不同角度下的不同指向上的操纵力

手臂的角度/(°)	拉力/N		推力/N	
	左手	右手	左手	右手
	向后		向前	
180	225	235	186	225
150	186	245	137	186
120	157	186	118	157
90	147	167	98	157
60	108	118	98	157
	向内侧		向外侧	
180	59	88	39	59
150	69	88	39	69
120	88	98	49	69
90	69	78	59	69
60	78	88	59	78

以上数据的选取是基于单手操作的基础上选取，但双手操作时手臂的操作力也完全可以使用。

3. 控制手柄上器件的布局设计要求

器件的布局应符合下列要求：

（1）器件的布局应符合 GJB 1124—1991 的基本要求。除非另有规定，同一面上相邻器件的操作件的形状或尺寸不应相同；相邻器件之间的间距应保证在操作其中一个器件时，不应引起相邻器件的误动作。

（2）最重要的和最频繁使用的器件，其安装位置应具有最好的可达性，尤其是旋转器件和要求微调的器件。

（3）需要复杂操作的器件应布置在大拇指和食指可操作的部位，尤其是旋转器件和要求微调的器件；无名指和小指只宜操作按钮形开关。

依据第一个要求，在设计按钮时不应过多，适宜数量为 3~5 个。依据第二个要求，控制手柄上的按钮应该避免出现图 4-43 中不好的情况，具体设计参看设计成果。依据第三个要求，我们应该选取拇指和食指为主要的操作部分，其他三指主要完成抓握操作杆的功能。

4. 控制手柄器件特征设计

手柄上器件的特征分为形状特征和颜色特征。

好　　　　　　不好

图 4-43　按钮形式与位置比较

1) 手柄形状特征设计

手柄使用的形状特征应满足以下要求：

（1）形状的特征应方便器件的操作。

（2）无论控制旋钮、拔柄、扳动帽的位置和安装方向如何，形状都应可通过手的触摸进行辨认，而且在视觉上亦可辨认。

（3）形状的类型应有足够数量，以满足用触觉辨认控制的器件的预期数量需求。

为了达到触觉辨认的目的，手柄中不同部位的按钮应该采用不同的形状，并且主要操作旋钮应该最易分别。因此，按照表 4-2 中数据要求，拇指按钮选用 24mm 圆形，而食指选用边长为 12mm×7mm 的平行四边形。拇指按钮为旋钮，对操作力的要求不高，因此以顺畅操作为基本要求，选用 10N。考虑到不会因为力太小而造成误操作概率变大的情况，设计食指的操作力为 8N。

2) 手柄器件颜色设计

手柄器件选用的颜色应满足以下要求：

（1）手柄的帽盖（或拔柄、按钮）一般选用黑色或灰色。特殊需要时，可采用红色、橙黄色、绿色、白色、蓝色。

表 4-2　一般情况下所用按钮的基本尺寸

操纵器及操作方式	基本尺寸/mm		操纵力/N	工作行程/mm
	直径 d（圆形）	边长 a×b		
按钮用食指按压	3~5	10×5	1~8	<2
	10	12×7		2~3
	12	18×8		3~5
	15	20×12		4~6
按钮用拇指按压	18~30		8~35	3~8
按钮用手掌按压	50		10~50	5~10

（2）对于可能产生危险功能的器件，其操作件头部应使用红色作为警戒色。

对于操作杆的颜色，应该使用黑色，而按钮应该以白色区分，这样对比度较高，在一般条件下可以视觉辨认。而在长时间工作时则可靠触觉辨认。对于可能造成危险操作的键，我们除了要在颜色选取时使用红色，而且应该设计合适的保险机构，具体参看设计成果。

5. 手的数据和手指功能

在进行操控手柄设计时，手的数据和手指功能是设计的重要依据，对此可参考 GJB 1124—91《手的数据和手指功能》，具体内容如下：

（1）测量数据（表 4-3）。

表 4-3　手部测量数据　　　　　　　　单位：mm

测量项目	最小值	最大值	平均值	标准差	第 5 百分点	第 50 百分点	第 95 百分点
手长	171.00	213.00	190.00	7.41	177.00	189.00	201.00
掌宽	74.00	95.00	83.00	3.28	77.00	83.00	88.00
拇指长	46.00	70.00	58.00	3.75	52.00	58.00	64.00
食指长	59.00	81.00	70.00	3.46	64.00	70.00	76.00
中指长	69.00	91.00	79.00	3.68	72.00	79.00	85.00
无名指长	63.00	85.00	74.00	3.77	68.00	74.00	80.00
小指长	46.00	69.00	59.00	3.66	53.00	59.00	65.00
拇指宽	18.00	25.00	21.00	1.07	20.00	21.00	23.00
中指最大宽度	17.00	24.00	20.00	0.98	18.00	20.00	21.00
食指至中指指尖距	38.00	89.00	59.00	8.25	46.00	58.00	74.00
中指至无名指指尖距	25.00	70.00	45.00	7.61	34.00	45.00	59.00
无名指至小指指尖距	39.00	95.00	57.00	7.53	45.00	57.00	70.00
拇指至食指指尖弧长	142.00	184.00	159.00	6.95	147.00	159.00	170.00
拇指至中指指尖弧长	154.00	196.00	174.00	6.74	163.00	173.00	184.00
拇指至无名指指尖弧长	154.00	198.00	176.00	7.16	163.00	175.00	187.00
拇指至小指指尖弧长	141.00	188.00	165.00	7.50	152.00	165.00	177.00
拇指尖最大活动距离	63.00	135.00	96.00	11.69	76.00	96.00	115.00

（2）数据的选用。

在设计操作杆时，有关人体工程学的设计尺寸必须满足 95% 使用者的要求。手长、指长、指尖距、指尖弧长、拇指尖最大活动距离等数据应采用第 5

百分点的数值；掌宽、拇指宽、中指最大宽度等数据应采用第 95 百分点的数值；手柄适宜握径宜采用第 50 百分点的数值。布置手柄上的按钮、开关时，以拇指扳动的最左侧按钮、开关为基准点，用指尖弧长确定其他四指扳动的按钮、开关位置；用拇指尖活动最大距离和指尖距限定各相邻按钮、开关的最大间距；用拇指宽和中指最大宽度约束各相邻按钮、开关的最小间距。

（3）手指功能。

双手十指按压按钮，向上、向下、向左、向右扳动开关的可行性（表4-4）。

表 4-4 手指不同方向上扳动开关的可行性

手指	右手					左手				
	按压	向上	向下	向左	向右	按压	向上	向下	向左	向右
拇　指	√	√	√	√	√	√	√	√	√	√
食　指	√	√	√	√	√	√	√	√	√	√
中　指	√	√	√	√	×	√	√	√	√	×
无名指	√	×	×	×	√	√	×	√	×	×
小　指	√	×	√	√	√	√	×	√	×	×
注：表中"√"表示可行；"×"表示不可行。										

下面的数据为国军标中规定的内容，在选取时具有较高的合理性，因此参照表 4-3。

我们选用的手柄握径应为 46mm；高低上采用可调节设计。因此，高度应该最小不超过 74mm；食指操作的最大范围不超过半径 81mm；拇指操作的最大范围不超过 70mm。

6. 防误操作设计

为了保护手柄上的关键器件免遭意外启动，应采用以下方法：

（1）给器件加保护罩或安装其他防护装置，但不能使用保险丝紧固，以免影响使用。

（2）将器件嵌入凹座内，或用隔板保护，使器件处于保护状态。

（3）给器件安装联锁装置，使操作时增加额外的动作或需要预先操作有关的或锁定的装置。

7. 手柄设计及说明

为了便于说明，我们主要使用设计完成的总体效果彩图 4-44、图 4-45 为准进行详细说明。

（1）图中绿色部分为护垫，可以将护垫换至左侧，当护垫换至左侧时可适应左手操作人群。

（2）土黄色器件为腕托，可按住其上的按钮来使腕托与操作杆主体松开，此时可上下调节高度，调整范围为2cm，刻度间距为2mm。最前方圆形旋钮为腕托固定器。

（3）橙色器件为手柄护架。用于保证手柄的安全，同时在一定程度上可以起到防止扳机由于外力误击发的用途。同时，也用于为腕托提供依托。

图4-44 设计手柄彩图

（4）红、黄、绿三个为工作指示灯，具体指示内容可根据操作杆的需要而定。

（5）中间圆形按钮为微调按钮，类似小型摇杆，可用于操作观瞄设备，或者操作武器在小范围做调整。

（6）三个蓝色按钮可根据功用自行定义，如定义为测距、装弹等。

（7）紫色圆形按钮为操作杆的电源、锁定开关，可设计为长按开/关机，短按则暂时锁定/解锁操作杆。

（8）紫色圆形按钮与三个指示灯中间有一保险盖，打开保险盖有一圆形按钮，此装置可用作带有保险装置的武器发射时使用，如导弹的发射控制等。

（9）紫色扳机型按钮为武器发射开关。

（10）绿色器件为可拆卸的手柄护柄，同时也起到增大握径的作用。左手使用手柄时，可安装在握把左侧。

（a）操控手柄前视图　　（b）操控手柄顶视图　　（c）操控手柄侧视图

图4-45 操控手柄三维视图

第5章 车载武器信息处理与管理技术

5.1 装甲侦察车的信息处理技术

信息处理是一个非常广泛的概念，信息处理方法也极其丰富，对于不同的信息组织、不同的应用目标就存在不同的信息处理方法和技术。按照广义的理解，一切为了更好地利用信息而对信息本身所施加的操作过程，或者说为了各种目的而对信息进行的所有变换和加工，都可统称为信息处理。从信息处理的目标来看，信息处理包括：便于对信息进行操作，如编码、转换；实现快速流通，如为了提高信息传递的有效性对信息进行的压缩、编码、传输，为了提高信息传递的抗干扰性能进行的检错和纠错，为了改善信息与信道的匹配进行调制和均衡处理以及为了提高信息的安全性进行的加密和防护处理；保存信息，如信息记录、存储；实现信息共享，如传输、共享和复制；便于信息检索，如分类、排序和索引。

军事信息处理装备指的就是在军事活动中用以完成对信息的分析、特性提取、目标识别、威胁判断作适当的处理，或进行辅助决策的设备和系统。信息处理装备是信息系统中的关键设备，主要有两大类：一类是专用的信息处理设备；另一类是以计算机为中心的通用信息处理设备。这里我们主要介绍装甲侦察车的信息处理技术。

5.1.1 光电侦察车情报处理系统

1. 概述

1) 功能

一份完整的情报应包括事件（情报）本身及其发生的时间及坐标信息，因此要把侦察镜传送来的图像情报叠加其发生的时间和地点、属性、信息，然后传送出去。有时情报送入电气系统前不甚清晰，情报处理系统利用计算机进行初步加工，提高情报的清晰度。这就是处理系统最主要也是最基本的功能。其处理系统功能框图如图5-1所示。

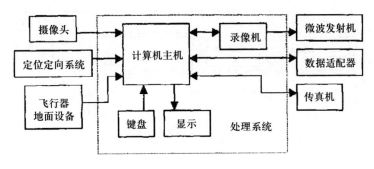

图 5-1 处理系统功能框图

2）系统组成

情报处理系统主要由主机柜、计算机主机、显示器、键盘、软件系统及录像机、电源、信号接口等辅助外围设备组成。

情报处理系统的所有设备集成在主控柜中，如图 5-2 所示。

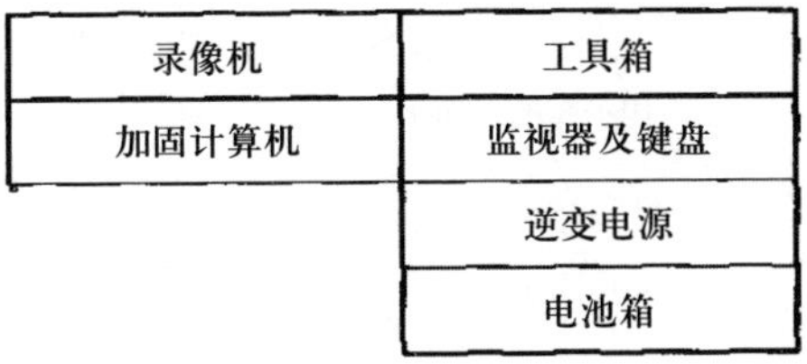

录像机	工具箱
加固计算机	监视器及键盘
	逆变电源
	电池箱

图 5-2 主机柜组成示意

2. 主机柜

1）构成

主机柜由主控柜和电源柜组成。主控柜和电源柜虽然是两个独立的部分，但在车中是安装在一起的。主机柜通过减震器与车体相连，主要用来为计算机、录像机提供清洁、抗震、散热的集成环境，同时，它也为侦察员提供一个工作平台。

主机柜上半部分为主控柜，主控柜内装有录像机插箱、主计算机插箱、加固监视器和键盘等设备。

主机柜下半部分为电源柜，电源柜装有逆变电源箱插箱、电池箱插箱。

其构成如图 5-3 所示。

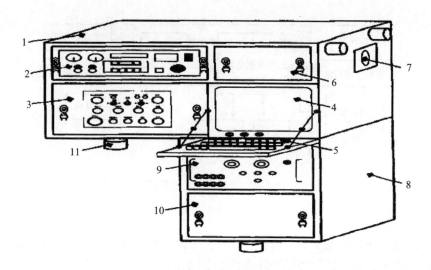

图 5-3 主机柜结构图
1—主控柜；2—录像机插箱；3—加固计算机插箱；
4—加固监视器；5—加固键盘；6—工具箱插箱；
7—轴流风机；8—电源柜柜体；9—逆变电源；
10—蓄电池插箱；11—减震器。

2）结构

（1）主控柜。

主控柜包括录像机插箱、加固主计算机插箱、加固监视器和键盘、工具箱。

主控柜机柜为框架式结构，主要用来放置各功能部件。

录像机、加固主计算机、工具箱均以插箱形式安装在柜体内，柜体各插箱处装有滑道，各插箱均带有锁紧把手，将两个锁紧把手提起向内旋转 90°，即可开锁将插箱抽出，插拔方便，锁紧可靠。

加固监视器通过螺钉固定在柜体上，加固键盘为折叠式，侧面有连杆与柜体连接，平时键盘盖在监视器上，用螺钉固紧，使用时松开螺钉放下即可。

机柜内右侧安装有 150FZY-S 型轴流风机，风机叶片外侧有盖板，使用时应将盖板打开，左侧有可开闭的通风窗口，形成散热风道，风机的电源开关安装在工具箱后的机柜内壁上。各层之间的隔板开有小孔，使主控柜形成整体通风结构。

柜体与各插箱接触良好并接地，电源的输入输出采用电容滤波，防止电磁干扰。

机柜底部与车体连接部位加装垫板及减震器，机柜右侧上方及背面也通过减震器与车体连接，实现抗车体振动的目的。

机柜前面板见图 5-3 "主机柜图"，背面为信号、电源输出输入接线板，见图 5-4 "主控柜输入输出接线板"。机柜内各设备的信号线、电源线沿内壁固定，并与机背接线板各插座相连。主控柜内部接线关系如图 5-5 所示。

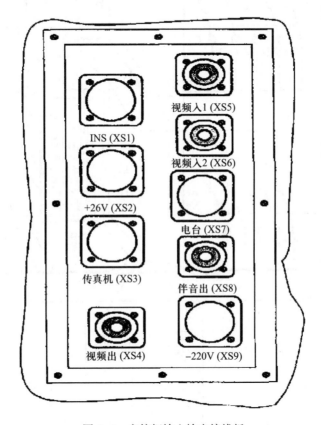

图 5-4 主控柜输入输出接线板

（2）电源柜。

电源柜主要用来放置逆变电源和蓄电池箱。

电源柜机柜结构形式与主控柜基本类同，其柜体顶部与主控柜相连，只有底部与车体连接处装有减震器。逆变电源箱为插箱式结构，通过面板上的螺钉与柜体相连。

电池箱以插箱形式安装在柜体内，其结构形式与录像机、加固主计算机、工具箱插箱相同。电池箱内部装有两个电池固定架，行军状态下用固定架将蓄

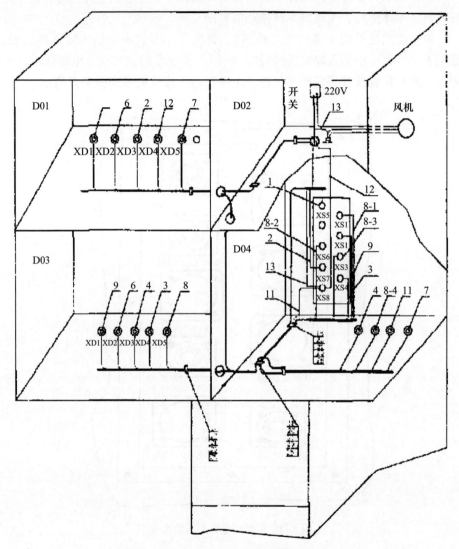

图 5-5 主控柜内部接线示意图
D01—录像机插箱位置；D02—工具箱插箱位置；
D03—加固计算机插箱位置；D04—监视器插箱位置。

电池固定在电源插箱内，使用时拆下固定架取出蓄电池即可。

3. 加固计算机

1）概述

计算机是处理系统的核心，侦察车上各种侦察手段收集来的情报都要汇总到计算机中,由计算机分析、存储、处理传送。计算机包括有计算机主机、显示器和键盘等设备和专用应用软件。为适应装甲车使用的恶劣环境,计算机采用"后天"加固设计,以适应装甲车使用环境。

计算机主要性能如下:

(1) CPU:主频不低于 233MHz。

(2) 内存:不小于 128MB。

(3) 硬盘:单盘容量大于 SGB,支持机内双硬盘工作。

(4) 显示卡:不小于 8MB 显示缓存,分辨率可达到 1280、1024。

(5) 电源:直流供电,输入电压为 22~30V,功耗不大于 250W。

(6) 系统自检,并有正确指示。

(7) 接收定位定向系统信息。

(8) 加注时间、坐标、属性、数量。

(9) 在电子地图上加注目标属性。

(10) 亮度、色饱和度、对比度等参数可控。

(11) 动态/静态图像转换。

(12) 工作温度:$-43 \sim +55$℃,储存温度:$-43 \sim +70$℃。

(13) 可靠性要求:MTBF$\geqslant$5000h;MTTR$\leqslant$30min。

(14) 系统连续工作时间>12h。

2) 加固计算机

(1) 概述。

计算机主要由计算机主机和外设显示器、键盘(鼠标)两大部分组成,其中计算机主机是一个独立箱体,外设显示器和键盘(鼠标)组合在一起成为另一个箱体。

(2) 结构与组成。

整个计算机主机由计算机机箱、电源、无源底板、CPU 板、显示卡、图像采集卡、传真卡等几大部件组成。结构如图 5-6 所示。

为了满足装甲侦察车的环境要求,在计算机结构中采取了以下措施:

加固设计中,板卡的加固主要是在插板上安装铝合金加固框,并对板中心部分的表面元器件加盖板,起到导热、加固及屏蔽的作用;硬盘的加固是采用优选民用硬盘进行二次加固的方法进行的,选用合适的钢丝绳减震器及橡胶阻尼热对硬盘进行加固,使硬盘能满足振动冲击指标要求。板卡及硬盘的外框两侧都有锁紧器,可以将板卡及硬盘固紧。

系统的热设计在高温时采用自然传导散热、低温时采用局部加热的方法。对不能在低温环境下工作的板卡及硬盘,采用加热带进行局部加温,加热所用

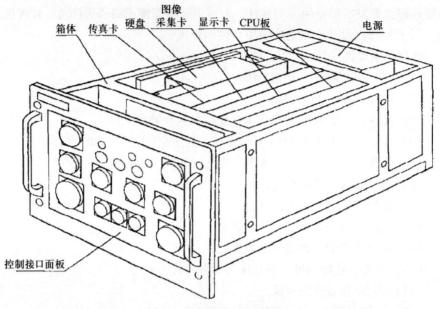

图 5-6 计算机主机结构图

的电源是通过 Compact PCI 插槽提供的，不会影响板卡及硬盘的插拔方便。同时为了保证机器能在低温时自动加热、高温自动制冷，专门设计了一套温控系统。

在电磁兼容设计时合理划分机箱内各功能模块的布局，防止模块与模块之间、模块与电源之间的相互干扰，并且机箱的线缆布线合理，避免出现高速信号之间的串扰、反射。在电源的输入端使用专门设计的抗干扰滤波器，另外对输入/输出信号接口采取相应的隔离措施，机箱的所有接缝处使用纯金属性质的电磁密封材料，确保机箱的屏蔽效能。

3）计算机外设

（1）加固显示器。

计算机使用的是一个 12 英寸 VGA 显示器来完成图像显示及计算机显示。显示器可显示应用程序界面，图像采集卡截取的静态图像和来自摄像机或录像机的视频图像。

为适应装甲车使用的恶劣环境，显示器进行了加固。显示器由逆变电源供电，设有电源开关。

（2）加固键盘（鼠标）。

键盘是经过加固的 101 键键盘，键盘布局与标准键盘基本相同，右侧同时配置了一个加固 PS/2 触摸式鼠标。

键盘与监视器连为一体，键盘可以折叠。平时不使用时，键盘翻转扣在监视器屏上，通过螺钉紧固，当系统开机使用时，拧开螺钉，放下键盘即可使用。

4）系统软件

系统软件在利用主计算机资源的基础上，将系统中各功能模块及多种专用外部设备组成为一个有机的整体，通过对系统的有效管理和控制，使全机协调有序地运行，从而正确地实现侦察车各种预定的功能。它是处理系统硬设备运行的组织者，是处理系统的神经中枢。可见，系统软件在整个侦察车中占有极其重要的地位。

（1）系统软件组成。

装甲侦察车软件系统分：情报数据采集通讯系统和电子地图分系统。该系统运行在 WINDOWS NT 4.0 服务器上，通过 Oracle 数据库对侦察数据信息进行管理，共同完成情报处理任务。

（2）软件系统性能。

① 图像采集。

侦察车的光学传感是由带高倍变焦镜头的电视摄像头担任，系统可以对 PAL 制电视信号进行实时采集。高倍变焦镜头可观测距离为 20km。

数字图像采集卡采集一幅图像时间为 40ms。

数字图像分辨率为 768×576，真彩色，每像素 24bit；R、G、B 三个分量可调。

未压缩的一幅数字图像存盘时间小于 3s。

② 信号处理。

图像压缩处理采用硬件实现的小波变换压缩方法，一幅 768×576 的原始图像压缩时间小于 1s，压缩倍数 3 档可调。默认值下的压缩倍数约为 50。

系统程序运行 Oracle 数据库，存储侦察到的图像信息的原始图像和经过压缩处理后的图像压缩数据文件。

经过采集的图像使用者可以加注信息，如采集时间、目标坐标、目标属性、目标数量、批次等，所标注的信息与图像压缩数据相关联，作为一个信息存入数据库。

系统运行电子地图显示及标注程序，可以实时调出战区指定位置的电子地图，电子地图的比例尺为 1∶5 万和 1∶25 万两种，显示分辨率为 16 色，尺寸 800×600。

电子地图上可以加注各种军标符号、文字，色彩可选。

可以通过传真机向后方指挥机关发送各种传真信息，可由 Oracle 数据管理传真机接收和发送的传真文件，可由计算机主机显示传真内容。

③ 信息的存储及传输。

信息的分类是：原始未压缩的数字图像；经过压缩的图像数据；传真信息数据文件；上级下达的命令；GPS 差分信息。分别存入 Oracle 数据库的不同表格之中。

信息传输的通道有经过车载电台的窄带信道（16kb/s）和微波收发信机的宽带信道。其中电台信道兼有模拟话路和数据通信的能力，并以语音通信优先。语音通信保证车辆间的勤务联络，在语音通信空闲时间电台进行数据通信（包括压缩图像及传真文件）。语音通话距离在无遮挡的条件下约为 30km，数据通信的距离不小于语音通信的 80%。

宽带微波收发信机传输活动电视图像，在无遮挡的条件下，允许通信距离约为 15km，图像质量不低于 3 级。

(3) 系统软件的功能。

① 信号采集。

信号采集是指将摄像机摄下的电视活动图像经过高分辨图像采集卡，进行实时采集。采集以后的图像成为数字图像，并存储在图像缓存存储器内。

② 信号处理。

信号处理是指操作员在图像采集之后，对图像的信息进行加注的过程。操作员可以对侦察内容说明其数量、属性、目标的位置、图像采集的时间以及目标的批次信息。

③ 信号的存储及传输。

加注后的图像可以进行存储，也可以发送到后方的高级指挥机关，供指挥员决策参考。

为了完成侦察的基本任务，系统还配备了许多附加的保障功能：

a. 电子地图功能：通过电子地图的显示及调用，侦察车的操作员可以方便地在地图上进行目标标注，形成战场的敌我势态，随时上报。

b. 传输数字图像：系统采用了图像小波变换压缩技术。

c. 传真机的通信功能：除了采集的数字图像以外，计算机还可以通过传真机随时进行命令、文件和草图等的传输。

d. 进行数据文件管理：系统有一个图像数据的数据库，可以高可靠地进行数据文件的存储、查询及显示，可以方便地进行文件的备分、删除、拷贝等管理功能。

(4) 软件系统信息流程。

软件系统信息流程如图 5-7 所示。

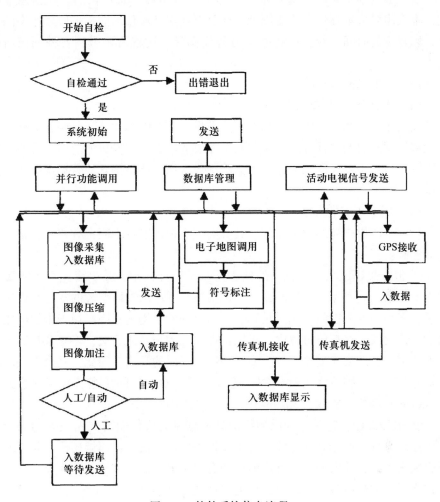

图 5-7 软件系统信息流程

5.1.2 图像信息处理技术

装甲侦察的目的是对侦察摄影所得图像，利用图像处理技术来提取有效信息，对图像进行压缩、信息标注、修复、复原及噪音处理等，以改善图像质量并对相关问题进行分析和预测，从而获取军事情报。

针对装甲侦察车所采用的图像信息处理技术，这里我们主要介绍图像压缩处理技术和电子地图及信息标注技术。

1. 图像压缩处理技术

装甲侦察车所获取的情报很大一部分是以图像形式存在的。在信息战时代，不仅需要大量存储和传输图像，而且要在保证质量的前提下以较小空间存储，以较少的时间、较少比特率实时传输图像，这就需要采用各种图像压缩技术。

1）图像压缩的基本原理

（1）图像压缩的基本思想。

任何压缩机制的基本思想都是去除数据中存在的相关性。所谓相关性，就是能够根据给出的一部分数据来判断出相邻的数据。图像压缩的根本思想就是去除图像数据中存在的相关性，即去除图像数据中能根据其他数据推算得到的数据。

（2）图像压缩的方法。

目前，图像压缩的方法较多，其分类方法视出发点不同也有差异。常见的分类法有：

① 冗余度压缩法。该方法的核心是基于统计模型，减少或完全去除源数据中的冗余，同时保持信息不变。如把图像数据中出现概率大的灰度级以短码表示，概率小的灰度级用相对长码表示，处理的平均码长必然短于未编码压缩前的平均码长。在解码过程中，可以根据相应的规则或算法，将冗余量插入到图像数据中，严格恢复原图像，实现编码与解码的互逆。因此，冗余编码压缩又称之为无损压缩或无失真压缩，通常用于文本文件的压缩。著名的哈夫曼（Huffman）编码、香农（Shannon）编码就属于这一类。

② 熵压缩法。这是一种以牺牲部分信息量为代价而换取缩短平均码长的编码压缩方法。由于其在压缩过程中允许丢失部分信息，图像还原后与压缩前不会完全一致，故人们将这种压缩称为有损压缩。该压缩机制的优点是可以得到比无损压缩高得多的压缩比，但它只能用于可以用近似数据代替原始数据，而这种相近数据又是容易被压缩的情况。在实际应用中无损压缩更为流行，主要是由于它的压缩比较大，且效果很好。

（3）图像压缩标准。统一的国际标准是不同国家、地区和厂商的产品能够相互兼容和协调的基础。有关图像压缩编码已有的国际标准（或建议），如 H.261 建议、JPEG 标准、MPEG-（1）MPEG-2 标准、H.263 标准、H.264 标准、H.265 标准、smart H.264 标准等，涉及到二值图像压缩传真、静态图像传输、可视电话、会议电视、VCD、DVD、常规数字电视、高清晰度电视、多媒体可视通信、多媒体视频点播与传输等应用领域。

2)小波变换压缩方法

目前,装甲侦察车采用较多的图像压缩处理技术是小波变换压缩方法。借助于小波变换,可以把图像信号分解成许多具有不同空间分辨率、频率特性和方向特性的子带信号,实现低频长时特征和高频短时特征的同时处理,使得图像信号的分解更适合于人的视觉特性和数据压缩的要求。利用小波变换可以将图像分层次按小波基展开,所以可以根据图像信号的性质以及事先给定的图像处理要求确定要展开到哪一级为止,从而实现累进传输编码。小波变换具有放大、缩小和平移的数学显微镜的功能,可以方便地产生各种分辨率的图像,从而适应于不同分辨率的图像 I/O 设备和不同传输速率的通信系统。

(1) 小波变换。

所谓小波(Wavelet),就是存在于一个较小区域的波。小波变换是一种同时具有时——频率二维分辨率的变换。由于小波变换具有良好的时——频局部化特征,因此非常适合对静止图像进行处理,具有良好的图像压缩性能,大有取代 DCT(Discrete Cosine Transformation)的趋势,在图像编码领域得到广泛的应用。

一个小波母函数经过伸缩和平移得到小波基函数,将伸缩因子和平移因子经过采样并离散化得到离散化的小波函数。所谓小波变换或小波分解,实际上就是寻求空间 L^2(R)上的标准正交小波基,将信号在这组小波基上分解,以便进行分析和处理,并且还可以通过这些分解系数重建原来的信号。

在图像处理中,常用的有连续小波变换,由于伸缩参数和平移参数连续取值不利于计算机处理,因此,连续小波变换主要用于理论分析,在实际应用中离散小波变换更适用于计算机处理。

(2) 小波图像压缩编码基本原理。

1989 年,Mallat 提出了小波变换多分辨率分析的概念,并给出了用于信号分析和重构的 Mallat 塔式算法。所谓 Mallat 塔式算法,就是将一幅图像经过小波变换分解为一系列不同尺度、方向、空间域上局部变化的子带图像。一幅图像经过一次小波变换后产生 4 个子带图像:LL 代表原图像近似分量,反映原图像的基本特性;HL、LH 和 HH 分别表示水平、垂直和对角线的高频分量,反映图像信号水平方向、垂直方向与对角线方向的边缘、纹理和轮廓等。其中,LL 子带集中了图像的绝大部分信息,以后的小波变换都是在上一级变换产生的低频子带(LL)的基础上再进行小波变换。图 5-8、图 5-9 是一幅 Women 图像分解实例。图 5-8 表示使用 db2 小波基经过 1 层小波分解后 Women 图像及其频带,图 5-9 表示使用 db2 小波基经过 2 层小波分解后 Women 图像及其频带。

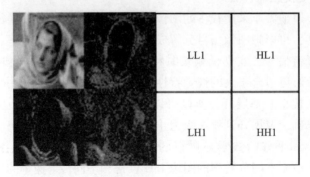

图 5-8　经过 1 层小波（db2）分解后 Women 图像及其频带

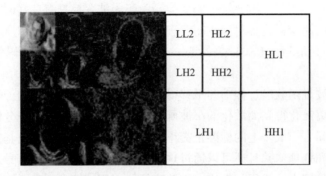

图 5-9　经过 2 层小波（db2）分解后 Women 图像及其频带

2. 电子地图及信息标注技术

光电侦察车所采集的图像情报都带有坐标、属性、数量、时间等信息。建立采集情报数据库，管理采集情报的各项信息和图像文件，并结合电子地图，将各种情报信息进行标注。电子地图是一个三维矢量地图，其分辨率分为1∶5万和1∶25万两种。在主程序的图形文档界面下可以调用任意指定区域的地图数据并加以显示。

电子地图还可以实现三维地形的显示；利用地图的坐标信息，电子地图还可以对地理位置做简单计算，包括当前坐标、两点间的距离、地图的开窗截取以及地图的漫游。为了在地图上对目标信息进行标注，形成战区敌我势态图，而且此势态图又能根据侦察到的目标信息进行随时的改动，系统程序采取分层处理、合并显示的方法。地图显示的第一层是原始的矢量地图。第二层是符号标志层，是各种军用目标的代表图形。第三层是文字层，是各种符号的文字说明。它们的显示覆盖关系是第二、三层覆盖第一层。当我们修改第二、三层的标注及文字说明时,并不影响原始的地图数据,不用进行繁复的计算。第二层和第二层的数据实际上是利用显示符号表的方式来处理的,该表记录了显示符号的坐标和种类,文字的字符串。通过修改显示符号表,可以方便地增添符号、文字以及删除它们。

5.1.3 数据库存储技术

装甲侦察车计算机中对侦察数据的管理是利用 Oracle 数据库来实现的。该数据库由于具有良好的稳定性、保密性和安全性,常用于要求较高的场合。根据 Oracle 数据库的特点,它不受系统所能处理的字段个数的限制,因此系统只需使用一个数据库。

Oracle 是一个强大的信息化数据系统,开始使用的时间大约在 20 世纪 70 年代末。这类数据库就是理解数据间的关系构造信息库,Oracle 数据库成功地被应用在计算机上,有一个完整的商用 DBMS,它能够利用软件层和多种操作系统实现通讯技术,可以选择单点多点查询。该数据库已经被应用于各种类型的信息化系统中。它对安全性特别重,因此得到广泛应用。

Oracle 数据库特点包括:

(1) 支持高性能事务处理,能够利用硬件设备和支持多种应用,能够保持数据的一致性。

(2) 该数据库硬件环境具有独立性,支持多种系统。

(3) 遵守关于数据方面的协议,有其工业标准。

(4) 具有安全性和控制的完整性,有效地保证数据存取的安全。

(5) 该数据库有可移植性和可兼容性的特点,操作系统具有独立性。

5.2 车载武器弹道解算技术

车载武器弹道解算是装甲车辆火控系统应完成的主要任务。它包括武器外弹道方程的解算;弹丸与运动目标的相遇问题,即命中问题的解算;为补偿地形、气象、弹道条件的变化,对所需射击修正量的解算。其中武器外弹道方程的解算,可求得武器射击的基本瞄准角;命中问题和修正量的解算,则可得到为击中运动目标所需要的高低和水平方向上的提前量以及各种修正量。最后由火控计算机将上述三个方面的解算值按一定的算法进行综合,得到车载武器分别在高低传动向和水平传动向的射角,此即为射击诸元。

5.2.1 弹道方程解算技术

1. 火炮外弹道方程的概述

与早期的火炮指挥仪不同,弹道问题的自动实时地解算已成为现代火控系统的重要特点。引入微型计算机先进技术,是实现火控系统这一重要功能的基础。它使整个系统的实时性和自动化程度均得到提高,并为射击全过程自动控制性能的提高提供了先决条件,"火力控制系统"的名称正是由此而来。

1) 弹丸质心运动方程

弹丸在空气中的运动比较复杂,为研究的方便,特作如下一些与近程火炮实际射击情况基本相符的假设:

(1) 假定飞行弹丸的章动角为零。章动角是指飞行弹丸的轴线与弹丸质心运动速度矢量之间的夹角,一般它只有几度。这一假定可将一个复杂的空气中的刚体运动简化为一个质点的运动。

(2) 弹道空间具有标准的气象条件。

(3) 弹道空间的重力加速度 g 为常数,且铅直向下。

(4) 弹道空间的地表为平面,且忽略由于地球自转而产生的哥氏加速度。

见图 5-10,令弹丸质量为 m,速度为 v,弹丸所受空气阻力为 F,空气阻力加速度为 J,弹丸的质心矢量运动方程为:

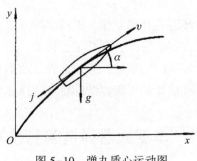

图 5-10 弹丸质心运动图

$$m \frac{\mathrm{d}v}{\mathrm{d}t} = mg + F \tag{5-1}$$

由于 $F=mJ$,所以矢量方程 (5-1) 也可表示为:

$$\frac{\mathrm{d}v}{\mathrm{d}t} = g + J \tag{5-2}$$

弹道的起始条件是：$t=0$，$a=a_0$，$v=v_0$，a 为弹道切线与水平面的夹角，并称 a_0 为基本瞄准角，v_0 为弹丸初速。

将矢量微分方程（5-1）在直角坐标系中投影，即得弹道的标量微分方程组：

$$\begin{cases} m\dfrac{\mathrm{d}^2 x}{\mathrm{d}t^2} = -F\cos\alpha = -F\dfrac{v_x}{v} \\ m\dfrac{\mathrm{d}^2 y}{\mathrm{d}t^2} = -F\sin\alpha - mg = -F\dfrac{v_y}{v} - mg \end{cases} \quad (5-3)$$

式中：F、g——分别是矢量 $\boldsymbol{F}$、$\boldsymbol{g}$ 的模值；

　　　v_x，v_y——分别是 v 在 x、y 轴上的投影。

方程（5-3）的初始条件为：

$$x_0 = 0,\ y_0 = 0,\ \left(\dfrac{\mathrm{d}x}{\mathrm{d}t}\right)_0 = v_0\cos\alpha_0,\ \left(\dfrac{\mathrm{d}y}{\mathrm{d}t}\right)_0 = v_0\sin\alpha_0$$

2）空气阻力与阻力加速度

弹丸在空气中运动要受到空气阻力。空气阻力由三部分组成，第一部分是由与弹丸表面接触的空气的黏性所产生的摩擦阻力；第二部分是由于高速运动时在弹底形成了涡流低压区，使弹丸前端和底部形成阻碍弹丸前进的压力差，称为涡流阻力；第三部分是当弹丸速度接近或超过当地声速时，要在弹头及底部产生压缩空气层，形成所谓的弹道波或激波，弹道波的形成，消耗了弹丸的动能，使弹丸减速，此种阻力称为波动阻力。对亚声速的弹丸，以涡流阻力为主，当速度为 400~500m/s 时，摩擦阻力约占总阻力的 6%~10%，其他两种阻力各约占 40%~50%，而随着弹丸速度的继续增加，波动阻力的比例将愈来愈大。

根据理论与实验可知，空气阻力 F 的大小与空气密度 ρ 和弹丸横截面积 S、弹丸形状以及弹丸速度 v 等因素有关。通常，阻力 F 表示为：

$$F = \dfrac{\rho v^2}{2} S C_{x_0}\left(\dfrac{v}{a}\right) \quad (5-4)$$

式中：S——弹丸最大横截面积，也可用弹丸最大直径 d 表示，因为 $S=\pi d^2/4$；

　　　$C_{x_0}(v/a)$——阻力系数，它是弹丸速度 v 与音速 a 比值的函数。$v/a=M$ 称为马赫数，函数符号 C_{x_0} 中的注脚"0"表示章动角为零。C_{x_0} 随马赫数 M 的变化规律称为阻力系数曲线。

实际情况表明，弹丸形状不同，阻力系数曲线也不同，说明 C_{x_0} 中包含了弹丸形状对空气阻力的影响。但在多次实验中又发现，形状相近的弹丸，它们的 C_{x_0}—M 曲线之间还存在如下关系：

$$\frac{C_{x_0}(M_1)}{C_{x_0}^-(M_1)} \approx \frac{C_{x_0}(M_2)}{C_{x_0}^-(M_2)} \approx \cdots \approx i = 常数 \tag{5-5}$$

式中：$C_{x_0}(M_k)$——弹丸1在 M_k，$k=1$，2，…时的阻力系数；

$C_{x_0}^-(M_k)$——形状与弹丸1相近的弹丸2的阻力系数。

式（5-5）说明，形状相近的两个弹丸，它们在相同 M 数时阻力系数的比值等于某一常数。根据这一特性，可取一种弹丸作为标准弹丸，用实验的方法精确地测出它的阻力系数曲线。这种标准弹丸的阻力系数与 M 之间的关系（用数值表、曲线、经验公式均可）称为阻力定律，记作 C_{x_0}—M。

有了阻力定律，对于和标准弹丸形状相近的待测弹丸，只要作少量实验测出任一个马赫数 M_1 处的 $C_{x_0}(M_1)$ 值，就可通过计算的方法得出待测弹在任何马赫数 M_2 处的阻力系数值，因为已知

$$\frac{C_{x_0}(M_1)}{C_{x_0}^-(M_1)} = i \tag{5-6}$$

式中：i——称为弹形系数。

则马赫数为 M_2 时，有：

$$C_{x_0}(M_2) = iC_{x_0}^-(M_2) \tag{5-7}$$

使用的标准弹不同，阻力定律也不同。当以其弹长和直径比 $h/d = 3.0 \sim 3.5$ 的弹作标准弹时，其阻力系数曲线 $C_{x_0}^-(v/a)$ 称1943年阻力定律（因在该年测定，故有其名）。弹长 $h = (1.2 \sim 1.5)d$ 时的 $C_{x_0}^-(v/a)$ 曲线则称为西亚切阻力定律。图5-11为这两种标准弹的阻力系数曲线。

对于近代弹丸，弹形系数 $i_{43} = 0.85 \sim 1.0$，$i_c = 0.4 \sim 0.5$。但是新近出现的尾翼稳定弹的阻力系数曲线却与上述两种阻力定律相差较大，只能有条件地应用弹形系数（例如在一定的速度范围内），有的则要通过实验自行测定其阻力系数曲线。

根据以上讨论。阻力公式（5-4）可表示成：

$$F = \frac{\rho v^2}{2} \frac{\pi d^2}{4} i C_{x_0}\left(\frac{v}{a}\right) \tag{5-8}$$

由于阻力加速度为 $J = F/m$，将式（5-8）代入并整理后得：

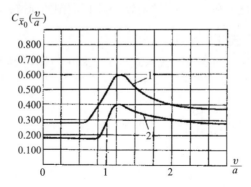

图 5-11 阻力系数曲线

1—西亚切定律阻力系数曲线；2—1943 年定律阻力系数曲线。

$$J = \left(\frac{id^2}{m} \cdot 10^3\right)\left(\frac{\rho}{\rho_0}\right)v\left[\frac{\pi}{8}\rho_0 \cdot 10^{-3}vC_{x_0}^-\left(\frac{v}{a}\right)\right] = CH(y)vG(v) \quad (5-9)$$

此即为弹丸阻力加速度的表达式，其中各子函数分别为：

$$C = \frac{id^2}{m} \cdot 10^3 \quad (5-10)$$

是仅与弹丸本身特性有关的弹道系数，m 为弹丸质量（kg），每种弹的 C 值可由射表中查得。

$$H(y) = \frac{\rho}{\rho_0} \quad (5-11)$$

为空气密度函数。y 为弹丸飞行高度，ρ 为飞行的弹丸所在空间的空气的密度，标准气象条件下（指大气温度为 15℃，大气压力为 1.01325×10^5 Pa），地表平面上的空气密度为 $\rho_0 = 1.225$ kg/m³。随着弹丸所在空间位置高度的增加，密度函数 $H(y)$ 要减小。但对弹道低伸的坦克外弹道来说，可认为 $H(y)$ 为一常数，并且在大多数情况下，其值可选择为 1.0。只有随着坦克所在位置的海拔高度的增加，才需对 $H(y)$ 的取值进行修正，可查阅 $H(y)$ 表，而在 $y \leqslant 1000$ m 时，也可用以下经验公式计算：

$$H(y) = \frac{20000 - y}{20000 + y} \quad (5-12)$$

此外：

$$G(y) = \frac{\pi}{8}\rho_0 \cdot 10^{-3}vC_{x_0}^-\left(\frac{v}{a}\right) = 4.737 \cdot 10^{-4}vC_{x_0}^-\left(\frac{v}{a}\right) \quad (5-13)$$

称阻力函数,它是速度 v 和 $C_{x_0}^-\left(\dfrac{v}{a}\right)$ 的函数。在专门编制的弹道表中也有 $G(v)$ 表。

3) 火炮外弹道微分方程组

将加速度的表达式 (5-9) 代入式 (5-3) 中,即可得到火炮外弹道的微分方程组:

$$\begin{cases} \dfrac{dv_x}{dt} = -CH(y)G(v)v_x \\ \dfrac{dv_y}{dt} = -CH(y)G(v)v_y - g \\ \dfrac{dx}{dt} = v_x \\ \dfrac{dy}{dt} = v_y \end{cases} \quad (5-14)$$

初始条件: $t=0$, $x=0$, $y=0$, $v_x = v_{x0} = v_0\cos\alpha_0$, $v_y = v_{y0} = v_0\sin\alpha_0$。

式 (5-14) 是以 t 为自变量在直角坐标系下的弹道微分方程组。只要已知弹道系数 C、弹丸初速 v_0、火炮瞄准角 α_0 等参数,解此微分方程组,就可知弹丸飞行在空中任何时刻 t 的弹道坐标 (x, y) 和速度分量 v_x、v_y,并可计算出弹丸速度的模值 v 和弹道角 α。

$$v = \sqrt{v_x^2 + v_y^2} \quad (5-15)$$

$$\mathrm{tg}\alpha = \dfrac{v_y}{v_x} \quad (5-16)$$

对于初始时刻,虽然称 α_0 为火炮的瞄准角,但由于存在火炮定起角 γ 的影响,火炮实际上的理论射角 φ 应将 γ 考虑在内,射表中将这一射角标记为 θ_0,并称为表尺。它与 α_0 的关系是:

$$\theta_0 = \alpha - \gamma \quad (5-17)$$

定起角 γ 也称跳角,是火炮发射时由于多种原因产生身管跳动的角度平均值。并且在射表中可查到通过实验测定的这一平均值。

2. 火炮射表的逼近

火控计算机的一项首要计算任务是,在已知目标距离 x 为 D 后,根据弹道微分方程组,解算出火炮的瞄准角 α_0 和弹丸飞行时间 t_f。在火控计算机具有高速运算能力的条件下,本应对外弹道微分方程组直接进行数值求解。但是一方面是由于计算量过大,另一方面在火控系统中的弹道解算任务,并非弹道微分方程典型的初值问题，例如初始条件中的重要参数 α_0 这时成了求解对象，这给弹道问题的求解增加了困难。因此在当前的坦克火控系统中，是采用火炮射表逼近的方法来进行外弹道问题的近似解算的。

1）火炮射表简介

射表是进行火炮射击的重要文件，是确定射击诸元的依据。它以表格的形式描述了弹道诸元，亦即弹道参数之间以及弹道参数与射击条件之间的关系。各种火炮和不同的弹种都有专门的射表。它是根据火炮对不同的弹种进行射击实验所测量的大量数据并结合外弹道方程的解算而编制成的。表 5-1 给出了某型坦克火炮射表的表头。

表 5-1　×××mm 坦克火炮射表（直射距离：目标高 2.4m 时破甲弹）

××××m　　　　　　×××引信　　　　　　定装药、初速××××m/s

距离	表尺	最大弹道高	修正量								瞄准角改变一毫弧时射击距离变化量	瞄准角	落角	落速	飞行时间	公算偏差		
			方向		距离													
			偏流	横风速度10m/s	纵风速度10m/s	气压10mm	气温10℃	初速1%	装药温度10℃	弹重增加一个符号						高低	方向	距离
x	Θ_0	y_m	Z	$\Delta\beta$	Δx_1	Δx_2	Δx_3	Δx_4	Δx_5	Δx_6	Δx_α	α_0	$\theta_0|$	v_c	t_f	E_y	E_z	x
m	(mrad)	m	(mrad)	(mrad)	m	m	m	m	m	m	m	(°)	(°)	m/s	s	m	m	m

一个完整的射表除包含基本诸元、修正诸元和散布诸元外，还应包含火炮及弹药等的有关信息。

所谓基本诸元，主要指距离（或射程）、瞄准角（或表尺）以及落角、落速、飞行时间和弹道顶点高度等。距离和表尺的关系是射表中最基本的关系。坦克射表中所给的表尺 θ_0 的数据是已将定起角考虑在内，即按式（5-17）的关系所得的数据。

2）射表的逼近

火控计算机在有了距离 x 以后，所求解的是表尺 θ_0 和弹丸飞行时间 t_f，射表中虽可查到这些数据，但它所提供的是一些离散的列表函数，即：

$$\theta_{0i} = f_\theta(x_i)$$
$$t_{fi} = f_t(x_i), \quad i = 1, 2, \cdots, N$$

为了便于火控计算机进行实时计算,需要对这些列表函数进行逼近处理,常用的逼近方法有插值法和曲线拟合法,特别是后者,为各种火控系统广泛采用。本节将对这种方法进行讨论。

设 由射表依次得到 N 组数据:

$$(x_i, \theta_{0i}) \quad i = 1, 2, \cdots, N$$

现将这 N 组数据连成曲线示于图 5-12。

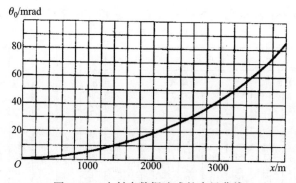

图 5-12 由射表数据连成的表尺曲线

为了对其进行拟合,以 m 次代数多项式进行逼近,并表示为 $f(x)$,即:

$$\theta_0 = f(x) = a_m x^m + a_{m-1} x^{m-1} + \cdots + a_1 x + a_0$$
$$= \sum_{j=0}^{m} a_j x^j, \quad (m < N) \tag{5-18}$$

为了确定该多项式的 $m+1$ 个系数:$a_m, a_{m-1}, \cdots, a_0$,按最小二乘法的原则,可将射表中 N 组数据:(x_i, θ_{0i}),$i = 1, 2, \cdots, N$ 依次分别代入式 (5-18) 中,并取 e_{ri},$(i=1, 2, \cdots, N)$ 为其拟合误差,共可得到 N 个拟合误差方程。

$$\begin{cases} a_m x_1^m + a_{m-1} x_1^{m-1} + \cdots + a_0 - \theta_{01} = e_{r1} \\ a_m x_2^m + a_{m-1} x_2^{m-1} + \cdots + a_0 - \theta_{02} = e_{r2} \\ \cdots\cdots \\ a_m x_N^m + a_{m-1} x_N^{m-1} + \cdots + a_0 - \theta_{0N} = e_{rN} \end{cases} \tag{5-19}$$

令：

$$E_r = \begin{bmatrix} e_{r1} \\ e_{r2} \\ \vdots \\ e_{rN} \end{bmatrix}; \quad X_N = \begin{bmatrix} x_1^m & x_1^{m-1} & \cdots & x_1 & 1 \\ x_2^m & x_2^{m-1} & \cdots & x_2 & 1 \\ \vdots & & \cdots & & \vdots \\ x_N^m & x_N^{m-1} & \cdots & x_N & 1 \end{bmatrix}; \quad A_m = \begin{bmatrix} a_m \\ a_{m-1} \\ \vdots \\ a_0 \end{bmatrix}; \quad \Theta = \begin{bmatrix} \theta_{01} \\ \theta_{02} \\ \vdots \\ \theta_{0N} \end{bmatrix}$$

则可按方程（5-19）写成如下拟合误差矢量 E_r 的矩阵方程：

$$E_r = X_N A_m - \Theta \tag{5-20}$$

A_m 即为拟合多项式（5-18）中待求的系数矢量。最小二乘法的思想是，所求得的最佳 A_m 应能保证各误差分量的平方和为最小，即对

$$\sum_{i=1}^{N} e_{ri}^2 = E_r^T E_r = [X_N A_m - \Theta]^T [X_N A_m - \Theta]$$

求极小值

$$\frac{dE_r^T E_r}{dA_m} = 2X_N^T [X_N A_m - \Theta]$$

得：

$$X_N^T X_N A_m = X_N^T \Theta \tag{5-21}$$

求得 A_m 如下：

$$A_m = (X_N^T X_N)^{-1} X_N^T \Theta \tag{5-22}$$

方程（5-22）具有理论上的意义，但实际求各系数时，还需将其展开成线性方程组，即：

$$\begin{bmatrix} S_{mm} & S_{mm-1} & \cdots & S_{m0} \\ S_{m-1m} & S_{m-1m} & \cdots & S_{m-10} \\ \vdots & & \cdots & \vdots \\ S_{0m} & S_{0m}-1 & \cdots & S_{00} \end{bmatrix} \begin{bmatrix} a_m \\ a_{m-1} \\ \vdots \\ a_0 \end{bmatrix} = \begin{bmatrix} T_m \\ T_{m-1} \\ \vdots \\ T_0 \end{bmatrix} \tag{5-23}$$

式中，

$$S_{jk} = \sum_{i=1}^{N} x_i^{j-k} (j, k = m, m-1, \cdots, 1, 0) \tag{5-24}$$

$$T_j = \sum_{i=1}^{N} \theta_{0i} x_i^j (j = m, m-1, \cdots, 1, 0) \tag{5-25}$$

按一定的算法，对线性方程组（5-23）进行数值求解，即可求得待求系数 a_m，a_{m-1}，$\cdots$，a_1，a_0 的值。

3) 火炮射表逼近方法中的"主元优势"

对线性方程组（5-23）一般都采用高斯主元消去法求解。在此处由于火炮射表数据结构所具有的特点，形成了一定条件下方程组的"主元优势"，此即是对方程组（5-23）而言，当

$$|S_{ji}^{n-1}| > |S_{jk}^{n-1}| \tag{5-26}$$

式中：n——消去过程序号，$n=1, 2, \cdots, m$；

i——主元素的结构序号，$i=m+1-n$；

j，k——非主元素的结构序号，$j, k=0, 1, \cdots, i$。

关系式（5-26）保证了在消去过程中，最大结构序号的对角线元素始终为矩阵的全主元素。因此简单的顺序消去法也即是全主元的消去法，从而可避免许多主元的判断与求取过程，使数值解法得以简化。对这一结论，可推证于下。

当 $n=1$ 时，有 $S_{ij}^{(n-1)}=S_{mm}$，由于射表数据的基本特点是：$x_i \geq 0$ 和 $x_{i1} \geq x_{i2}$（当 $i1>i2$ 时），所以对于方程（5-23）中具有对称特性的系数矩阵，当 $m+m>j+k$ 时，在各个射击距离 x_i 上，显然有：

$$S_{jk-1} > S_{jk}$$

因此 S_{mm} 即为第一次消去过程中的主元。

第一次消去后，方程组变为：

$$\begin{bmatrix} S_{mm} & S_{mm-1} & S_{mm-2} & \cdots & S_{m0} \\ 0 & S_{m-1m-1}^{(1)} & S_{m-1m-2}^{(1)} & \cdots & S_{m-10}^{(1)} \\ 0 & S_{m-2m-1}^{(1)} & S_{m-2m-2}^{(1)} & \cdots & S_{m-20}^{(1)} \\ \vdots & & & & \vdots \\ 0 & S_{0m-1}^{(1)} & S_{0m-2}^{(1)} & \cdots & S_{00}^{(1)} \end{bmatrix} \begin{bmatrix} a_m \\ a_{m-1} \\ a_{m-2} \\ \vdots \\ a_0 \end{bmatrix} = \begin{bmatrix} T_m \\ T_{m-1}^{(1)} \\ T_{m-2}^{(1)} \\ \vdots \\ T_0^{(1)} \end{bmatrix} \tag{5-27}$$

显然：

$$S_{jk}^{(1)} = (S_{jm}/S_{mm})S_{mk} - S_{jk} \tag{5-28}$$

$$T_j^{(1)} = (S_{jm}/S_{mm})T_m - T_j \tag{5-29}$$

在余下的系数子矩阵中，各分量虽经过式（5-28）的代换，但子方阵的对称性仍然存在。

现要证明，在 $n=2$ 时，在一定的条件下，当 $j_1+k_1>j_2+k_2$ 时，在子矩阵中又存在以下关系：

$$|S_{j1k1}^{(1)}| > |S_{j2k2}^{(1)}| \qquad (5-30)$$

由于对称性，对于上式，只需证明 $|S_{jk1}^{(1)}| > |S_{jk2}^{(1)}|$ $(k_1 > k_2)$。

由式 (5-28)，有：

$$S_{jk1}^{(1)} = (S_{jm}/S_{mm})S_{mk1} - S_{jk1} \qquad (5-31)$$

$$S_{jk2}^{(1)} = (S_{jm}/S_{mm})S_{mk2} - S_{jk2} \qquad (5-32)$$

以式 (5-24) 代入式 (5-31)，得：

$$S_{jk1}^{(1)} = \frac{\sum_{i=1}^{N} x_i^{j+m_1}}{\sum_{i=1}^{N} x_i^{2m}} \sum_{i=1}^{N} x_i^{m+k_1} - \sum_{i=1}^{N} x_i^{j+k_1}$$

令 $\Delta x = x_{i+1} - x_i$，上式两端各乘以 Δx

$$S_{jk1}^{(1)} \Delta x = \frac{\sum_{i=1}^{N} x_i^{m+j_1}}{\sum_{i=1}^{N} x_i^{2m} \Delta x} \sum_{i=1}^{N} x_i^{m+k_1} \Delta x - \sum_{i=1}^{N} x_i^{j+k_1} \Delta x$$

当 $\Delta x \to 0$，即自然数 $N \to \infty$ 时，取上式的极限，得：

$$S_{jk1}^{(1)} \mathrm{d}x = \frac{\int_0^{D_N} x_i^{m+j} \mathrm{d}x}{\int_0^{D_N} x^{2m} \mathrm{d}x} \int_0^{D_N} x^{m+k_1} \mathrm{d}x - \int_0^{D_N} x^{j+k} \mathrm{d}x$$

$$= \left[\frac{2m+1}{(m+j+1)(m+k_1+1)} - \frac{1}{j+k_1+1} \right] D_N^{j+k_1+1} \qquad (5-33)$$

式中：D_N——火炮射表中射程的最大值。

同理，由式 (5-32) 也可得：

$$S_{jk2}^{(1)} \mathrm{d}x = \left[\frac{2m+1}{(m+j+1)(m+k_2+1)} - \frac{1}{j+k_2+1} \right] D_N^{j+k_2+1} \qquad (5-34)$$

考虑极端情况，令 $k_1 = k_2 + 1$，则式 (5-33) 可写成：

$$S_{jk1}^{(1)} \mathrm{d}x = \left[\frac{2m+1}{(m+j+1)(m+k_1+1)} - \frac{1}{j+k_1+1} \right] D_N D_N^{j+k_2+1} \qquad (5-35)$$

与式 (5-34) 相比，可以发现，当 $k_1 > k_2$ 时，只要条件

$$\left|\left[\frac{2m+1}{(m+j+1)(m+k_1+1)}-\frac{1}{j+k_1+1}\right]D_N\right|$$
$$\geq \left|\left[\frac{2m+1}{(m+j+1)(m+k_2+1)}-\frac{1}{j+k_2+1}\right]\right| \quad (5-36)$$

成立，就可保证：

$$|S_{jk1}^{(1)}\mathrm{d}x| \geq |S_{jk2}^{(1)}\mathrm{d}x|,\ (当\ k_1 \geq k_2)$$

因而，也就有：

$$|S_{jk1}^{(1)}| \geq |S_{jk2}^{(1)}|,\ (当\ k_1 \geq k_2)$$

经过分析，可以认为，在一般工程应用条件下，条件（5-36）都是可以成立的。例如，$m=3$，$j=k_1=2$，$k_2=1$ 时，可算得：

$$\frac{2m+1}{(m+j+1)(m+k_1+1)}-\frac{1}{j+k_1+1}=-0.005556$$

而

$$\frac{2m+1}{(m+j+1)(m+k_2+1)}-\frac{1}{j+k_2+1}=-0.01667$$

只要 $D_N>3m$，条件（5-36）就可得到满足，这在实际中是毫无问题的。

对于一般情况下的第 $I+1$ 次消去过程，其余子矩阵各分量的代换公式为：

$$S_{jk}^{(I)}=\frac{S_{jm-I+1}^{(I-1)}}{S_{m-I+1m-I-1}^{(I-1)}}S_{m-I+1k}^{(I-1)}-S_{jk}^{(I-1)} \quad (5-37)$$

$$T_j^{(I)}=\frac{S_{jm-I+1}^{(I-1)}}{S_{m-I+1m-I-1}^{(I-1)}}T_{m-I+1}^{(I-1)}-T_j^{(I-1)} \quad (5-38)$$

从式（5-37）出发，利用公式（5-33）的结论，同样可以将 $S_{jk}^{(I)}\mathrm{d}x$ 表示成：

$$S_{jk}^{(I)}\mathrm{d}x = C_{jk}^{(I)}D_N^{j+k+1} \quad (5-39)$$

式中：$C_{jk}^{(I)}$——一个与自然数 m，I，j，k 有关的比例常数。

由于 $C_{jk}^{(I)}$ 的取值有限，因此，只要 D_N 大于某一适当的值，"主元优势"的特性在整个消去过程中都是可以成立的。这一特性的意义在于，在火控系统射表逼近弹道问题的设计工作中，只需采用简单的顺序消去法，即可高质量地求得逼近方程各系数的解。

3. 外弹道方程边值问题的数值求解

1) 问题的提出

对于射表中各个列表函数：$\theta_0 = f_\theta(x)$、$t_f = f_t(x)$、$Z = f_z(x)$ …采用次数不是很高的多项式逼近以后，可减少计算机的运算时间，又由于每一个多项式只有 $m+1$ 个系数需要存储，也减少了计算机的存储空间。因此这种方法被广泛采用，几乎成了当前各坦克数字式火控系统解算外弹道问题的唯一方式。但是这种方法并非完美无缺，也存在一些严重的缺点。

(1) 精度不高，射表本身已经是火炮外弹道的一次近似，曲线拟合又是对射表的近似，两次近似的结果，自然会使精度受到影响。

(2) 不同的弹种有不同的特性，各自都有专门的射表，当然也要有不同的弹道拟合多项式。再加上 t_f、Z、…的拟合，使得解算程序异常繁杂，增加了计算机逻辑判断的复杂性。

(3) 射表是在标准条件下制定的，实际射击条件与标准条件的种种差异都会对射击效果带来影响，所以在射表中包括了大量的修正项目，在使用拟合多项式计算出射击基本诸元之后，还需要对多种非标准条件进行修正计算。因此，以这种数学模型为基础的火控系统，对于修正参数的采集和修正量的计算都成为一个日益复杂的问题。

根据以上情况，有必要研究在坦克火控系统中对弹道微分方程进行直接的数值解算。这时计算机的运算时间虽然要明显地多于前者，但却能比较理想地克服上述缺点，例如不同的弹种和非标准条件给射击带来的影响，只用在确定微分方程组的初始条件或在订正方程本身的某些参数时加以考虑就可解决。因此，火控系统中只需一个弹道微分方程组的解算程序，使问题变得单一，也有利于修正系统的简化。

特别是近期已出现超高速集成电路（VHSIC），计算机的运算速度可大幅度地提高，所以弹道方程的直接数值求解已是不远的现实。

2) 弹道微分方程数值求解的边值问题

为求解方便，方程组（5-14）中各因式可进一步具体化，即：

$$\begin{cases} \dfrac{\mathrm{d}v_x}{\mathrm{d}t} = -4.737 \cdot 10^4 CH(y) C_{x_0}^-(\dfrac{v}{a}) \sqrt{v_x^2 + v_y^2}\, v_x = F_1(v_x, v_y) \\ \dfrac{\mathrm{d}v_y}{\mathrm{d}t} = -4.737 \cdot 10^4 CH(y) C_{x_0}^-(\dfrac{v}{a}) \sqrt{v_x^2 + v_y^2}\, v_y = F_2(v_x, v_y) \\ \dfrac{\mathrm{d}x}{\mathrm{d}t} = F_3(v_x) \\ \dfrac{\mathrm{d}y}{\mathrm{d}t} = F_4(v_y) \end{cases} \quad (5\text{-}40)$$

初始条件：$t=0$，$x=0$，$y=0$，$v_x=v_0\cos\alpha_0$，$v_y=v_0\sin\alpha_0$。

对于微分方程的数值求解的方法有多种，如欧拉矩形法、梯形法、龙格-库塔法等，特别是四阶龙格-库塔法是常用来精确数值求解微分方程的方法。但是上述多个数值算法，只有在初始条件已全部具备后，才可进行计算。这在编制外弹道射表等一类工作中可以直接加以应用。

在坦克火控系统射击诸元求解过程中的弹道问题，却不具备方程组（5-40）所需的初始条件，已知的只是：

$$\begin{cases} 起点\ O：t=0，x=0，y=0，v=v_0 \\ 落点\ C：x_c=D(距离)，y_c=0 \end{cases} \quad (5-41)$$

这是典型的两点边值问题。如何从边值条件（5-41）出发，求解出火炮射击时所需要的瞄准角 α_0 和弹丸飞行时间 t_f，正是坦克火控系统中数值求解弹道问题的全部内容。

这里以弹道轨迹的某些物理特性为依据，提出如下具有步长自动选择算法的迭代——修正法，它可将边值问题化为初值问题迭代求解。

（1）预先估计瞄准角 $\alpha_0^{(0)}$。

预估值 $\alpha_0^{(0)}$ 可根据距离 D 的大小及弹道的规律来加以选择，不同的火炮和弹种都有一些可见的规律可循。一般可将 $\alpha_0^{(0)}$ 表示为 D 的二次函数，即：

$$\alpha_0^{(0)} = k_2 D^2 + k_1 D + k_0 \quad (5-42)$$

式中：k_i——按射表选择的系数，$i=0$，1，2。

k_i 的选择原则是保证在不同的弹种下，使 $\alpha_0^{(0)}$ 的误差尽量地小。其实，在不少情况下，k_2 和 k_0 可取值为零。

（2）按初值问题求解弹道微分方程组。

有了瞄准角的估算值，即可求出初始条件，因此对弹道微分方程组（5-40）按初值问题进行数值求解，例如选择的算法为四阶龙格-库塔法。在求解过程中可形成各弹道诸元的序列值，即：

$$\{x_i^{(j)}\}，\{y_i^{(j)}\}，\{v_{xi}^{(j)}\}，\{v_{yi}^{(j)}\}，i=0，1，2，\cdots$$

其中：j——整个迭代—修正法的迭代序号；i——在积分计算过程中，以步长为 h 的递推计算序号。

当 $i=N+1$ 时，对于给定的某个大于零的误差允许值 ξ_1，若有：

$$\begin{cases} y_N^{(j)} - y_{N+1}^{(j)} > 0(表示为弹道的下降段) \\ y_{N+1}^{(j)} \leq \xi_1 \end{cases}$$

即认为该次初值问题的积分过程已经完成。并求得此次的距离计算值：

$$D^{(j)} = x^{(j)}_{N+1}$$

3）根据落点诸元进行瞄准角修正

令 $\Delta x^{(j)} = D^{(j)} - D$ 为计算距离偏差，它可为正也可为负。为正值时，应减小瞄准角，反之则应增大。这里以著名的弹道刚性原理为依据，求取修正瞄准角的计算式。

当 $\Delta x^{(j)} > 0$ 时，如图 5-13（a）所示。假定在落点 $x^{(j)}_{N+1}$ 附近的一段弹道为直线，$|\theta^{(j)}_c|$ 为落角的绝对值，则由距离偏差 $\Delta x^{(j)}$ 在目标所在位置（即真实距离 D 处）所产生的高度上的偏差 $\Delta y^{(j)}$ 为：

$$\Delta y^{(j)} = \Delta x^{(j)} tg|\theta^{(j)}_c|$$

又

$$tg|\theta^{(j)}_c| = |v^{(j)}_{yc}|/v^{(j)}_{xc}$$

所以有

$$\Delta y^{(j)} = \Delta x^{(j)} \cdot |v^{(j)}_{yc}|/v^{(j)}_{xc}$$

式中：$\Delta v^{(j)}_{xc}$，$\Delta v^{(j)}_{yc}$——落点 C 处弹丸在 x，y 方向上的速度分量，并且有：

$$v^{(j)}_{xc} = v^{(j)}_{xN+1}, \quad v^{(j)}_{yc} = v^{(j)}_{yN+1}$$

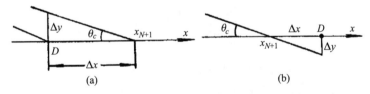

图 5-13 落点的偏差情况

这就是说，以瞄准角 $\alpha^{(j)}_0$ 射击时，在距离 D 处产生了 $\Delta y^{(j)}$ 的高度偏差，按弹道的刚性原理，此时瞄准角的修正量应该是：

$$\Delta \alpha^{(j)}_0 = -\frac{\Delta y^{(j)}}{D}(\text{rad}) = -\frac{\Delta y^{(j)}}{D} \cdot 10^3 (\text{mrad})$$

将 $\Delta y^{(j)}$ 的算式代入，有：

$$\Delta \alpha^{(j)}_0 = -\frac{\Delta x^{(j)}}{D} \cdot \frac{|v^{(j)}_{yc}|}{v^{(j)}_{xc}} \cdot 10^3 (\text{mrad}) \qquad (5-43)$$

因此，α_0 的修正公式是：

$$\alpha^{(j+1)}_0 = \alpha^{(j)}_0 + \Delta \alpha^{(j)}_0 \qquad (5-44)$$

当 $\Delta x^{(j)} < 0$ 时，如图 5-13（b）所示，此时在 D 处有一个负方向的 $\Delta y^{(j)}$ 偏差，不难证明，这时修正量 $\Delta \alpha_0^{(j)}$ 仍按式（5-43）计算，而且它的数值为正。

4) 步长 h 的自动选择

在每次迭代的积分计算过程中，还可以根据落点的计算信息，对积分步长 h 进行选择，以保证计算的精确性。

为了保证在落点 C 处有：$|\Delta x_{N+1}^{(j)}| < |x_{N+1}^{(j)} - D| < \xi_2$（$\xi_2$ 为落点处的水平允许误差），首先应满足的必要条件是：

$$x_{N+1}^{(j)} - x_N^{(j)} < \xi_2$$

为此，从 $x_N^{(j)}$ 到 $x_{N+1}^{(j)}$ 的步长 h（即时间间隔）应按下式进行计算：

$$h^{(j+1)} \leqslant \frac{\xi_2}{v_{xc}^{(j)}}(s) \qquad (5-45)$$

5) 迭代完成的条件

瞄准角及步长修正后，继续按龙格-库塔法返回到弹道微分方程数值求解的边值问题进行迭代计算，当进行第 m 次迭代计算时，若同时满足：

$$\begin{cases} y_N^{(m)} - y_{N+1}^{(m)} > 0 \\ y_{N+1}^{(m)} \leqslant \xi_1 \end{cases}$$

和 $\Delta x^{(m)} \leqslant \xi_2$，（一般取 $\xi_2 = 10 \sim 40 \text{m}$）

则认为迭代计算完成，并取：

$$t_f \approx (N+1)h^{(m)}$$
$$\alpha_0 \approx \alpha_0^{(m)}$$

最后按式（5-17）即可求得火炮应装定的射角

$$\theta_0 = \alpha_0 - \gamma$$

6) 边值算法的框图及举例

(1) 计算框图。

按上述迭代-修正法的思路，其计算框图如图 5-14 所示。

(2) 计算举例。

利用 $v_0 = 1490 \text{m/s}$ 的某坦克炮的穿甲弹射击距离 $D = 1600 \text{m}$ 处的静止装甲目标，试在标准条件下用数值积分法求解 α_0 及弹丸飞行时间 t_f。

解 由于 $v_0 = 1490 \text{m/s}$，其初速的马赫数 $M > 4$（音速为 341.1m/s），根据

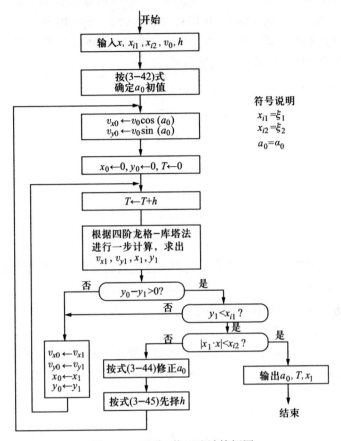

图 5-14 迭代-修正法计算框图

图 5-11，可近似取 $C_{x_0}^-(M) \approx 0.260$。又由射表查得弹道系数 $C=0.852$，再取 $H(y)=1.0$，使弹道微分方程组（5-40）可进一步化简：

$$\begin{cases} \dfrac{\mathrm{d}v_x}{\mathrm{d}t} = -1.049 \cdot 10^{-4} \sqrt{v_x^2+v_y^2} \cdot v_x \\ \dfrac{\mathrm{d}v_y}{\mathrm{d}t} = -1.049 \cdot 10^{-4} \sqrt{v_x^2+v_y^2} \cdot v_y - 9.81 \\ \dfrac{\mathrm{d}x}{\mathrm{d}t} = v_x \\ \dfrac{\mathrm{d}y}{\mathrm{d}t} = v_y \end{cases}$$

根据具体情况,对预估公式(5-42)中的系数选择为:$k_0 = 0.0$,$k_1 = 0.0027$,$k_2 = 0.0$,初始步长 $h = 0.03\text{s}$,$\xi_1 = 0.05\text{m}$,$\xi_2 = 10.0\text{m}$。

选择四阶龙格-库塔算法,按边值问题的迭代-修正算法的计算框图5-14,通过计算机的解算,所求得的结果是:

$$D = 1596.16(\text{m})$$
$$t_f = 1.1162(\text{s})$$
$$\alpha_0 = 3.784(\text{mrad})$$

而射表中相应的数据是

$$D = 1600(\text{m})$$
$$t_f = 1.2(\text{s})$$
$$\alpha_0 = 3.8(\text{mrad})$$

当按射表确定数据的有效位,利用四舍五入的方法进行尾数处理后,两者的数据完全相同。

4. 在近似条件下外弹道方程的求解

1)近似条件的提出

近似条件下,外弹道方程的解析求解法,能给出多个弹道参数乃至气象参数之间关系的显式表达式,可为火控系统的修正量计算和精度分析提供算法依据。

由式(5-3)有

$$\begin{cases} m\ddot{x} = -F\dfrac{v_x}{v} \\ m\ddot{x} = -F\dfrac{v_y}{v} - mg \end{cases}$$

为了考虑更多的实际情况,将迎面纵向风速 $v_{\omega x}$ 和载体纵向速度 v_{Tx} 也一并纳入在弹道方程和初始条件之内,又以式(5-4)为依据,将阻力表示为 v 平方的显函数。因此弹道方程变为:

$$\begin{cases} m\ddot{x} = -K[(v_x + v_{\omega x})^2 + v_y^2]\dfrac{v_x + v_{\omega x}}{\sqrt{(v_x + v_{\omega x})^2 + v_y^2}} \\ m\ddot{x} = -K[(v_x + v_{\omega x})^2 + v_y^2]\dfrac{v_y}{\sqrt{(v_x + v_{\omega x})^2 + v_y^2}} - mg \end{cases} \quad (5-46)$$

初始条件:$t = 0$,$x_0 = y_0 = 0$,$\dot{x}_0 = v_{x0} + v_{Tx}$,$\dot{y}_0 = v_{y0}$

式中，
$$K = \frac{\pi d^2}{8} i C_{x_0}^{-}\left(\frac{v}{a}\right)\rho \tag{5-47}$$

$$\begin{cases} v_x = \dot{x} = v\cos\alpha \\ v_y = \dot{y} = v\sin\alpha \end{cases} \tag{5-48}$$

对方程（5-46），特提出近似求解条件如下：
(1) 在标准条件下，认为式（5-47）中与阻力有关的系数 K 为常数。
(2) 由于低伸弹道上的 α 角比较小，式（5-48）可简化为：

$$\begin{cases} v_x = \dot{x} \approx v \\ v_y = \dot{y} \approx v\alpha \end{cases}$$

(3) 因为 $(\alpha v)^2 \ll v^2$，因此假定下列关系成立：

$$v^2 + (\alpha v)^2 \approx v^2$$

此即是 $(v_x+v_{\omega x})^2 + v_y^2 \approx (v_x+v_{\omega x})^2$

根据以上假定，方程（5-46）及其初始条件简化为：

$$\begin{cases} m\ddot{x} = -K(\dot{x} + v_{\omega x})^2 \\ m\ddot{x} = -K(\dot{x} + v_{\omega x})\dot{y} - mg \end{cases} \tag{5-49}$$

初始条件：$t=0$，$x_0=y_0=0$，$\dot{x}_0=v_{x0}+v_{Tx}$，$\dot{y}_0=v_{y0}$

2) 弹道方程的近似求解

实施上述近似条件后，弹道方程（5-49）的第一方程已实现变量分离，故可利用初始条件单独求解，其后又可对第二方程进行求解。它们的解答式分别为：

$$x = \frac{m}{K}\ln\left(\frac{1}{U}t + 1\right) - v_{\omega x}t \tag{5-50}$$

$$y = -\frac{g}{4}(t + 2U)t + U\left(\frac{1}{2}gU + \alpha_0 v_0\right)\ln\left(\frac{1}{U}t + 1\right) \tag{5-51}$$

式中，
$$U = \frac{m}{K(v_0 + V_{Tx} + v_{\omega x})} \tag{5-52}$$

3) 近似解的分析

利用近似解答式（5-50）、式（5-51）可以推导出许多有价值的关系式，其中包括弹丸飞行时间 t_f 及火炮瞄准角 α_0 等弹道诸元中的重要参数。

为了简化，令 $V_{Tx}=0$，$V_{\omega x}=0$，以 $x=D$（射击距离），$t=t_f$ 代入式(5-50)

之中，有：

$$D = \frac{m}{K}\ln(\frac{1}{U}t_f + 1)$$

因为 $U = \frac{m}{K}\ln(\frac{1}{U}t_f+1)$，故可从上式中解出飞行时间 t_f

$$t_f = \frac{m}{Kv_0}(\exp(\frac{KD}{m}) - 1) \qquad (5-53)$$

再假设目标高 $H=0$，以落点诸元 $x=D$，$y=0$，$t=t_f$ 代入式（5-51）中，可解出瞄准角 α_0。

$$\alpha_0 = \frac{g}{4D}(\frac{m}{Kv_0})^2[\exp(\frac{2KD}{m}) - 1] - \frac{mg}{2Kv_0^2} \qquad (5-54)$$

公式（5-53）及式（5-54）是利用上述近似解所求得的两个重要关系式。这正是上述方法具有吸引力之所在。不过，在不少场合对这组公式的验算表明，它所具有的精度均较差，难以达到实用的程度。但是，它所给出的诸多参数之间的显式表达式，在修正量计算、火控系统精度计算以及在讨论弹道诸参数相互关系的系统综合分析中，都不失为一个有效的数学工具。

5.2.2 解命中方程解算技术

1. 解命中问题方程

1）解命中问题的矢量方程

解命中问题是解决弹丸与目标的相遇问题，它是火控系统射击活动目标时首先要解决的问题。其实质是确定弹丸与运动目标在空间相遇点即提前点的坐标。在标准射击条件下建立的求解提前点坐标的方程式，称做解命中问题方程。

在弹丸飞行时间 t_f 内，目标的运动规律不同，解命中问题方程及求解方法也不同。因此，目标运动规律的假定，是解命中问题的重要前提。在采用"匀速直线运动"基本假定的前提下（图5-15）可建立相应的解命中问题矢量方程，即：

$$\boldsymbol{D}_q - \boldsymbol{D} - \boldsymbol{V}t_f = 0 \qquad (5-55)$$

式中：D、Vt_f 视为已知，在求出矢量 $\boldsymbol{D}_q$ 的方向和模之后，M_q 点的坐标即可求出。

为了便于解命中问题的求解，常将矢量方程在所选择的直角坐标系上进行投影，以建立解命中问题的数量方程。目前常选用的投影轴系有：炮塔直角坐

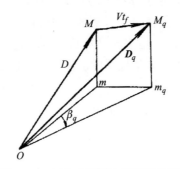

图 5-15　解命中问题空间矢量关系

标系、坦克位置直角坐标系和提前点直角坐标系。

2）解命中问题的数量方程

(1) 炮塔坐标系下的数量方程。

假设初始条件为：

① 装甲车辆位置水平，侧倾角 $\psi=0$；

② 目标现在位置的球坐标为 D，$\beta=0$，α；

③ 目标作匀速直线运动，并且在直角坐标系下的三个速度分量 V_x、V_y、V_z 为已知。

根据图 5-15 可求得数量方程如下：

$$\begin{cases} D_q\cos\alpha_q\cos\beta_q - D\cos\alpha - V_x t_f = 0 \\ D_q\cos\alpha_q\sin\beta_q - V_y t_f = 0 \\ D_q\sin\alpha_q - D\sin\alpha - V_z t_f = 0 \end{cases} \quad (5-56)$$

方程组（5-56）中，未知量为 D_q、α_q、β_q 和 t_f，共有四个。未知量多于方程数，还需寻找新的关系式。由火炮的射表知，弹丸的飞行时间 t_f 可看作是提前点坐标 D_q 的函数，即：

$$t_f = f(D_q) \quad (5-57)$$

如果将方程（5-57）代入方程组（5-56）之中，上述矛盾就可解决。

(2) 提前点坐标系下的数量方程。

仍采用上述初始条件，其数量方程组为：

$$\begin{cases} D_q - D\cos\alpha\cos\beta_q\cos\alpha_q - D\sin\alpha\sin\alpha_q - (V_x\cos\beta_q + V_y\sin\beta_q\cos\alpha_q + V_z\sin\alpha_q)t_f = 0 \\ D_q\cos\alpha\sin\beta_q + (V_x\sin\beta_q - V_y\cos\beta_q)t_f = 0 \\ D\cos\alpha\cos\beta_q\sin\alpha_q - D\sin\alpha\cos\alpha_q + (V_x\cos\beta_q\sin\alpha_q + V_y\sin\beta_q\sin\alpha_q - V_z\cos\alpha_q)t_f = 0 \end{cases}$$

$$(5-58)$$

(3) 装甲车辆位置直角坐标系下的数量方程。

上述两组数量方程虽是在直角投影轴上所得,但已知的目标现在点 M 和待求的提前点 M_q 的坐标,却是按球坐标给出的,这是解命中问题数量方程组的最常见的形式。在坦克位置坐标系中,假设目标位置坐标直接由直角坐标给出,即 $M(x, y=0, z)$, $M_q(x_q, y_q, z_q)$,当装甲车辆水平侧倾角 $\psi=0$ 及已知 V_x、V_y、V_z 时,由图 5-15 可求出:

$$\begin{cases} x_q - x - V_x t_f = 0 \\ y_q - V_y t_f = 0 \\ z_q - z - V_z t_f = 0 \end{cases} \quad (5-59)$$

3) 装甲车辆在行进间射击活动目标时的解命中问题

(1) 惯性坐标系中解命中问题的不变性。

对于指挥仪式坦克火控系统,由于瞄准线得到高精度的独立稳定,又附加有随动于瞄准线的火炮控制系统,可以在行进间实现对活动目标的射击。但是,这时的解命中问题是在动坐标系中建立的,上述解命中问题的方程,是否仍然适用,需进行相应的分析。为此,也假定载体作匀速直线运动。

尽管在宇宙空间中地球也是一个运动着的星体,但在一般的工程技术中,都近似将固结于地面的坐标系,即以地球为参考基准的坐标系视为惯性坐标系。在这样的坐标系中可以运用著名的牛顿定律来解决常见的运动学和动力学问题,当然也包括解命中问题。

对于任何坐标系,如果一个不受外力作用的物体,相对于它是静止或只作匀速直线的相对运动时,这个坐标系就是惯性坐标系,因为牛顿的惯性定律在其中成立。因此一切相对惯性坐标系作匀速直线运动的坐标系也都是惯性坐标系。在这样的坐标系中,牛顿三大定律都将适用。

由此说来,作匀速直线运动的坦克,其上的坐标系也仍然是惯性坐标系,因此,前面所推导的解命中问题的方程仍然适用,只不过方程中的速度均为相对于坦克的速度,此即为解命中问题的不变性。

(2) 矢量方程和数量方程。

为了简化问题,只在平面内讨论,即目标和载体同在一个地球平面内运动。假设目标现在点为 m,载体速度矢量为 V_T(图 5-16)。选定提前点坐标系(其中 $\alpha_q = 0$),并已知目标相对速度为 V_K,以此所求得的提前点为 m_{q1},即行进中的坦克应向 m_{q1} 点射击,其矢量方程和数量方程分别为:

$$D_{q1} - D - V_r t_f = 0 \quad (5-60)$$

$$\begin{cases} D_q - D\cos\beta_{q1} - (V_{Rx}\cos\beta_{q1} + V_{Ry}\sin\beta_{q1})t_f = 0 \\ D\sin\beta_{q1} + (V_{Rz}\sin\beta_{q1} - V_{Ry}\cos\beta_{q1})t_f = 0 \end{cases} \quad (5-61)$$

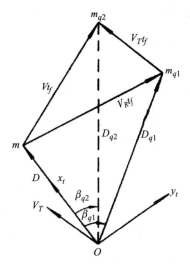

图 5-16　载体行进间射击目标的矢量图

实际上，m_{q1} 点为一虚拟提前点，或称相对提前点。虽然，按惯性坐标系的原理，以这一点为提前点，是完全可以实现弹丸与目标相遇的，但是弹丸和目标在空间的实际相遇点并不是 m_{q1} 而是提前点 m_{q2}。这一差别主要来源于载体的速度矢量 V_T。

由于
$$V = V_R + V_r \quad (5-62)$$

所以求取实际提前点 m_{q2} 的矢量方程为：
$$D_{q2} - D - (V_R + V_T)t_f = 0 \quad (5-63)$$

以此式为基础，也不难求出有关实际提前点 m_{q2} 的解命中问题的数量方程。

2. 解命中问题的数值计算方法

1) 概述

解命中问题数量方程组，大都是三角函数的超越函数方程组，统称为非线性方程组，除了极个别情况下可解析求解外，通常要借助计算装置或数值计算方法进行求解。

在模拟式火控系统中，为了联合求解三个方程，通常由三个"解算分系统"构成,其中的每一个分系统,又皆由解算装置和伺服系统两部分组成。三个解算分系统协同工作,即可联立求解三个方程,得出提前点的三个待求量。

设联立方程组的通式为:

$$\begin{cases} f_1(\lambda_1, \lambda_2, \cdots, \lambda_n, x_1, x_2, x_3) = 0 \\ f_2(\lambda_1, \lambda_2, \cdots, \lambda_n, x_1, x_2, x_3) = 0 \\ f_3(\lambda_1, \lambda_2, \cdots, \lambda_n, x_1, x_2, x_3) = 0 \end{cases} \quad (5-64)$$

式中:λ_1,λ_2,$\cdots$,λ_n——已知量,如现在点坐标、目标运动参数等;

x_1,x_2,x_3——待求量,即提前点坐标。

如图5-17所示,以第一个分系统为例,为求解 x_1,除了需要将各已知量 λ_1,λ_2,$\cdots$,λ_n 引入解算装置外,还要将其他分系统的输出 x_2、x_3 也引入到该分系统中来。当 $f_1 \neq 0$ 时,伺服系统的输入端则出现控制信号 δ_1,在 δ_1 的作用下,改变系统的输出 x_1。其他两个分系统的工作情况也是如此,只有当三个分系统所求得的 x_1、x_2 和 x_3 同时满足式(5-64)时,整个系统联立求解的过程才告结束。

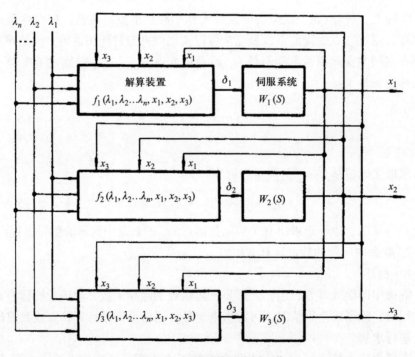

图5-17 解算系统的协同工作

由图 5-17 可以看出，各分系统之间存在着明显的耦合作用，这与一般单输入—单输出的系统不同，使求解过程复杂化。另外，系统中各伺服系统虽然是线性的，但整个解算系统所求解的方程（5-64）又都是非线性方程，也即是解算装置为非线性的，因此，整个解命中问题系统为一个非线性的多输入—多输出系统。而这种非线性特性所造成的放大系数的时变性，给系统的稳定性带来了不利的影响。伺服系统 $W_i(s)$ 之所以必要，除了起放大和执行机构的作用外，也正是要对这种不利的因素起自动校正的作用，因此关于 $W_i(s)$，$i=1$，2，3的设计是图 5-17 所示解算系统设计的重要内容。

在现代的数字式火控系统中，由于可采用数值计算的方法进行求解，使得整个解命中问题系统的面貌大为改观。这时不仅不需要专门的解算装置，也不需要附加伺服系统对稳定性起调节作用。同时，围绕图 5-17 的解命中问题系统所展开的许多理论分析也自然失效，而需要以系统现在所选用的计算方法为背景，重新对系统的稳定性、动态特性等系统特性进行理论分析。可以认为，解命中问题的解算过程与理论分析方法的不同，构成了数字式火控系统在理论上区别于模拟式火控系统的重要方面。

为便于数值求解的描述，将式（5-64）改写如下：

$$\begin{cases} f_1(x_1, x_2, x_3) = 0 \\ f_2(x_1, x_2, x_3) = 0 \\ f_3(x_1, x_2, x_3) = 0 \end{cases} \quad (5-65)$$

解此类非线性方程组，常用的方法有两种。一种是求解由方程（5-65）构造成的模函数极小值的方法，另一种属于线性化的方法。由于有大量的书籍可参考，本书只对最速下降法和牛顿迭代法作一梗概的介绍。

2）最速下降法

最速下降法是常用的求取函数极小值方法的一种。为了便于用几何图形表示，此处按平面解命中问题讨论。

设解命中问题方程组的形式为：

$$\begin{cases} f_1(x_1, x_2) = 0 \\ f_2(x_1, x_2) = 0 \end{cases} \quad (5-66)$$

作模函数：

$$\Phi = \Phi(x_1, x_2) = [f_1(x_1, x_2)]^2 + [f_2(x_1, x_2)]^2 \quad (5-67)$$

显然方程组（5-66）之解是 Φ 的零极小值，反之亦然。因此可通过求 Φ 的零极小值点来得到方程组（5-66）的解。

函数中 $\Phi(x_1, x_2)$ 在几何上是一空间曲面，它与 x_1-x_2 面相切的点即是它的零极小值点（见图 5-18）。对于空间曲面 $\Phi = \Phi(x_1, x_2)$，如果用一系列平行于 x_1-x_2 面的平面（Φ = 常数）与之相截，可以得到一族平面曲线，将它们投影到 x_1-x_2 面，得到如图 5-19 所示的曲线族，称为曲面的等高曲线族，处在同一条等高线上的点，其 Φ 值是相同的。在极小值点 (α, β) 附近，其等高线形成以 (α, β) 为中心的封闭曲线族，且相应的 Φ 值由外向里不断地下降，当到达 (α, β) 时，Φ 值为零。

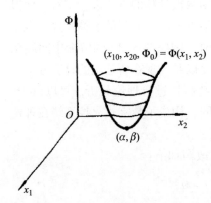

图 5-18 空间曲面中的图形

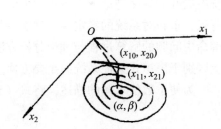

图 5-19 等高曲线族

对于处在函数 $\Phi(x_1, x_2)$ 定义域 R_0 内的任何点，总有曲线族中的一条等高线通过它。如果从 R_0 内某个点 (x_{10}, x_{20}) 出发沿着使 Φ 值下降的方向逐步地下降 Φ 值，一直降到它的零极小值，就可得到问题的解。

已知函数 $\Phi(x_1, x_2)$ 在 (x_1, x_2) 点的梯度为：

$$\nabla \Phi = \begin{bmatrix} \dfrac{\partial \Phi}{\partial x_1} & \dfrac{\partial \Phi}{\partial x_2} \end{bmatrix}^T$$

其中 $\nabla \Phi$ 为一个二维矢量，即曲线在 (x_1, x_2) 的梯度矢量，上标 "T" 为转置符。$\nabla \Phi$ 的方向是使 Φ 值上升最快的方向。因此其反矢量

$$-\nabla \Phi = \begin{bmatrix} -\dfrac{\partial \Phi}{\partial x_1} & -\dfrac{\partial \Phi}{\partial x_2} \end{bmatrix}^T$$

就是使 Φ 值下降最快的方向。最速下降法就是沿该方向来逐步下降 Φ 值的。具体方法如下：

设 (x_{10}, x_{20}) 是解的一个近似值。计算 Φ 在此点的梯度

$$\nabla \Phi = \begin{bmatrix} g_{10} & g_{20} \end{bmatrix}^{T}$$

此处

$$g_{10} = \left(\frac{\partial \Phi}{\partial x_1}\right)_0 = 2\left[\left(\frac{\partial f_1}{\partial x_1}\right)_0 (f_1)_0 + \left(\frac{\partial f_2}{\partial x_1}\right)_0 (f_2)_0\right] \quad (5-68)$$

$$g_{20} = \left(\frac{\partial \Phi}{\partial x_2}\right)_0 = 2\left[\left(\frac{\partial f_1}{\partial x_2}\right)_0 (f_1)_0 + \left(\frac{\partial f_2}{\partial x_2}\right)_0 (f_2)_0\right] \quad (5-69)$$

其中下标"0"表示括号内的函数在 (x_{10}, x_{20}) 处的值。从初始点 (x_{10}, x_{20}) 出发，沿负梯度方向 $-\nabla \Phi$ 跨出一适当的步长，得到新的点

$$\begin{cases} x_{11} = x_{10} - \lambda g_{10} \\ x_{21} = x_{20} - \lambda g_{20} \end{cases} \quad (5-70)$$

此处因子 λ 作如此选择，使得新的点 (x_{11}, x_{21}) 是 $\Phi(x_1, x_2)$ 在 $-\nabla \Phi$ 方向上的相对极小值点，即有：

$$\Phi(x_{11}, x_{21}) = \min\{\Phi(x_{10} - \lambda g_{10}, x_{20} - \lambda g_{20})\}$$

为了按这一原则选择 λ，必须建立 Φ 与 λ 之间一种较简单的函数关系。已知：

$$\Phi(x_{11}, x_{21}) = \Phi(x_{10} - \lambda g_{10}, x_{20} - \lambda g_{20}) \quad (5-71)$$

这一函数的表达式中唯一的变量就是 λ，已经是单变量函数了。本来，对它求极小值就可解决问题，但是，这是一个复合函数，求解过程比较复杂。为简化，首先将函数（5-70）的构成函数 $f_i(x_{10}-\lambda g_{10}, x_{20}-\lambda g_{20})$ $(i=1, 2)$ 在 (x_{10}, x_{20}) 处按台劳级数展开，并略去 λ^2 以上的项，再按式（5-66）的构造方法，组成模函数 $\Phi(x_{11}, x_{21})$ 的近似表达式，其过程如下：

因为

$$f_i(x_{10} - \lambda g_{10}, x_{20} - \lambda g_{20}) \approx (f_i)_0 - \lambda \left(\frac{\partial f_i}{\partial x_1}\right)_0 g_{10} - \lambda \left(\frac{\partial f_i}{\partial x_2}\right)_0 g_{20} \quad (5-72)$$

所以

$$[f_i(x_{10} - \lambda g_{10}, x_{20} - \lambda g_{20})]^2 \approx [(f_i)_0]^2 - 2\lambda \left[\left(\frac{\partial f_i}{\partial x_1}\right)_0 g_{10} + \lambda \left(\frac{\partial f_i}{\partial x_2}\right)_0 g_{20}\right](f_i)_0$$

$$+ \lambda^2 \left[\left(\frac{\partial f_i}{\partial x_1}\right)_0 g_{10} + \lambda \left(\frac{\partial f_i}{\partial x_2}\right)_0 g_{20}\right]^2 \quad (5-73)$$

再以式 (5-73) 为基础，构造模函数 Φ：

$$\Phi(x_{10} - \lambda g_{10}, x_{20} - \lambda g_{20}) \approx [(f_1)_0^2 + (f_2)_0^2]$$
$$- 2\lambda \left\{ \left[\left(\frac{\partial f_1}{\partial x_1}\right)_0 g_{10} + \left(\frac{\partial f_1}{\partial x_2}\right)_0 g_{20} \right](f_1)_0 + \left[\left(\frac{\partial f_2}{\partial x_1}\right)_0 g_{10} + \left(\frac{\partial f_2}{\partial x_2}\right)_0 g_{20} \right](f_2)_0 \right\}$$
$$+ \lambda^2 \left\{ \left[\left(\frac{\partial f_1}{\partial x_1}\right)_0 g_{10} + \left(\frac{\partial f_1}{\partial x_2}\right)_0 g_{20} \right]^2 + \left[\left(\frac{\partial f_2}{\partial x_1}\right)_0 g_{10} + \left(\frac{\partial f_2}{\partial x_2}\right)_0 g_{20} \right]^2 \right\} \quad (5-74)$$

这是一个以 λ 为自变量的二次多项式。按矩阵的表示法，记

$$J_B = \begin{bmatrix} \left(\frac{\partial f_i}{\partial x_1}\right)_0 & \left(\frac{\partial f_i}{\partial x_2}\right)_0 \\ \left(\frac{\partial f_2}{\partial x_1}\right)_0 & \left(\frac{\partial f_2}{\partial x_2}\right)_0 \end{bmatrix}$$

$$F_B = \begin{bmatrix} (f_1)_0 \\ (f_2)_0 \end{bmatrix}$$

另外有：

$$\nabla \Phi_0 = \begin{bmatrix} g_{10} \\ g_{20} \end{bmatrix} = 2 J_0^\mathrm{T} F_0 \quad (5-75)$$

再令 (a, b) 为矢量 a, b 的内积，则有：

$$\Phi(x_{10} - \lambda g_{10}, x_{20} - \lambda g_{20})$$
$$\approx (F_0, F_0) - 2\lambda (J_0 \nabla \Phi_0, F_0) + \lambda^2 (J_0 \nabla \Phi_0, J_0 \nabla \Phi_0) \quad (5-76)$$

为求一元函数的极小值，解方程：

$$\frac{\partial \Phi}{\partial \lambda} = -2(J_0 \nabla \Phi_0, F_0) + 2\lambda (J_0 \nabla \Phi_0, J_0 \nabla \Phi_0)$$

得：

$$\lambda = \frac{(J_0 \nabla \Phi_0, F_0)}{(J_0 \nabla \Phi_0, J_0 \nabla \Phi_0)} \quad (5-77)$$

又由于 J_0 为实数矩阵，根据内积的运算法则，有：

$$(J_0 \nabla \Phi_0, F_0) = (\nabla \Phi_0, J_0^\mathrm{T} F_0) = \frac{1}{2}(\nabla \Phi_0, 2 J_0^\mathrm{T} F_0) = \frac{1}{2}(\nabla \Phi_0, \nabla \Phi_0)$$

所以：

$$\lambda = \frac{(\nabla \Phi_0, \nabla \Phi_0)}{2(J_0 \nabla \Phi_0, J_0 \nabla \Phi_0)} \quad (5-78)$$

将它代入式（5-70），得到（x_{11}，x_{21}），以此作为 Φ 函数沿 $-\nabla\Phi_0$ 方向的相对极小值点的近似值。如果由式（5-78）得到的 λ，有：

$$\Phi(x_{11}, x_{21}) < \Phi(x_{10}, x_{20}) \quad (5-79)$$

就以它作为 λ 的取值，否则可缩小 λ，例如可每次缩小一半，直到条件（5-79）满足为止。

将最后确定的 λ 值代入式（5-70），便得到新的近似值 x_{11}，x_{21}。然后再以新的近似点为出发点重复上述过程，如此不断地进行，直到 Φ 值降到充分小时为止，最后得到的近似值即作为所求出的解。计算中，在 Φ 值较小时，一般可改用 $\Phi_1 = |f_1| + |f_2|$ 来代替 Φ 进行计算，因为在计算机的计算中，当与解接近时，Φ 值会很快趋于零而消失了数值，使解的精度不易掌握。

一般来说，最速下降法对任何初值都能收敛，但其收敛速度却是线性的。在开始几步后，其收敛速度就变得十分缓慢，尤其是在解的邻近，常常为了提高一点精度而需要付出很大的代价。因此，在实用上，常与下面将要介绍的牛顿迭代法结合应用，使两个方法互相取长补短，以达到既能保证收敛性又能加快收敛速度的目的。在火控系统中，这种收敛速度的提高能直接加快系统的反应速度。两种方法结合的方式是多样的，最常用的方式是，开始采用最速下降法，当 Φ 值下降到一定程度时，再改用牛顿迭代法。

3）牛顿迭代法

设已知方程组（5-65）解的一组估值函数 x_{10}，x_{20}，x_{30}。例如，可以假定 x_{10}，x_{20}，x_{30} 即为已知的目标现在点坐标。在此近似值邻近，将非线性函数 f_1、f_2 和 f_3，用一阶台劳展开式来近似，即：

$$\begin{cases} f_1(x_1,x_2,x_3) \approx (f_1)_0 + \left(\frac{\partial f_1}{\partial x_1}\right)(x_1-x_{10}) + \left(\frac{\partial f_1}{\partial x_2}\right)(x_2-x_{20}) + \left(\frac{\partial f_1}{\partial x_3}\right)(x_3-x_{30}) \\ f_2(x_1,x_2,x_3) \approx (f_2)_0 + \left(\frac{\partial f_2}{\partial x_1}\right)(x_1-x_{10}) + \left(\frac{\partial f_2}{\partial x_2}\right)(x_2-x_{20}) + \left(\frac{\partial f_2}{\partial x_3}\right)(x_3-x_{30}) \\ f_3(x_1,x_2,x_3) \approx (f_3)_0 + \left(\frac{\partial f_3}{\partial x_1}\right)(x_1-x_{10}) + \left(\frac{\partial f_3}{\partial x_2}\right)(x_2-x_{20}) + \left(\frac{\partial f_3}{\partial x_3}\right)(x_3-x_{30}) \end{cases}$$

$$(5-80)$$

式中：$(f_i)_0$，$i=1,2,3$ 表示函数 f_i 在 (x_{10}, x_{20}, x_{30}) 处的取值。$\left(\dfrac{\partial f_i}{\partial x_j}\right)_0$ 则表示偏导数 $\dfrac{\partial f_i}{\partial x_j}$ 在 (x_{10}, x_{20}, x_{30}) 处的取值，$i, j = 1, 2, 3$。

令上述各式等于零，即得到解命中问题原始数量方程组（5-65）在 (x_{10}, x_{20}, x_{30}) 处的近似的线性方程组。

$$\begin{cases} \left(\dfrac{\partial f_1}{\partial x_1}\right)_0 \Delta x_1 + \left(\dfrac{\partial f_1}{\partial x_2}\right)_0 \Delta x_2 + \left(\dfrac{\partial f_1}{\partial x_3}\right)_0 \Delta x_3 = -(f_1)_0 \\ \left(\dfrac{\partial f_2}{\partial x_1}\right)_0 \Delta x_1 + \left(\dfrac{\partial f_2}{\partial x_2}\right)_0 \Delta x_2 + \left(\dfrac{\partial f_2}{\partial x_3}\right)_0 \Delta x_3 = -(f_2)_0 \\ \left(\dfrac{\partial f_3}{\partial x_1}\right)_0 \Delta x_1 + \left(\dfrac{\partial f_3}{\partial x_2}\right)_0 \Delta x_2 + \left(\dfrac{\partial f_3}{\partial x_3}\right)_0 \Delta x_3 = -(f_3)_0 \end{cases} \quad (5-81)$$

式中：$\Delta x_1 = x_1 - x_{10}$，$\Delta x_2 = x_2 - x_{20}$，$\Delta x_3 = x_3 - x_{30}$。

[例] 在炮塔坐标系下的解命中问题的方程组为

$$\begin{cases} D_q \cos\alpha_q \cos\beta_q - D\cos\alpha - V_x t_f = 0 \\ D_q \cos\alpha_q \sin\beta_q - V_y t_f = 0 \\ D_q \sin\alpha_q - D\sin\alpha - V_z t_f = 0 \end{cases} \quad (5-82)$$

试求其在 (D_0, β_0, α_0) 处的近似线性展开式。

解 此处的变量为 D_q，β_q 和 α_q，目标现在点坐标 $(D, 0, \alpha)$ 为已知。将式（2-41）代入方程组（5-82）中，按式（5-81）的结构，即：可求得近似的线性方程组

$$\begin{cases} (\cos\alpha_0\cos\beta_0 - V_x f'(D_0))\Delta D_q - D_0\cos\alpha_0\sin\beta_0 \Delta\beta_q \\ \quad - D_0\sin\alpha_0\cos\beta_0 \Delta\alpha_q = -D_0\cos\alpha_0\cos\beta_0 - D\cos\alpha - V_x f(D_0) \\ (\cos\alpha_0\sin\beta_0 - V_y f'(D_0))\Delta D_q + D_0\cos\alpha_0\cos\beta_0 \Delta\beta_q \\ \quad - D_0\sin\alpha_0\sin\beta_0 \Delta\alpha_q = -D_0\cos\alpha_0\sin\beta_0 + V_y f(D_0) \\ (\sin\alpha_0 - V_z f'(D_0))\Delta D_q - D_0\cos\alpha_0 \Delta\alpha_q \\ \quad = -D_0\sin\alpha_0 + D\sin\alpha + V_z f(D_0) \end{cases}$$

对于方程组（5-81），假定它有解，从中可解出 (x_{10}, x_{20}, x_{30})。

由它们的含义得到：

$$\begin{cases} x_{11} = x_{10} + \Delta x_1 \\ x_{21} = x_{20} + \Delta x_2 \\ x_{31} = x_{30} + \Delta x_3 \end{cases} \quad (5-83)$$

以此作为非线性方程组的一组新的近似解，代替 x_{10}，x_{20}，x_{30}，重复上述计算，形成一迭代过程，由此得到一近似解的序列：

x_{10}，x_{20}，x_{30}，x_{11}，x_{21}，x_{31}，…，x_{1k}，x_{2k}，x_{3k}，x_{1k+1}，x_{2k+1}，x_{3k+1}，…

直到相邻两组解的近似值满足条件

$$\max\{\delta_{x1},\ \delta_{x2},\ \delta_{x3}\} < \xi \qquad (5-84)$$

或 $$\max\{|f_1|,\ |f_2|,\ |f_3|\} < \sigma \qquad (5-85)$$

时为止。最后所得的近似解即是所要求的解。上式中

$$\delta_{xi} = \begin{cases} \dfrac{|x_{ik+1} - x_{ik}|}{|x_{ik}|},\ i=1,2,3,\ \text{当}\ |x_{ik}| \geqslant c \\ |x_{ik+1} - x_{ik}|,\ i=1,2,3,\ \text{当}\ |x_{ik}| \geqslant c \end{cases}$$

式中：ξ——允许误差；c——误差控制常数；σ——接近于零的正小数，视火控计算机的字长和数值范围而定。

在上述的迭代解算过程中，隐含了对线性方程组的数值求解，这一求解过程亦是解命中问题数值求解中的重要步骤。常用的算法有高斯消去法和迭代法。

4）解线性方程组的高斯消去法

这是人们早已熟悉的古典方法，也是数值求解线性方程组的最有效的方法之一。其基本思想是用逐次消去一个未知数的办法把原来的方程组化为等价的三角形方程组，并从中求得问题的解答。

为了便于讨论，将式（5-81）改写如下：

$$\begin{cases} a_{11}\Delta x_1 + a_{12}\Delta x_2 + a_{13}\Delta x_3 = b_1 \\ a_{21}\Delta x_1 + a_{22}\Delta x_2 + a_{23}\Delta x_3 = b_2 \\ a_{31}\Delta x_1 + a_{32}\Delta x_2 + a_{33}\Delta x_3 = b_3 \end{cases} \qquad (5-86)$$

式中系数的对应关系是：

$$a_{ij} = \left(\frac{\partial f_i}{\partial x_j}\right)_0$$
$$b_i = -(f_i)_0$$
$$i,j = 1,2,3$$

如果按矩阵表示法，可记为：

$$A\Delta X = B \qquad (5-87)$$

式中:A——式(5-86)的系数矩阵;$\Delta X = [\Delta x_1 \quad \Delta x_2 \quad \Delta x_3]^T$;$B = [b_1 \quad b_2 \quad b_3]^T$。

为了能够反映出高斯消去法的过程,再将方程组(2-45)改写如下:

$$\begin{cases} a_{11}^{(1)}\Delta x_1 + a_{12}^{(1)}\Delta x_2 + a_{13}^{(1)}\Delta x_3 = b_1^{(1)} \\ a_{21}^{(1)}\Delta x_1 + a_{22}^{(1)}\Delta x_2 + a_{23}^{(1)}\Delta x_3 = b_2^{(1)} \\ a_{31}^{(1)}\Delta x_1 + a_{32}^{(1)}\Delta x_2 + a_{33}^{(1)}\Delta x_3 = b_3^{(1)} \end{cases} \qquad (5-88)$$

或 $\qquad A^{(1)}\Delta X = B^{(1)}$

式中上标"(1)"代表消去步骤的序号。

假定 $a_{i1}^{(1)} \neq 0$,分别从原方程组的第二个方程减去第一个方程乘以 $a_{21}^{(1)}/a_{11}^{(1)}$,第三个方程减去第一个方程乘以 $a_{31}^{(1)}/a_{11}^{(1)}$,即可消去后两方程中的 Δx_i,这时方程组(5-86)变换成如下的等价方程:

$$\begin{cases} a_{11}^{(1)}\Delta x_1 + a_{12}^{(1)}\Delta x_2 + a_{13}^{(1)}\Delta x_3 = b_1^{(1)} \\ a_{22}^{(2)}\Delta x_2 + a_{23}^{(2)}\Delta x_3 = b_2^{(2)} \\ a_{32}^{(3)}\Delta x_2 + a_{33}^{(3)}\Delta x_3 = b_3^{(3)} \end{cases}$$

或 $\qquad A^{(2)}\Delta X = B^{(2)}$

式中,
$$A^{(2)} = \begin{bmatrix} a_{11}^{(1)} & a_{12}^{(1)} & a_{13}^{(1)} \\ & a_{22}^{(2)} & a_{23}^{(2)} \\ & a_{32}^{(3)} & a_{33}^{(3)} \end{bmatrix}$$

$$B^{(2)} = \begin{bmatrix} b_1^{(1)} \\ b_2^{(2)} \\ b_3^{(3)} \end{bmatrix}$$

若令 $m_{i1} = a_{i1}^{(1)}/a_{11}^{(1)}$,则系数 $a_{ij}^{(2)}$ 和 $b_i^{(2)}$ 的计算式为:

$$a_{ij}^{(2)} = a_{ij}^{(1)} - m_{ij}a_{1j}^{(1)}$$

$$b_i^{(2)} = b_i^{(1)} - m_{ij}b_i^{(1)}$$

$i, j = 2, 3$

类似地,若 $a_{22}^{(2)} \neq 0$,则可用上述等价方程的第二方程为基准消去第三方程中的 Δx_2 的项,即得到如下等价上三角形方程组:

$$\begin{cases} a_{11}^{(1)}\Delta x_1 + a_{12}^{(1)}\Delta x_2 + a_{13}^{(1)}\Delta x_3 = b_1^{(1)} \\ a_{22}^{(2)}\Delta x_2 + a_{23}^{(2)}\Delta x_3 = b_2^{(2)} \\ a_{33}^{(2)}\Delta x_3 = b_3^{(2)} \end{cases}$$

或 $$A^{(3)}\Delta X = B^{(3)}$$

式中，
$$a_{33}^{(3)} = a_{33}^{(2)} - m_{32}a_{23}^{(2)}$$
$$b_{33}^{(3)} = b_3^{(2)} - m_{32}a_2^{(2)}$$

而 $$m_{32} = a_{32}^{(2)}/a_{22}^{(2)}$$

对于方程（5-88），即可用回代过程求解

$$\begin{cases} \Delta x_3 = b_3^{(3)}/a_{33}^{(3)} \\ \Delta x_2 = (b_2^{(2)} - a_{23}^{(2)}\Delta x_3)/a_{22}^{(2)} \\ \Delta x_1 = (b_1^{(1)} - a_{12}^{(1)}\Delta x_2 - a_{13}^{(1)}\Delta x_3)/a_{11}^{(1)} \end{cases} \quad (5-89)$$

上述消去过程，虽然不存在理论上的误差，但由于计算机字长有限，而存在舍入误差，故经常只能求得近似解。特别每次在求消去比例因子 m_{ij} 和回代运算时要作除法运算，如果称之为主元素的 $a_{11}^{(1)}$、$a_{22}^{(2)}$ 和 $a_{33}^{(3)}$ 很小时，由于舍入误差可能使其有效位变少，用其作除数就会导致其他元素误差的严重增长，并使数值解极不准确，这是在高斯消去法中切忌发生的事情。

事实上，线性方程组系数矩阵的结构对于求解过程的精度有很大的影响，为了使运算精度高，应使矩阵对角线元素的绝对值均大于其他元素，即应满足下列称之为系数矩阵的结构因素不等式

$$|a_{ij}| \geq \max_{i\neq j}\{|a_{ij}|\} \quad (5-90)$$

为了满足上式，可采用行（列）交换法即所谓主元选择法来实现，但这要增加计算机的判断和操作时间，对于缩短火控系统的反应时间不利，这促使人们采用其他办法。在上一节的讨论中，可以看到，同是一个解命中问题，由于投影轴系的选择不同，所得数量方程组的形式也不同。选择怎样的投影坐标系，才能使条件（5-90）趋于满足，将在本章的后面予以讨论。

5) 解线性方程组的迭代法

迭代法是解线性方程组的另一有效方法。其基本思想是要构成一个矢量序列 $\Delta X^{(k)}$，使其收敛至某个极限矢量 ΔX^*，并且 ΔX^* 就是所求解方程组的准确解。

假定方程组（5-85）中 $a_{ij} \neq 0$（$i=1, 2, 3$），于是由第一个方程得：

$$\Delta x_1 = \frac{a_{12}}{a_{11}}\Delta x_2 - \frac{a_{13}}{a_{11}}\Delta x_3 - \frac{b_1}{a_{11}}$$

对第二、第三方程也作类似的变换，并令

$$\begin{cases} d_{ij} = -a_{ij}/a_{ji} \\ c_i = b_j/a_{ij} \end{cases} \quad (5-91)$$

就可把方程组（5-85）化为下列等价形式：

$$\begin{cases} \Delta x_1 = d_{12}\Delta x_2 + d_{13}\Delta x_3 + c_1 \\ \Delta x_2 = d_{21}\Delta x_2 + d_{23}\Delta x_3 + c_2 \\ \Delta x_3 = d_{31}\Delta x_2 + d_{32}\Delta x_2 + c_3 \end{cases} \quad (5-92)$$

任选一组数 $\Delta x_1^{(0)}$、$\Delta x_2^{(0)}$、$\Delta x_3^{(0)}$ 作为方程组的近似解（称解的初值，或零次近似解），将其代入式（5-92）右端即可求出一组新的数值 $\Delta x_1^{(1)}$、$\Delta x_1^{(1)}$、$\Delta x_1^{(1)}$，就是说

$$\begin{cases} \Delta x_1^{(1)} = d_{12}\Delta x_2^{(0)} + d_{13}\Delta x_3^{(0)} + c_1 \\ \Delta x_2^{(1)} = d_{21}\Delta x_1^{(0)} + d_{23}\Delta x_3^{(0)} + c_2 \\ \Delta x_3^{(1)} = d_{31}\Delta x_1^{(0)} + d_{32}\Delta x_2^{(0)} + c_3 \end{cases}$$

把这组新值作为改进后的近似解（或称一次近似解）代入式（5-90）右端，又可求得二次近似解。如此迭代下去，得到一个近似解的序列。一般的迭代计算公式可写为：

$$\begin{cases} \Delta x_1^{(k+1)} = d_{12}\Delta x_2^{(k)} + d_{13}\Delta x_3^{(k)} + c_1 \\ \Delta x_2^{(k+1)} = d_{21}\Delta x_1^{(k)} + d_{23}\Delta x_3^{(k)} + c_2 \\ \Delta x_3^{(k+1)} = d_{31}\Delta x_1^{(k)} + d_{32}\Delta x_2^{(k)} + c_3 \end{cases} \quad (5-93)$$

如果采用下列矩阵符号

$$\boldsymbol{Q} = \begin{bmatrix} a_{11} & 0 & 0 \\ 0 & a_{12} & 0 \\ 0 & 0 & a_{13} \end{bmatrix}, \quad \boldsymbol{D} = \begin{bmatrix} 0 & d_{12} & d_{13} \\ d_{21} & 0 & d_{23} \\ d_{31} & d_{32} & 0 \end{bmatrix}$$

$$\boldsymbol{C} = \begin{bmatrix} c_1 \\ c_2 \\ c_3 \end{bmatrix}, \quad \Delta \boldsymbol{X}^{(k)} = \begin{bmatrix} \Delta x_1^{(k)} \\ \Delta x_1^{(k)} \\ \Delta x_3^{(k)} \end{bmatrix}, \quad (k = 0, 1, 2, \cdots)$$

它们之间存在下列关系：

$$D = Q^{-1}(Q - A), \quad C = Q^{-1}B$$

利用矩阵表示法，则迭代过程或式（5-93）可表示为：

$$\begin{cases} \Delta X^{(0)}, \text{任取初始值} \\ \Delta X^{(k+1)} = D\Delta X^{(k)} + C, \quad (k = 0, 1, 2, \cdots) \end{cases} \quad (5-94)$$

按过程（5-94）或式（5-93）计算下去，当 $k \to \infty$ 时，若 $\Delta x_1^{(k)}$、$\Delta x_2^{(k)}$、$\Delta x_3^{(k)}$ 分别收敛于某个极限值 Δx_1^*、Δx_2^*、Δx_3^*，那么对式（5-93）两端取极限，即有：

$$\begin{cases} \Delta x_1^* = d_{12}\Delta x_2^* + d_{13}\Delta x_3^* + c_1 \\ \Delta x_2^* = d_{21}\Delta x_1^* + d_{23}\Delta x_3^* + c_2 \\ \Delta x_3^* = d_{31}\Delta x_1^* + d_{32}\Delta x_2^* + c_3 \end{cases}$$

所以，Δx_1^*、Δx_2^*、Δx_3^* 就是方程（5-92）的解，因而也是方程（5-85）的解。

按矢量而言，由于矢量 $\Delta X^{(k)}$ 的各分量均有极限，各分量的极限值 Δx_i^* 亦组成一个矢量：$\Delta X^* = [\Delta x_1^* \quad \Delta x_2^* \quad \Delta x_3^*]^T$，自然，此时我们就说矢量序列 $\{\Delta X^{(k)}, k=0, 1, 2, \cdots\}$ 有极限 ΔX^*，并且 ΔX^* 就是矩阵方程（5-84）或方程组（5-85）的准确解。

最新的计算数学的成果表明，除了上述的迭代算法外，还有多种线性方程组的迭代算法。但不管是哪一种迭代算法，都是建立在近似解的矢量序列 $\{\Delta X^{(k)}\}$ 是否收敛的基础之上的。只要其矢量序列 $\{\Delta X^{(k)}\}$ 收敛至方程组的准确解 ΔX^*，就称该迭代法收敛，否则称该迭代法发散。

3. 对机动目标的解命中问题

解命中问题的求解是火控系统的重要任务之一。前面所讨论的解命中问题，包括解命中问题的基本矢量方程、解命中问题的原始数量方程的建立与求解，还包括在实际系统中为实现命中问题的求解而采取的一些技术措施，都是以目标作匀速直线运动为基础的，这也正是现行火控系统中求解命中问题的基本依据。但是，一旦目标进行机动行驶，脱离了运动规律的基本假定之后，上述解命中问题的理论以及一部分技术措施都将失效。因此，在现代坦克动力特性大大提高后，目标在战场上能有多种运动规律选择的情况下，应该在更加广泛的范围内建立解命中问题的理论和求解方法，使之既适用于目标作匀速直线运动的情况，也适用于目标机动时的情况。

非制导武器射击时的解命中问题的任务是解决弹丸与目标的相遇问题。也就是以火炮发射时刻目标所在位置即现在点 M 的位置为初值，求取弹丸飞行时间 t_f 后与目标相遇的提前点 M_q 的位置，如图 5-20 所示。

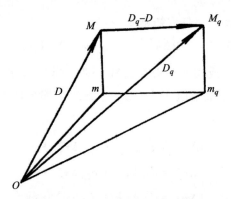

图 5-20　一般情况下解命中问题矢量图

假设目标在其航向上的速度矢量为 $V(t)$，则解命中问题的矢量方程为

$$D_q - D = \int_0^{t_f} V(t) \mathrm{d}t \tag{5-95}$$

当 $V(t)$ 为时变时，线段 $\overline{MM_q}$ 失去了与 $V(t)$ 的线性关系，已无法按前面空间矢量几何的方法进行解命中问题求解。这时的解命中问题变为，在以某种方式建立反映目标运动规律的状态方程后，以现在点 M 处的目标状态为初值，求取弹丸在飞行 t_f 时间后目标到达 M_q 时的状态（位置）问题。由于在这一动态过程的各个环节上必然存在随机噪声，因此对机动目标的解命中问题就成为了目标在提前点的位置或状态的最佳预测估计问题，这也是典型的 Kalman 滤波问题。

Kalman 滤波在目标跟踪（特别是自动跟踪目标时）和解命中问题中的应用，既可对跟踪目标时所采集的数据进行滤波处理，又可对目标在提前点 M_q 的位置进行估计，使火控系统中两类不同的任务在一个数学模型下统一起来，既简化了工作过程，又是提高系统精度的重要手段。因此对系统跟踪过程和解命中问题的理论设计已是现代新型火控系统理论设计的主要内容之一。

以预测估计为手段的解命中问题，在求解方法上也具以下特点：

（1）为了突出地表现目标的运动规律，也为了与跟踪目标的滤波估计相一致，解命中问题是直接在直角坐标系下进行的，所预测的 M_q 的坐标为其直角坐标：x_q，y_q，z_q。这与以往的解命中问题直接对 M_q 的球坐标（D_q，α_q，

β_q）进行求解有很大的不同，因此在预测出 M_q 点的直角坐标（x_q，y_q，z_q）后，还得按变换式的进行逆变换，即

$$\begin{bmatrix} D_q \\ \alpha_q \\ \beta_q \end{bmatrix} = \begin{bmatrix} \sqrt{x_q^2 + y_q^2 + z_q^2} \\ \arctg \dfrac{z_q}{\sqrt{x_q^2 + y_q^2}} \\ \arctg \dfrac{y_q}{x_q} \end{bmatrix} \qquad (5-96)$$

（2）由于弹丸飞行时间 t_f 是提前点 M_q 位置的函数，因此关于目标在 t_f 时的位置预测估计要用迭代的方法进行多次循环计算，直至满意时为止。

5.2.3 修正量方程解算技术

这里我们主要介绍非标准条件下修正量方程的解算技术。

1. 修正量的计算方法

火炮实际的射击条件与标准条件经常不同，实际射击条件下的弹道诸元与标准条件的相应诸元之差，称为修正量。射表是在标准条件下制成的，用射表求射击诸元时，就应考虑修正。修正量计算是火控系统中又一个重要的计算任务。

从火炮射击的需要出发，在坦克火控系统中所选择的修正诸元为：瞄准角 α、方向角 β、射击距离 D。

修正量的计算公式，是火控系统数学模型的一部分。而计算修正量的方法则有：求差法、微分法和以射表数据为依据的曲线拟合法。

1）求差法和微分法

以基本瞄准角 α_0 为例，在基本问题中，它是 K、v_0、D 三个参数的函数。如果考虑其他影响因素，在标准条件下可以表示为：

$$\alpha_0 = \alpha_0(K, v_0, D, \lambda_1, \lambda_2, \cdots) \qquad (5-97)$$

式中：λ——$i=1, 2, \cdots$，表示其他与 α_0 有关的参数，如 m，g 等。

假设实际射击条件下诸参数的增量为 ΔK，Δv_0，ΔD，$\Delta\lambda_1$，$\Delta\lambda_2$，$\cdots$，则 α_0 的修正量计算式为：

$$\begin{aligned} \alpha_0 = & \alpha_0(K+\Delta K, v_0, D+\Delta D, \lambda_1+\Delta\lambda_1, \lambda_2+\Delta\lambda_2, \cdots) \\ & - \alpha_0(K, v_0, D, \lambda_1, \lambda_2, \cdots) \end{aligned} \qquad (5-98)$$

式（5-98）为修正量求差法的计算式，它是直接按修正量的定义求出的，故

是计算修正量最准确的算式。

实际上，式（5-98）右端第一项很难求出，常常要借助微分法简化求解。当诸参数的增量不大时，将式（5-97）在标准条件下按台劳级数展开，略去高于增量一次项的部分后，即可得到修正量的微分法计算式：

$$\Delta\alpha_0 = \frac{\partial\alpha_0}{\partial K}\Delta K + \frac{\partial\alpha_0}{\partial v_0}\Delta v_0 + \frac{\partial\alpha_0}{\partial D}\Delta D + \frac{\partial\alpha_0}{\partial \lambda_1}\Delta\lambda_1 + \frac{\partial\alpha_0}{\partial \lambda_2}\Delta\lambda_2 + \cdots \quad (5-99)$$

微分法由于是台劳展开式的简化计算式，未考虑各参数变化的相互影响，因而精度不是很高，但在很多情况下它却是可行的方法，因而应用较多。

2）射表数据的曲线拟合法

火炮射表中，包含有大量的修正量数据（表5-1），它所选择的修正诸元是距离 D 和方向角 β。为利用这些数据进行修正量计算，可采用自动查表法和曲线拟合法，而最常使用的还是曲线拟合法。这与上一章中所介绍的方法完全相同。

虽然曲线拟合法是当前计算修正量的主要方法，但它在物理概念上不够直观，也不易分析各参数之间的影响，所以本节仍以求差法和微分法为主进行讨论。

2. 对地形条件的修正

1）瞄准角对炮目高低角 ε 的修正

设目标高 $H=0$，即 $\varepsilon=0$ 时，瞄准角为 α_0，若距离相同，但存在炮目高低角 ε 时的瞄准角为 α（图5-21）。

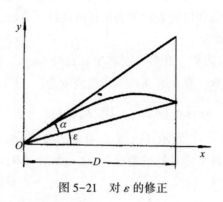

图 5-21 对 ε 的修正

在外弹道学中已有证明，这时有：

$$\alpha = \alpha_0\cos\varepsilon$$

因此，按求差法，这时的修正量为：

$$\Delta\alpha_{0\varepsilon} = \alpha_0\cos\varepsilon - \alpha_0 = \alpha_0(\cos\varepsilon - 1) \quad (5-100)$$

2) 坦克侧倾时的修正量计算

通常，坦克火控系统是在坐标平面 Ox_hy_h 平行于地球平面的坐标系内求解弹道方程的。如果坦克车体水平侧倾时，其侧倾角 ψ 的最大允许值可达 15°之多，就不能简单地通过现有的传动方式对求解的瞄准角 α 和方向角 β 进行装定，因为火炮相对耳轴或炮塔座圈的任何转动，都会同时在地球坐标系的两个方向上产生角位移效果。为了以地球坐标系为基准，按 α 和 β 装定火炮，就必须对火炮在炮塔坐标系内相应的转动角度 α_t 和 β_t 进行计算。它的实质是坐标系进行 ψ 角转移的坐标变换问题，但在火控系统中仍将其视为是修正量计算，而且是一个倍受重视的修正问题。

如图 5-22 所示，设 $\{I_{zh}, I_{yh}\}$ 和 $\{I_{zt}, I_{yt}\}$ 是空间同一单位矢量，分别在坦克位置坐标系和炮塔坐标系上的投影。由图 5-22，显然有：

$$\begin{cases} I_{zt} = I_{zh}\cos\psi - I_{yh}\sin\psi \\ I_{yt} = I_{zh}\sin\psi - I_{yh}\cos\psi \end{cases}$$

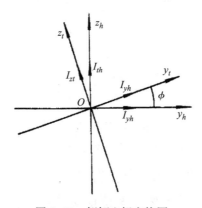

图 5-22 侧倾坐标变换图

由于实际中的 α、β、α_t、β_t 均是很小的角度，所以有 $I_{zt} \approx \alpha_t$，$I_{yt} \approx \beta_t$，$I_{zh} \approx \alpha$，$I_{yht} \approx \beta_t$，代入式（5-100），有：

$$\begin{bmatrix} \alpha_t \\ \beta_t \end{bmatrix} = \begin{bmatrix} \cos\psi & -\sin\psi \\ \sin\psi & \cos\psi \end{bmatrix} \begin{bmatrix} \alpha \\ \beta \end{bmatrix} \quad (5-101)$$

式（5-101）中的系数矩阵称为侧倾转移矩阵，系统中有专门的侧倾角传感器，一旦检测出 ψ 角时，就按上式进行变换修正。

3. 对弹道参数的修正

炮弹火药温度的变化和火炮身管的烧蚀，都将引起初速偏差而影响瞄准角 α_0。火药温度越高，初速越大，身管烧蚀程度越深，初速越低。

利用微分法，可求出初速偏差时 α_0 的修正量为：

$$\Delta\alpha_0 = \frac{mg}{v_0^2 K}\left[\frac{m}{2DK}\left(1 - \exp\left(\frac{2DK}{m}\right)\right) + 1\right]\frac{\Delta v_0}{v_0} = f_1(K, v_0, D)\frac{\Delta v_0}{v_0} \quad (5-102)$$

令 δ_1 代表火药温度所引起的初速相对偏差，δ_2 为身管烧蚀所引起的初速相对偏差，即：

$$\delta_1 = (\Delta v_0/v_0) = f(T_1)$$
$$\delta_2 = (\Delta v_0/v_0) = f(N)$$

式中：T_1——火药温度；N——身管烧蚀度。

则相应于它们的修正量 $\Delta\alpha_{0T_1}$ 和 $\Delta\alpha_{0N}$ 就可以表示为：

$$\Delta\alpha_{0T_1} = \delta_1 f_1(K, v_0, D) \quad (5-103)$$
$$\Delta\alpha_{0N} = \delta_2 f_1(K, v_0, D) \quad (5-104)$$

4. 对气象条件的修正

已知：

$$K = \frac{\pi d^2}{8} i C_{x_0}^-\left(\frac{v}{a}\right)\rho$$

可见，当空气密度 ρ 变化时，对 K 有较大的影响，因此随着弹丸所在位置的海拔高度的增加，ρ 值要减小，因而 K 值要减小。另外空气温度升高时，声速要随之增大（15℃时的标准声速为 $a = 341.1\text{m/s}$），在弹丸的超声速段内，阻力系数 $C_{x_0}^-\left(\frac{v}{a}\right)$ 要增大，因而 K 值也要增大；而气温变高后，密度 ρ 减小，K 值又会减小。

利用公式，求得的 α_0 对 ΔK 的修正量为：

$$\Delta\alpha_0 = \frac{mg}{2v_0^2 K}\left[\frac{m}{DK}\left(1 - \exp\left(\frac{2DK}{m}\right)\right) + 1 + \exp\left(\frac{2DK}{m}\right)\right]\frac{\Delta K}{K}$$
$$= f_2(K, v_0, D)\frac{\Delta K}{K} \quad (5-105)$$

令 δ_3 代表气温引起的 K 值的相对偏差，δ_4 为空气密度所引起的 K 值的相对偏差，即：

$$\delta_3 = (\Delta K/K)_3 = f(T_2)$$
$$\delta_4 = (\Delta K/K)_4 = f(\rho)$$

式中：T_2——空气温度。

则 α_0 相对于它们的修正量 $\Delta\alpha_{0T_2}$ 和 $\Delta\alpha_{0\rho}$ 可表示为：

$$\Delta\alpha_{0T_2} = \delta_3 f_2(K, v_0, D) \tag{5-106}$$
$$\Delta\alpha_{0\rho} = \delta_4 f_2(K, v_0, D) \tag{5-107}$$

5. 对炮口角偏移的修正

许多试验结果表明，炮口的空间角度可以从它预先设定的方向发生明显的偏移，并主要由下列因素所引起。

（1）由于火炮身管受热不均匀所导致的身管弯曲。这包括阳光辐射和射击后的非对称性受热与冷却等因素，仅在北半球的中纬度地区，由于昼夜间阳光辐射的不同，就可以产生近 1.2mrad 的角位移。

（2）由于坦克运动所产生的振动。当坦克以 16km/h 左右的速度在平坦路面上行驶时，可以引起高达 1.5mrad 的炮口角位移。

（3）由于射击时所产生的身管振动。非射击状态下炮口角偏移对射击的影响并不只是炮口角位移本身，由于身管弯曲，在射击时还会引起身管的振动，而使炮口的角偏移更大。

对炮口角偏移的修正是颇受重视的一项修正，它虽可按射表中给出的跳角 γ 进行修正，而在先进的火控系统中则常采用人工或自动的直接修正法以及自动间接修正法。直接法是在测得角偏移量后直接校准火炮轴线保持几何零位，间接法则进一步考虑身管的振动，以统计经验法为基础提出某经验公式进行修正。

5.3 车载导弹制导技术

车载导弹是由坦克、装甲车辆火炮发射的，用以摧毁装甲目标的制导兵器。它可与常规制式炮弹共用一种火炮发射和搭配使用，操作方便，可大幅度提高坦克、装甲车辆火炮的远距离作战能力。

制导技术是一门按照特定基准选择飞行路线，控制和导引武器系统对目标进行攻击的综合性技术。制导技术是伴随着导弹对命中精度的追求而诞生的，它的发展可以追溯到 20 世纪 30 年代。

车载导弹制导技术显著提高了装甲车辆远距离攻击其他装甲车辆和打击低空直升机的能力。目前，车载导弹制导技术主要有人工目视制导技术、红外制导技术、可见光电视制导技术、激光驾束制导技术。

5.3.1　人工目视制导技术

人工目视制导技术的发展大致经历了两个阶段。

第一阶段采用目视瞄准和跟踪，手动操纵，导线传输指令。导弹的制导方法是：射手首先将瞄准镜中的十字线对准并跟踪目标，当目标进入可攻击区时发射导弹。发射后，射手目视飞行中的导弹，同时观察目标，通过手控装置手柄进行控制，通过连接导弹与手控装置的导线传输指令，使导弹向目标飞行；保持射手、导弹和目标呈三点一线状态，直到命中目标。第一阶段的人工目视制导技术对射手要求高，需要较长时间的训练和操练，命中率一般为70%左右；为了适应射手的反应能力和导线强度的限制，导弹的飞行速度限制在150m/s以下；当攻击最大射程上的目标时，射手必须持续瞄准、跟踪目标和操纵导弹达20s以上，比较困难和危险；敌方有足够的时间作逃避机动或对射手进行反击；另外，攻击死区较大，通常在300~500m内无法攻击目标。"红箭"-73反坦克导弹属于此类。

第二阶段采用目视瞄准目标、红外或电视测角跟踪、导线传输指令。发射导弹后，射手在整个飞行期间只要把瞄准镜十字线保持在目标上即可。发射装置上的红外测角仪接收导弹弹尾发出的红外光，自动测量导弹相对瞄准线的角偏差，经计算机算出所需的修正量后，形成控制指令，经导线传给导弹，弹上执行机构产生控制力，修正导弹的飞行方向，使导弹保持在瞄准线附近飞行，直到命中目标。第二阶段人工目视制导技术的改进，主要表现在飞行速度的提高和减轻射手的负担上。射手只要学会把瞄准分划对准和跟踪目标即可；同时使最小作战距离缩小到100m以下。我国的"红箭"-8导弹属于此类。

人工目视制导技术对人的依赖度很大，命中率受到严重制约；对射手能力要求高、射手负担重；导弹速度受到限制，250m/s左右；射手有遭到敌方反击的危险等。

下面介绍人工目视制导技术常用瞄准镜的分划板。

车载导弹为定角发射，该角度与目标距离无关。定角发射由瞄准镜分划板（图5-23）保证。瞄准镜中上下有两个分划：上部十字分划为火炮校准分划，校炮时，十字中心与火炮轴线在1000m交汇；下边箭头分划为瞄准分划，用箭头分划顶点瞄准目标发射导弹。在垂直向，两个分划中心上下差7mil，即定角发射角度；瞄准分划向右偏3mil，是为消除瞄准镜瞄准线和火炮轴线之间在水平方向有一定距离引起的视差，保证射手用瞄准镜进行瞄准时，炮口则指向制导仪前面大约250m处，使导弹发射后能自由落入激光信息区。

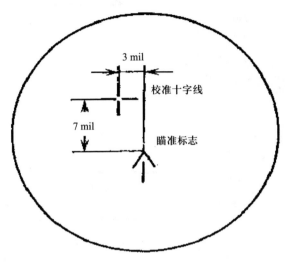

图 5-23 瞄准镜分划板

需要说明的是，不同装甲车辆机械结构的尺寸不同，两个分划中心上下和左右的偏差量也不相同。另外，有的制导装置没有火炮校准分划而只有瞄准分划，导弹定角发射的角度和水平向的视差修正，通过火控计算机控制稳定器驱动火炮来完成。

5.3.2 可见光电视制导技术

可见光电视成像制导技术是利用电视摄像机作为制导系统的敏感器件获得目标图像信息，形成控制信号，从而控制和引导导弹或炸弹飞向目标的制导方式。其制导功能主要由武器前端导引头完成，而导引头的关键部件是电视成像跟踪系统，跟踪系统最主要的核心部件是其前端的光电探测器。现在的电视成像探测系统基本上都采用CCD作为光电探测器件，而随着电视扫描体制兼容的红外CCD的研制成功，电视成像制导可以从可见光波长发展到近红外波长，这将极大地扩展电视成像制导的应用范围。

电视成像制导方式可以分为三种：

（1）电视跟踪指令制导。如图5-24所示，弹体外部（如地面跟踪站）电视摄像机捕获、跟踪目标，由无线电（或光纤）指令导引控制武器飞向目标，这是一种指令制导方式。

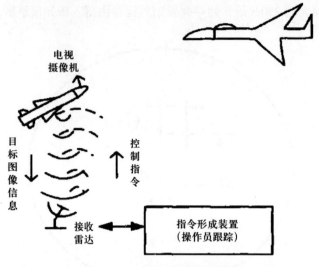

图 5-24 电视指令制导示意图

（2）电视成像遥控制导。电视成像系统处于弹上，精确制导武器与发射平台利用无线（或光纤）双向传输系统将弹上电视成像系统摄取的目标及背景图像传送给发射平台上的接收端，形成的控制指令再发送回弹上控制系统，导引精确制导武器飞向命中目标。这种制导方式可实现在回路中制导。

（3）电视成像寻的制导。如图 5-25 所示，电视摄像机安装在精确制导武器上，由弹上电视成像系统完成目标探测、跟踪和识别，并与控制导引系统一起完成导弹武器的精确制导。

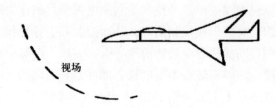

图 5-25 电视寻的制导示意图

电视制导属于被动探测，隐蔽性好；具有较高的分辨率工作可靠可直接成像不易受电子干扰等特点，能提供清晰的目标图像，便于鉴别真假目标，制导精度很高；且技术成熟，国外20世纪70年代就开始研究应用，例如"白星眼"、"GBU-15"制导炸弹、"幼畜"空地弹、"AGM-144"反坦克弹、"X-59""KAB-1500KR"等制导武器，在空间与大气层外等动能拦截器上也得到了应用。因此，是一种好的末制导技术。但因为电视制导是利用目标反射可见光信息进行制导的，所以在烟雾尘等能见度差的情况下，作战效能下降，而且夜间不能使用，另外电视制导提供的只是二维的目标图像，不能反映地貌的高程信息，且成像距离较近。

随着光电转换器和大规模高速实时图像处理技术的迅速发展，它已实用化，并将朝着复合制导自主寻的高精度及智能化的方向发展。

5.3.3 红外制导技术

1. 红外制导技术基本原理

红外成像制导是利用红外成像探测原理进行目标的探测，实现对目标的检测、识别与跟踪，向飞行器控制系统输入目标的视线角位置和角速率，使控制系统控制飞行器飞向目标，其示意图如图5-26所示。随着科学技术的不断进步，尤其是红外成像技术的发展，红外制导技术已走过三个发展阶段：第一阶段为红外点源或亚成像制导；第二阶段为光学扫描成像制导；第三阶段为凝视焦面阵成像制导。

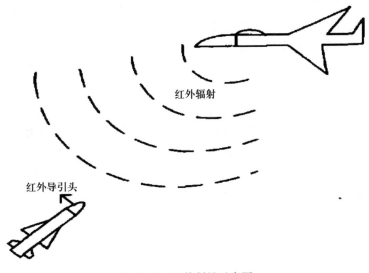

图 5-26 红外制导示意图

(1) 红外点源或亚成像制导。根据目标和背景空间辐射特性的差别即光学系统对目标和背景辐射所成像的尺寸不同，利用空间滤波技术在背景中检测出目标信号。空间滤波器一般采用调制盘来实现。采用红外点源或亚成像制导技术的飞行器主要有："红眼睛""尾刺""西北风""萨姆-7"和"红缨-5"等。它由壳体组件和陀螺系统组成。壳体组件由碗形座及绕在它外面的各种绕组构成。碗形座上绕有多种线包，如进动线包、电锁线包、比相基准线包及稳速线包等，进动线包的作用是使导引头光轴偏离目标时产生进动，实现对目标的跟踪。陀螺系统则由转子（包括光学系统及调制盘）、万向支架及装在支架内环上的红外探测器组成。陀螺系统是个三自由度陀螺，由永久磁铁制成的磁镜（即主反射镜）、次反射镜、校正透镜、光栏及调制盘等组成。

(2) 红外扫描成像制导。利用场景各部分的温度差异和发射率差异而形成的二维温度分布或灰度分布图像的过程称作红外成像，飞行器依据目标与背景的红外图像实现对目标的捕获与跟踪并引导其飞向目标的方法称为红外成像寻的制导。与红外点源寻的制导相比，成像制导系统有更好的识别能力、抗干扰能力、更高的制导精度和全天候作战能力。实现红外成像的途径主要有光学扫描和凝视两种方式。采用红外扫描成像制导技术的飞行器有"幼畜AGM-65G""标枪"等，"幼畜AGM-65G"光学扫描成像寻的器由一个外框架陀螺仪构成，它的转子与光学系统的扫描反射镜鼓合一，同时实现稳定和扫描的目的。来自目标的红外辐射透过红外头罩，经成像器光学系统，由20面内反射镜构成的隔行扫描镜鼓扫描反射后，在4×4元长波红外探测器上会聚成像，探测器输出信号被视频信号处理器接收，实现对目标的探测跟踪，具有全天候、发射后不管、精确对地攻击能力。

(3) 凝视焦面阵成像制导。红外凝视成像寻的器通过面阵探测器来实现对景物的成像，面阵中每个探测器单元对应物空间的相应单元，整个面阵对应整个被观察的空间。采用空间分割和电荷转移技术，将各探测器单元接收的场景信号依次送出，得出二维景物灰度分布图像。这种用面阵探测器实现较大视场的场景成像，称作凝视成像。凝视成像与扫描成像相比，具有帧频高、像素多、体积小和重量轻等优点，新一代高速、远程飞行器广泛将其作为末制导的主要技术途径。大气层外轻型射弹（LEAP）是20世纪90年代以来美国发展动能拦截弹技术的典型代表，其重要的特点是实现了KKV关键技术设备小型化，采用了红外凝视成像末制导方式，具有灵敏度高、分辨率好、无光机扫描、无运动部件、可靠性高等优点。其他采用红外凝视成像制导技术的飞行器有智能卵石（BP）、高层战区高空区域防御计划（THAAD）、美以合作研制的"箭"-2反导系统、美国"战斧"巡航导弹Block Ⅳ、英法共同研制的"风暴前兆"（Storm Shadow）巡航导弹等。

红外凝视成像导引头一般由光学头罩、红外光学系统、凝视红外成像器件及杜瓦瓶、信号处理电路、伺服系统（包括底座、控制电路、支架、方位和俯仰力矩电机、方位和俯仰角位置传感器、陀螺及轴承）等组成。高速飞行器红外成像末制导系统与一般的红外成像导引头相比，除了光学头罩需要致冷之外，还要增加气动光学效应校正单元，以进行高速飞行器光学头罩外流场气动光学效应的校正，满足飞行器高精度命中目标的要求。

2. 红外制导的优缺点

红外成像制导有以下优点：

（1）利用目标与背景之间的热辐射温差图像进行制导，动态范围大，分辨率高，抗干扰能力强，突破了传统红外非成像制导把目标作为热点处理，无法分辨目标与环境细节，容易受到干扰的局限。

（2）被动探测，无须红外发射器，隐蔽性好。

（3）可在夜间和低能见度情况下作战。

（4）凝视型红外焦平面阵列探测器无须扫描装置，体积小，结构简单，工作可靠。

但是，红外成像制导也存在图像无立体感、成像距离近、不能全天候作战、抗红外干扰能力有待提高等不足。

另外，高速导弹成像探测气动光学效应也给高速导弹红外成像末制导带来不利影响：气动热效应使头罩和窗口温度升高而影响其工作性能；气动热辐射效应降低了导引头对目标的探测信噪比；气动光学传输效应降低了导引头对目标的探测、跟踪与识别能力。针对这些问题，红外末成像制导还应在红外大作用距离高分辨率目标成像探测技术、变帧频变积分时间快速红外成像技术、气动光学效应校正技术、高速导弹光学侧窗制冷头罩技术和高速信息信号处理技术上有所突破。

5.3.4 激光驾束制导技术

激光制导利用激光作为跟踪和传输信息手段，信息经过导引头接收，再经过弹载计算机计算后，得出导弹（或炸弹）偏离目标的角误差量，而后形成制导指令，使弹上控制系统适时修正导弹的飞行弹道，直至准确命中目标。激光制导通常分为激光寻的制导和激光驾束制导两大类。激光寻的制导按照光源的位置不同又可分为主动寻的、半主动寻的两种类型。

激光驾束制导就是导弹骑着激光束飞行，激光束指到哪里，导弹就飞到哪里，它必须是在直线视距条件下才能实现，因而适合于短程作战使用。激光驾束制导示意图如图 5-27 所示。

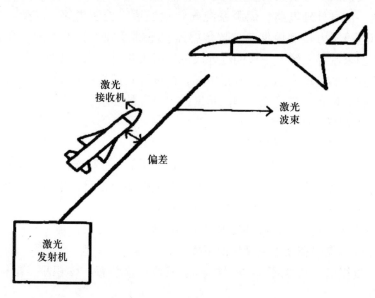

图 5-27　激光驾束制导示意图

1. 激光驾束制导基本原理

激光驾束制导是导弹"骑"着激光运动的制导方式，即"指哪打哪"。这种方式的工作原理为：由基站发出导行光束，导弹在导行光束中飞行。导行光束在与自身传播方向垂直的平面内按空间位置编码，弹体上的传感器能够感应导弹在光束中的位置信息。导行光束的中心线与对目标的瞄准线是重合的，中心线始终指向目标。导弹不断调整运动状态，保持沿导行光束的中心线前进，指向并打击目标。采用激光驾束制导的实战装备主要有英、法、德等国联合研制的第三代中程反坦克导弹催格特、瑞典研制的 RBS-90 低空防空导弹系统等。

"激光驾束"的含义是，导弹在飞行过程中，一旦进入激光束就始终处在激光束内，直至命中目标。激光信息控制场形成原理如图 5-28 所示。制导仪的激光发射器发射连续激光，激光束的散射角很小，在调制器上聚成编码光斑。调制器为两个平行的圆形玻璃盘，其边缘具有光栅图形，光栅图形为透光和不透光的间隔条纹。两个调制盘分别用于俯仰和偏航方向的编码控制（激光调制器也可只用一块调制盘，俯仰和偏航两个通道的编码图案在一块调制盘上。外层是半圈偏航编码图案，内圈是半圈俯仰编码图案，两者有一半图案处于同一象限。为了依次轮流实行俯仰和偏航的空间频率编码，配有一套较复杂的转向—位移光学系统)。制导仪中的变焦系统在导弹发射后 1.5s 开始工作，相当于导弹飞离炮口 250m 处，程控机构按照导弹飞行距离随时间变化的曲线进行调焦，保证导弹在例行的飞行距离内，控制场的直径保持为 6m 左右。

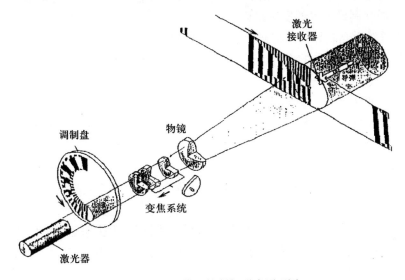

图 5-28　激光信息控制场形成原理图

控制场是在激光束经过的空间形成的一定区域，在这个区域内导弹所处的任意位置上，导弹上激光接收机所接收到的激光频率信号不同，因此使得导弹上的控制系统能够自动判断出导弹偏离激光束中心的距离和方位。

2. 激光制导的优缺点

1) 激光制导技术在导弹武器系统中的应用主要优点

（1）除浓雾天气外，在任何气候条件下均能有效的工作，且不受电子干扰的影响，或受其干扰影响较小。

（2）能在各种复杂的人为干扰及背景干扰中，实现对选定目标的识别与跟踪，具有较强的抗红外干扰能力。

（3）具有较强的通用性，可满足"一弹多头"的需要。

（4）高重复频率的激光可以进行编码发射和探测，使得不同的武器系统具有同时攻击不同目标的能力。

（5）制导精度高，且有较高的目标命中率。

（6）对信息处理系统要求低，且有较高的空间分辨率。

（7）结构简单、成本低，可以和其他寻的制导系统兼容。

2）激光制导技术在导弹武器系统中的应用主要缺点

（1）激光束易受气象条件的影响，不能全天候使用。

（2）对于采用激光半主动制导的武器系统，激光束在导弹命中目标之前必须一直照射目标，激光器的载体易被敌方发现和遭受反击，隐蔽性差。

3. 激光制导技术的发展趋势

通过对激光制导技术在武器系统中的应用和分析，结合激光干扰技术的发展，及其对激光制导的影响进行分析，可以得出激光制导技术的发展具有以下特点。

（1）研制激光主动式寻的器迄今为止，激光主动式寻的器及其制导武器一直未投入使用，主要问题在于电源系统的小型化，同时激光目标自动识别问题也有待于进一步的突破。

（2）发展激光成像寻的器。激光成像寻的器与红外、可见光成像制导技术相类似，采用激光成像寻的器有利于提高探测和判别多目标的能力，有利于识别目标的要害部位，并进行精确打击，提高抗干扰能力。

（3）增大作用距离。现有的半主动制导武器作用距离较近，发射系统的安全性得不到有力保障，故需要增大激光制导武器的作用距离，主要问题是克服恶劣气候对激光光束的影响。

（4）减小制导系统的体积和重量。有利于提高武器的机动能力和作用距离，增大弹头的装药量，增强武器的杀伤力。

（5）发展复合寻的制导。可以抵抗恶劣气象等因素的影响，提高武器的可靠性和有效性。如可以发展激光与红外、毫米波等的复合制导，可以隐蔽和快速接近目标。

（6）研制通用型导引头及目标指示器可研制标准化、系列化、通用化的导线头及目标指示器。同一型号的导引头可以供不同型号的武器使用，缩短产品开发时间。

（7）研制可摧毁地下掩体的武器。目前，对地下特别深的钢筋混凝土（如地下500m）掩体及导弹发射井还无能为力。美国已经开始研制新一代的掩体穿透钻地弹。据说，这种新型掩体穿透钻地常规导弹可以摧毁经过高强度加固的洲际弹道导弹发射井，而这类目标以前认为只有核攻击才能被摧毁。

第 6 章　车载武器信息控制技术

6.1　车载武器运动控制技术

6.1.1　坦克炮控系统

1. 坦克炮控系统的发展

早期，对坦克炮的操纵，特别是精确瞄准，主要是靠手摇高低机和方向机来进行的，瞄准速度很低，瞄准精度也很差。由于没有坦克炮和炮塔稳定装置，当坦克在战场上运动时，坦克炮和炮塔与车体一起振动和转向，无法保持射角和射向不变，因而在行进间无法进行瞄准和射击。为此，一般都采取短停射击方式，即当发现目标后，先使坦克短时间停止行进，再进行精确瞄准和射击；射击完毕后，坦克再继续行驶。短停射击动作迟缓，非但不能先发制人，反而使自己处于被动挨打的地位，这就限制了坦克武器威力的发挥。为了克服坦克车体振动对坦克行进间瞄准和射击的影响，世界各国先后研制装备了坦克炮（炮塔）的稳定装置。20 世纪 40 年代开始出现坦克炮单向稳定器，20 世纪 50 年代出现坦克炮的双向稳定器，进入 20 世纪 70 年代，世界各国的主战坦克几乎都装有双向稳定器。

坦克炮稳定器，是一个对坦克炮完善的自动控制系统，用来驱动坦克炮瞄准目标并实时保持坦克炮的稳定，因此称为坦克炮控系统。坦克炮控系统的应用，大大减少了坦克炮受车体振动和转向的影响，在坦克行进间便可观测和瞄准目标，并能比较准确地射击目标。随着科学技术的发展，坦克炮控系统也引入了许多高、新技术，使得性能不断提高和完善。这主要体现在稳定精度的提高、瞄准速度的调速范围扩大和控制性能更加优良。

2. 坦克炮控系统的组成

1) 坦克炮控系统的功用

坦克炮控系统的功用是驱动坦克炮进行瞄准和瞄准目标后保持坦克炮的稳定。坦克炮瞄准的过程是：当发现目标后以最快（最大）速度把坦克炮调转过来,到接近目标时又以最慢(最小)速度进行精确瞄准。坦克炮控系统工作在瞄准状态时速度控制系统,简称调速系统。最快(最大)速度与最慢(最小)速度之比称为调速比,以 D 表示。显然,调速比越大,瞄准时间越短。

坦克炮稳定的过程大致是:坦克在行进间射击时,由于车体振动和转向,使坦克炮偏离瞄准目标的射角,炮控系统中的陀螺仪立即发出一个与偏离角度成比例的信号,这个信号经过放大,控制执行机构,执行机构使坦克趋向并接近恢复到原来的射角。目前的技术水平,还不能完全恢复到原来的射角,总是存在一些微小的偏差,这个偏差的射角,通常以 mil 作为单位表示,同时称之为稳定精度。显然,稳定精度越大,稳定性越差。由上可见,控制系统工作在稳定状态时控制的是角度位置,这时它是位置控制系统。

2) 坦克炮控系统的基本组成

坦克炮控系统需要工作在瞄准工作状态和稳定工作状态,也就是它既需要作为速度控制又需要作为位置控制系统运行。从电力传动控制系统的一般组成而言,一个速度控制系统外加一个角度(或位移)位置传感器就能构成一个位置控制系统。所以构成坦克炮控系统的基本部分是速度控制系统和角度位置传感器——陀螺仪。伺服系统也称随动系统,通常是指位置控制系统,而不是速度控制系统。

按照传统概念,普通的坦克炮控系统应该有电流环、速度环和位置环的三闭环控制系统;其中的电流环、速度环就构成速度控制系统,电流环、速度环和位置环就构成保持位置稳定的位置控制系统。但是坦克炮控系统要求瞄准速度的变化范围很大,即调速比 D 很大,目前已经达到 4000 以上;同时又要求稳定精度高,小于 0.6mil。一个位置控制系统(随动系统)要实现稳定精度高,这三闭环系统的固有特点是相应速度一环比一环慢。所以三闭环组成的炮控系统稳定精度一环比一环高。这是控制系统三闭环结构造成的,所以必须改变控制系统的结构才能提高炮控系统的稳定精度。目前,一种方法采用复合控制,另一种方法采用变结构控制。

3. 现代坦克炮控系统中的复合控制

1) 复合控制的特点

所谓复合控制就是通常的(按偏差控制的)闭环控制另加一个(按干扰控制的)开环补偿通道的控制方法。这种控制方法中的闭环控制是反馈控制,开环补偿通道是前馈控制,所以称为复合控制。复合控制也可以认为是在通常的闭环控制中,增加一个测量干扰,并把干扰信号提前送入系统通道的一种控制方法。20 世纪 90 年代装备我军的某些坦克的炮控系统即属此种类型。

2) 复合控制在现代坦克炮控系统中的应用

在我国比较先进的坦克炮控系统中广泛应用了复合控制，我国在这些比较先进的坦克炮控系统中的水平向分系统，采用了电机放大机——直流电动机系统作为具有速度反馈的速度控制系统。电机放大机——直流电动机系统外加陀螺仪构成水平向炮控分系统，也即炮控系统的水平向分系统是由具有速度反馈的速度控制系统外加位置反馈构成。这种系统的响应速度慢，稳定精度差，稳定精度大约是3mil。为了提高炮控系统的稳定精度，采用了复合控制。在原系统基础上，炮控系统采用复合控制系统增加了车体速度陀螺仪，该陀螺仪作为前馈传感器环节。车体速度陀螺仪敏感坦克车体在炮塔旋转平面内振动角速度的大小和方向，并将其变成方向稳定的前馈信号，即成为一个按偏差控制的闭环控制系统和一个按干扰控制的开环补偿通道的复合控制系统。采用复合控制后，炮控系统的稳定精度从3mil改善为1.5mil左右。

4. 现代坦克炮控系统中的变结构控制

（1）变结构控制系统是一类特殊的非线性控制系统，它的非线性表现为控制的非连续性；这种非连续性实际上是对控制函数的一种开关切换动作。在整个控制过程中由于该切换动作的存在，系统的结构不断地反复进行改变。而开关的切换动作则受一种"滑动模态"（简称"滑模"）的控制。带有滑动模态的变结构控制叫做滑膜变结构控制。

（2）变结构控制在现代坦克炮控系统中的应用。

如果坦克炮控系统采用传统的电流环、速度环和位置环的三闭环系统，其响应速度一环比一环慢，也就是位置环的响应速度将会很慢，以致这种三环结构的坦克炮控系统工作在稳定状态中时的稳定精度差。这是炮控系统采用三环控制结构时的固有缺点。比较好的解决办法，就是变结构控制。在变结构控制中，炮控系统在瞄准状态时是由电流环、位置环构成双闭环的位置控制系统；工作在稳定状态时是由电流环、位置环构成双闭环的位置控制系统。坦克炮控在整个工作过程中，进行两种控制结构的变换。在稳定状态时，这样的系统获得了较快的动态响应速度，从而解决了稳定精度差的问题。在瞄准工作状态时，它能有很大的调速比，能实现以很高的速度进行调炮和以很低的速度进行精确瞄准。

采用这一变结构控制的全电式炮控系统被应用在几种坦克中，试验证明有很好的瞄准和稳定性能。

6.1.2 随动技术（随动系统）

随动系统（又称伺服系统）是构成自动化体系的基本环节，它是由若干元件和部件组成的、具有功率放大作用的一种自动控制系统，它的输出量总是相当精确地跟随输入量的变化而变化，或者说，它的输出量总是复现输入量。

随动系统的基本职能是对信号进行功率放大，保证有足够能量推动负载（被控对象）按输入信号的规律运动（即输出），并使输入与输出之间的偏差不超出允许的误差范围。

以电动机作执行元件的随动系统可以分为两大类，一类是以直流伺服电动机为执行元件的直流随动系统，另一类是以两相伺服电动机为执行元件的交流随动系统。和直流随动系统进行比较，交流随动系统的优点是系统结构与线路简单，体积小，造价低。交流放大器没有零点漂移，两相伺服电机没有整流子和电刷，摩擦力短小，不会产生火花而造成无线电干扰，易于维护，惯性小，所以快速性能较好，缺点是交流校正比较因为系统的输出功率小，只宜用作小功率随动系统。

1. 按系统控制方式分类，则有

（1）误差控制的随动系统。它的特点是系统运动的快慢取决于误差信号的大小。当系统的误差信号为零时（即系统输出量与输入量完全相等），系统便处于静止。

（2）复合控制系统，即按输入信号微分和系统误差综合控制的系统。它的特点是系统的运动取决于输入信号的变化率（包括输入速度和加速度）和系统误差信号的综合作用。

2. 按组成系统元件的物理性质分类，则有

（1）电气随动系统。组成系统的元件除机械部件外，均是电磁或电子元件。由于执行元件有交流伺服电机与直流伺服电机之分，所以又将电气随动系统分为两类，即

① 直流随动系统，系统的执行元件是直流伺服电机。
② 交流随动系统，系统的执行元件是交流伺服电机。

（2）电气—液压随动系统。系统的误差测量装置与前级放大部分是电气的，而系统的功率放大与执行元件则是液压的。

（3）电气—气动随动系统。系统的误差测量与前级放大部分是电气的，而执行元件是气动的。

6.2 车载武器稳定技术

6.2.1 陀螺仪稳定技术

1. 火炮高低向稳定

火炮高低向稳定器是由电气和液压系统共同组成的自动控制系统，其通过陀螺仪来感知角度和速度变化，然后由电气和液压系统稳定火炮，它的基本组成及工作原理可用图 6-1 所示的工作原理图来说明。

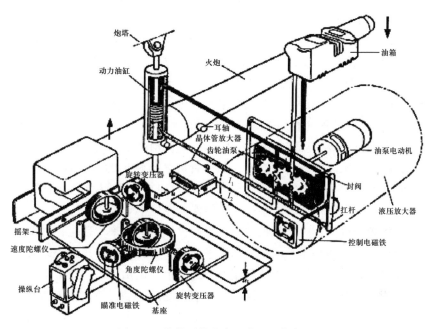

图 6-1 炮控系统基本组成及工作原理

角度陀螺仪的基座装在火炮的摇架上，并使外环轴与火炮的耳轴平行，内环轴平行于炮身轴线。旋转变压器是将角度信号转换成电压信号的元件，转子装在外环轴的一端，定子则固定在基座上，当外环平面与基座平面平行时，转子应恰好位于定子的中立位置。

速度陀螺仪的基座亦与火炮摇架固定，并使框架轴平行于炮身轴线，转子轴与火炮耳轴相垂直，框架轴的一端也有旋转变压器，而且转子也应位于定子的中立位置。

晶体管放大器把角度和速度信号合成后，经过放大和相敏整流，输出两支直流电流 I_1、I_2，这两支电流的差值大小与输入电压成比例，差值的正负取决于电压的相位。控制电磁铁起信号转换作用，把晶体管放大器两支电流信号转换成电磁力矩，用以控制液压系统两支油路的压力差。动力油缸是执行元件，它把两支油路在上、下腔形成的压力差变为使火炮绕耳轴转动的力矩，动力油缸的缸体与火炮固连在一起，而其活塞杆的一端，通过连接器固定在炮塔上。

图 6-1 为控制电磁铁原理图。控制电磁铁是一个旋转电磁铁，由定子和转子两部分组成。转子线圈由 26V 电源供电，参数相同的两个定子线圈分别通以晶体管放大器输出的两支直流电流 I_1、I_2。直流电流 I_1 和 I_2 所产生的磁通方向相反，因此在磁路气隙中的磁通 Φ 实际是两磁通之差。这样，

当 $I_1=I_2$ 时，Φ=0；

当 $I_1>I_2$ 时，Φ 与 I_1-I_2 的差成正比，并与 I_1 产生的磁通方向一致；

当 $I_1<I_2$ 时，Φ 与 I_2-I_1 的差成正比，并与 I_2 产生的磁通方向一致。

由于定子和转子磁通的相互作用，而使转子产生转矩。转矩的大小和两个定子线圈的电流差值成正比，电流差越大，转子产生的转矩也越大。

1）稳定工作过程（利用陀螺仪的定轴性）

假设火炮原来位于规定的瞄准角度。此时，角度陀螺仪外环平面和基座平面平行，旋转变压器没有信号输出，晶体管放大器输出的两支直流电流相等，控制电磁铁不产生扭矩，液压放大器供给动力油缸上下腔的两支油路压力相等，动力油缸无力矩作用于火炮，火炮便保持原位不动。

当车体俯仰振动，火炮耳轴摩擦力矩使火炮偏离原来位置时，由于角度陀螺仪的定轴性，外环平面不动，而基座平面随火炮转动一个角度，即为火炮失调角。此时，旋转变压器定子随基座也转过一个失调角，于是产生与失调角大小和方向相应的电压信号。与此同时，由于火炮的运动，使速度传感器发出与火炮运动角速度大小和方向相对应的电压信号。这两个信号合成后经晶体管放大器和液压放大器放大，形成动力油缸上下腔液体压力差，即稳定力矩。火炮在稳定力矩的作用下，向原来稳定位置返回。

2）瞄准工作过程（利用陀螺仪的进动性）

火炮进行高低瞄准时，转动操纵台手柄，由变阻器输出电压，加于角度陀螺仪的瞄准电磁铁上，由它产生的电磁力矩作用于内环轴。根据陀螺仪的进动特性，内环不动，外环进动，于是外环平面与基座平面出现失调角，旋转变压器产生瞄准信号，再经过晶体管放大器和液压放大器放大和转换后，由动力油缸形成相应的瞄准力矩，使火炮以相应的速度和方向转动。停止瞄准时，将操纵台手柄松开，此时外环停止进动，待火炮转动到失调角消失时，即停止在新

的瞄准位置上。

上述两种工作过程中，一旦出现失调角，火炮立即转动，时间常数很小，特别在稳定工作过程中，几乎感觉不出火炮因外界干扰而产生的摆动。

3）速度信号的作用

不论稳定器工作在稳定工作状态或瞄准工作状态，速度传感器的速度信号 u_2 均与角度传感器的角度信号 u_1 综合为 u，去控制稳定器的工作，调整火炮的运动。速度信号来源于火炮的速度反馈，对火炮的运动起阻尼作用，可有效地抑制火炮因惯性而产生的振荡，提高火炮稳定器的稳定性。

不难想到，速度信号减小火炮振荡的作用与 u_2 和 u_1 信号之间的比例有关。如果在综合信号中速度信号 u_2 占的比例过小，则火炮仍将产生较大幅度的振荡；若速度信号 u_2 占的比例过大，由于受到过分的阻尼将使火炮运动过程变得过于缓慢。

2. 火炮的水平稳定

既在垂直向安装稳定火炮的稳定器，又在水平向安装稳定炮塔的稳定器，即构成了双向稳定器。水平向稳定器的组成及工作原理可见如下原理图（图6-2）。

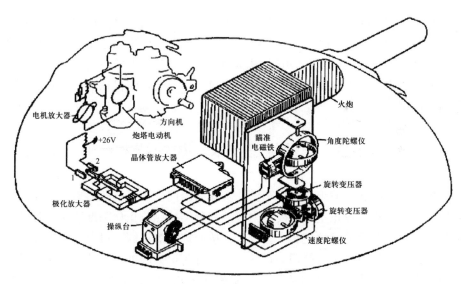

图 6-2 水平向稳定器的基本工作原理图

水平向稳定器角度陀螺仪在火炮摇架上安装时，保证其外环轴垂直于火炮耳轴，内环轴线和炮身轴线平行。速度陀螺仪在安装时，则保证其框架轴线和炮身轴线平行，转子轴与火炮耳轴平行。实际上，水平稳定器角度陀螺仪在火炮上的安装位置，相当于将高低稳定器角度陀螺仪转了90°角。这样就可测到炮塔水平向的角度与速度信号。水平稳定器是全电气式自动控制系统，由晶体管放大器输出电信号，经极化继电器和电机扩大机进行功率放大，输给炮塔电动机，控制炮塔转动。

1）稳定工作状态

假设炮塔位于原来给定的位置，陀螺仪外环平面和基座底面平行，旋转变压器无信号输出，晶体管放大器输出电压为零，极化继电器衔铁在中立位置，扩大机控制绕组未激磁，无电压输出，炮塔电动机不转，炮塔停在原位不动，即火炮保持原位置不变。

当车体产生水平方向振动时，通过炮塔座圈的摩擦力带动炮塔转动，火炮偏离原来的瞄准位置。这时由于陀螺仪的定轴性使外环保持不动，基座相对转动而出现失调角，经旋转变压器转换成电压信号，由晶体管放大器放大，加到极化继电器线圈上，接触点闭合，电机扩大机激磁，输出电压使炮塔电动机作相应转动，炮塔即返回原来的给定位置，消除失调角。由于上述调整过程很快，可认为炮塔稳定在原来的给定位置不动。

2）瞄准工作状态

与高低向瞄准相似，水平瞄准时接通瞄准电路给陀螺仪内环加力矩，外环进动，旋转变压器发出瞄准信号，经晶体管放大器、极化继电器、电机扩大机进行信号和功率放大后，炮塔电动机驱动炮塔向需要的方向转动，炮塔转动方向和速度取决于操纵台本体的转动方向和角度。速度陀螺仪在水平稳定器中仍起阻尼作用。

6.3 自动校正技术（校炮技术）

安装有直瞄武器的坦克装甲车辆在实弹射击前都要进行武器校正。在武器系统校正中，火炮校正是最重要的内容。其分类按照校正后瞄准线与身管轴线的关系，可以分为平行校正和交会校正；按照校正的步骤，可以分为预先校正和实弹校正；按照校正时使用的目标，可以分为远方瞄准点法校正、校正靶法校正和车内校正[1]。校正过程的正确实施和校正结果的真实可靠是武器系统充分发挥作战效能的基本保证，是确保射击精度的重要环节。

现代战争对于战斗发起的突然性要求不断提高，随之而来的必然结果就是战斗准备阶段时间的持续压缩和战斗准备地域环境要求的逐步降低，这就需要坦克武器的预先校正是坦克武器校正中的一个重要环节，是实弹校正的前提和基础。由于坦克火炮身管弯曲状况经常发生变化，瞄准镜的零位也可能偏离校正后位置，为了保证射击精度，在每次执行射击任务前必须进行预先校正。在作战中，通常是在集结地域进行武器校正。但在车辆机动后，坦克火炮的校正状态通常会改变，为了保证射击精度，投入战斗前，只要条件允许，也应当进行预先校正。

6.3.1 预先校正

预先校正是坦克武器校正中的一个重要环节，是实弹校正的前提和基础。由于坦克火炮身管弯曲状况经常发生变化，瞄准镜的零位也可能偏离校正后位置，为了保证射击精度，在每次执行射击任务前必须进行预先校正。在作战中，通常是在集结地域进行武器校正。但在车辆机动后，坦克火炮的校正状态通常会改变，为了保证射击精度，投入战斗前，只要条件允许，也应当进行预先校正。

目前，坦克火炮的预先校正主要还都是用简单的望远系统，采用远方瞄准点法进行。这种方法需要在野外由 2~3 人实施，时间大约需要 20~30min，精度在 0.5mil 左右。同时由于旧式校正装置设计上的原因，火炮的预先校正过程中存在两大问题：一是校正装置的通用性差，即不同口径火炮必须配备专用校炮镜，通用性低、设备费用高、管理难度大；二是预先校正过程繁杂，对场地有一定的要求，无法简单高效地完成校正工作，并且校正精度难以保证。

可以说，从某个角度上来讲，现行的坦克火炮预先校正已经在一定程度上影响了部队战斗力的发挥，需要一种全新的预先校正装置来完成坦克火炮的预先校正。

6.3.2 坦克火炮快速预先校正装置设计

对特定型号的坦克而言，火炮轴线与瞄准镜的位置是相对固定的，空间关系可以用数字表示出来，这是进行预先校正研究的基本条件。如图 6-3 所示，在火炮水平时，火炮轴线与瞄准线在水平和垂直方向的位置偏差可以准确地描述出来。

由平行校正和交会校正的原理可知，当目标处于无穷远时，可以忽略瞄准线与身管轴线的位置偏差，而当目标处于一定距离时，则必须要考虑这一位置偏差。考虑到坦克实战中武器使用的主要作战距离，故将 1000m 作为一个主要的校正距离。

由武器校正原理知道，预先校正的目的是为了使瞄准镜的瞄准线和火炮身管轴线在特定距离上（该距离根据不同火炮射击目标出现概率最大来决定，

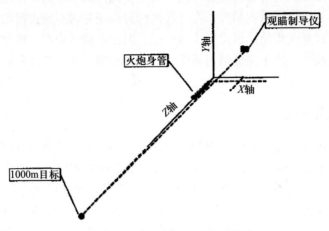

图 6-3 火炮预先校正原理示意图

此处取为 1000m) 准确交汇于一点,以此来保证瞄准镜和火炮正确的相对位置关系。本论文就是在 50m 校正靶法的基础上,通过光路转换完成对火炮身管轴线的等效平移,从而完成坦克火炮校正,如图 6-4 所示。

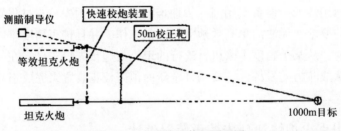

图 6-4 火炮校正装置原理图

基于这一原理,对解决预先校正问题所使用的校正装置采取以下方案(图 6-5)。

预先校正装置的大部构成为:身管轴心测定系统、光学铰链和光学准直系统,其主要功能和结构为:

(1) 身管轴心测定系统:该部分主要完成对身管重心轴线的测量和自检功能。装置原理是固定同外四周等间距(90°)加装八个(筒壁前后端各四个)定心弹性压榫,可同时沿身管半径方向向内、向外伸缩,实现火炮的定心安装;

(2) 光学铰链:该部分主要实现"身管轴心测定系统"安装之后的光路

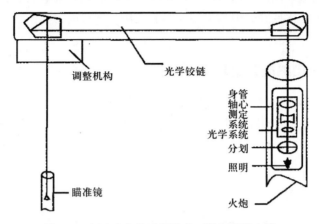

图 6-5 坦克火炮快速预先校正装置设计方案

转向功能，以便将测得的身管轴心位置传入光学准直系统来进行瞄准和对比，主要部件为两个成特定角度安装的五角屋脊棱镜；

（3）光学准直系统：该部分一是完成平行光的调校功能，二是为射手通过瞄准镜进行校正时提供照准点。

6.4 弹药装定技术

为保证小口径火炮达到较高的毁伤概率，就要提高弹药的毁伤效能，为此要求火炮系统能根据适时测得的发射环境参数进行计算，得到音信的装定时间，并把这一数据快速传递给引信，提高火炮的射击精度，从而提高毁伤目的的概率。如某小口径火炮，由于采用了炮口感应装定技术，其对目标的毁伤概率达到 90%。炮口快速装定技术在火炮系统上的应用在多种小口径火炮武器系统上，国产某 25mm 火炮系统的装定方案如图 6-6 所示。

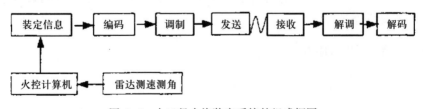

图 6-6 小口径火炮装定系统的组成框图

引信非接触装定的方法有两种：比频装定法、编码装定法。感应装定技术在我国经历了三代变迁，但均采用编码装定法。到目前为止，已发展成为比较成熟的技术。

6.4.1 第一代感应装定技术

采用静态感应装定技术，无电源装定，信息具有回读功能。引信采用微控制器，由软件编程控制。软件电子引信及软件感应装定技术处于萌芽状态。信息编码为原型 UART 编码，二进制数据格式。调制方式为 FSK（图 6-7）。

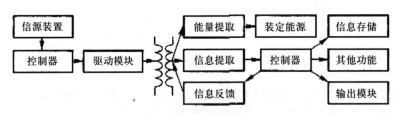

图 6-7 第一代感应装定技术

6.4.2 第二代感应装定技术

发展炮口动态感应装定技术，若采用第一代感应装定技术方案，存在几个问题：一是编码位时间较长；二是不平衡发射技术；三是微控制器功耗体积强度等特性还没有完全解决，在此条件下，开展分立器件动态感应装定技术研究。此期间，首先在模拟试验装置上实现了准动态感应装定，后又实现实弹动态感应装定。系统装定编码采用变形 BCD 编码。此期间，继续开展软件感应装定技术的探索工作，不平衡发射技术有了突破，但引信供电和强度等方面还存在瓶颈，软件感应装定技术！未做动态试验。

在本段时间，还发展了以极性编码为基础的感应装定技术。极性编码可以代表数据的"0"和"1"亦可分别代表数据信息和同步信息，研制取得了成功，但未做动态试验。

6.4.3 第三代感应装定技术

近年来，软件电子引信发展方兴未艾，微控制器技术日新月异，在此条件下，软件感应装定技术浮出水面。经过多年感应装定设计人员的努力，终于实现了第三代感应装定技术。在首次软件动态装定试验中，正常作用率 100%。数据编码具有无限循环扩展能力。软件感应装定的实现应归功于不平衡发射技术的实现及控制芯片技术的进步。

软件电子引信是以微控制器（UC，DSP，SOC）为载体，编程化为特征（汇编、C语言等）的电子引信技术，是继模拟电子引信、数字电子引信之后发展起来的最新引信技术。它具有软件化、易于升级换代等许多鲜明的优点。软件无线电很早就在引信上得到了应用，对于电子时间引信、计转数引信等其他引信具有同样的软件化发展趋势，软件电子引信实现多选择、多功能引信有时仅仅需要几条指令即可完成。

6.5 车载导弹控制力形成技术

反坦克导弹多采用单通道控制，即导弹绕自身纵轴旋转，其滚动不需要进行控制，而其俯仰和偏航则是由一个舵机通过摆帽控制燃气流偏斜，产生控制力进行控制的。由于弹体以 6.5~11r/s 旋转，以及弹体的惯性作用，导弹飞行状态的变化不随着每个时间瞬时控制力而改变，它只能响应导弹每旋转一周内的平均控制力。周期平均控制力的方向决定导弹机动飞行的方向，例如：周期平均控制力向上（下），导弹就向下（上）作机动飞行；周期平均控制力向左（右），导弹就向右（左）作机动飞行；周期平均控制力向右上，则导弹向左下方机动飞行。周期平均控制力越大，导弹改变飞行方向就越快。

6.5.1 导弹旋转基准的测量

由于导弹绕纵轴旋转，与弹体相固连的舵机和摆帽也随着弹体而旋转，所以，要想获得控制导弹飞行的周期平均控制力，就必须使摆帽在给定位置换向，而要达到此目的，首先必须测出摆帽在空间的位置，才能根据射手发出的控制指令，由控制箱给出正确的控制信号，并送给舵机，由舵机带动摆帽偏摆产生相应的周期平均控制力，以实现对导弹飞行的控制。

AFT07C 反坦克导弹，用三自由度陀螺仪作为测量导弹旋转姿态的装置，该装置的断续器固连在外环轴上，断续器的端面垂直于外环轴，也垂直于弹体纵轴。电刷、摆帽与弹体之间的位置有一定的安装关系。在理想情况下，断续器、电刷和摆帽的安装位置关系如图 6-8 所示。

断续器的小集流环与正片相连，电刷Ⅰ接电源的正极，并在小集流环上滑动；大集流环与负片相连，电刷Ⅱ接电源的负极，并在大集流环上滑动。两个对称的零片相短路，而Ⅲ、Ⅳ号电刷则在集流片上滑动。

导弹绕纵轴旋转时，由于高速旋转的陀螺仪有定轴性，使固连在陀螺仪外

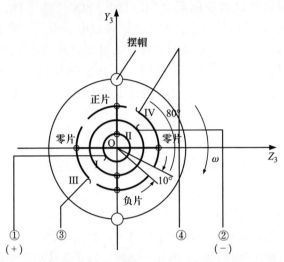

图 6-8 在理想情况下，断续器、电刷和摆帽的安装位置关系图

环轴上的断续器并不随弹体转动，而固连在弹体上的Ⅲ、Ⅳ号电刷却随着弹体绕断续器的轴在集流片上滑动，于是便输出一个电信号。

当 $\omega t=0$ 时，导弹处在初始位置，两摆帽在准弹体坐标系的 OY_3 轴上，Ⅲ、Ⅳ号电刷处在两对称零片的始端，它们之间的电压 $u_{3\sim 4}=0$。

导弹旋转时，两电刷随之旋转。当 $\Omega T=90°$ 时，两电刷从零片始端滑动到终点，然后经过两个对称的10°绝缘过槽，电刷Ⅲ滑到正片的始端，电刷Ⅳ滑到负片的始端。两摆帽转到准弹体坐标系的 OZ_3 轴上。两电刷输出的电压 $U_{3\sim 4}$ 由零跃变为正；导弹继续旋转，Ⅲ、Ⅳ号电刷分别在正、负集流片上滑动，$u_{3\sim 4}$ 为正的直流电压。电刷在对称绝缘槽上滑动时，由于电容 C_1、C_2、$2C_2$、$2C_3$（C_1 和 C_2 为弹上控制电路的电容，$2C_2$ 和 $2C_3$ 为控制箱输入电路的电容）和回输信号传输线分布电容对电压的平滑作用，使这一小段的电压值几乎与前面的一样。当 $\omega t=180°$ 时，Ⅲ、Ⅳ号电刷分别滑动到两对称零片的始端，两摆帽转到准弹体坐标系的 OY_3 轴上，此时，回输信号 $U_{3\sim 4}$ 由正跃变为零；同样，当 $\omega t=270°$ 时，两摆帽转到准弹体坐标系的 OZ_3 轴上，回输信号 $u_{3\sim 4}$ 由零跃变为负；当 $\omega t=360°$ 时，导弹旋转的一个周期结束，两摆帽转到初始位置，回输信号 $u_{3\sim 4}$ 由负跃变为零。

可见在这种理想情况下，当导弹旋转一周时，回输信号的波形为阶梯形方波，如图 6-9 所示。

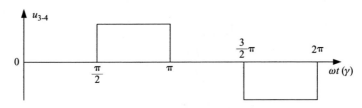

图 6-9 理想条件下回输信号的波形图

摆帽在准弹体坐标系中的位置（或摆帽的摆动平面的位置）与回输信号的关系见表 6-1。

表 6-1　摆帽在准弹体坐标系中的位置与回输信号的关系

导弹旋转姿态角 $\gamma = \omega t$	回输基准信号 $u_{3\sim4}$	两摆帽在准弹体坐标系中的位置	摆帽的摆动平面在弹体坐标系中的位置
0°（或360°）	由负跃变为零	在 OY_3 轴上	与 X_3OZ_3 坐标面重合
90°	由零跃变为正	在 OZ_3 轴上	与 X_3OY_3 坐标面重合
180°	由正跃变为零	在 OY_3 轴上	与 X_3OZ_3 坐标面重合
270°	由零跃变为负	在 OZ_3 轴上	与 X_3OY_3 坐标面重合

从表 6-1 看出，只要知道了回输基准信号的电压波形，也就知道了弹体在准弹体坐标系中旋转的角度，也就确定了两个摆帽在该坐标系中的位置，或者说摆帽摆动平面在准弹体坐标系的位置。

该电压信号，通过导线送回控制箱，控制箱就以此信号为基准进行指令分配，产生俯仰和偏航通道的控制信号，若叠加后将其通过导线传给舵机，即可操纵摆帽的偏转，产生控制力，控制导弹的飞行。

实际上，由于电气元件、舵机动作和气动力的形成等都会有时间延迟，因此，从射手发出控制指令到产生导弹机动飞行所需要的控制力需要一定的时间。在这段时间里，导弹又转过了某一个角度。这样，摆帽摆动所产生的周期平均控制力就达不到正确控制导弹飞行的目的。为了解决这个问题，就预先给电刷一个安装角，导弹上的陀螺断续器、电刷和摆帽的实际安装位置关系如图 6-10 所示。

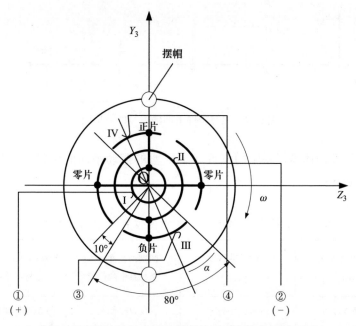

图 6-10 断续器、电刷和摆帽的实际安装位置关系图

6.5.2 控制信号与周期平均控制力的关系

根据舵机作用原理可知,摆帽的偏摆是由指令信号控制的,而控制指令是高压调宽方波,其极性在正负之间变化,电压幅度是稳定的。当控制指令为正时,两个摆帽同时摆向一侧,当为负时,摆向另一侧。由此改变瞬时控制力的方向,控制指令信号由正变负或由负变正的换向点是根据导弹空间旋转角度和弹道的需要设定的。

下面以典型的控制指令为例说明控制指令信号与周期平均控制力的关系。

1. 全上控制信号产生的周期平均控制力

假设,在 $t=0$ 时,弹体坐标系与准弹体坐标系重合,即摆帽的摆动平面与 Y_3OZ_3 的坐标平面重合。这时,在控制指令为正时,舵机带动摆帽偏向正向一边,产生负的瞬时最大控制力 F_{Z1}(与 OZ_1 轴反向)。随着导弹的旋转,全上指令产生的控制力图如图 6-11 所示。图中左侧是瞬时控制力 F_{Z1} 在 Y_3OZ_3 坐标平面内的矢端指向图;右侧三条曲线从上至下,U_k 为控制指令信号,F_{Y3} 为瞬时控制力在 OY_3 方向分量,F_{Z3} 为瞬时控制力在 OZ_3 方向分量。

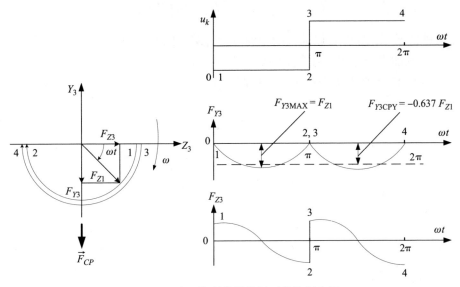

图 6-11 全上控制信号作用下的控制力图

由于控制信号的极性前半周为负,后半周为正,在初始瞬时,摆帽偏向 OZ_1 轴的负向一边,产生正的瞬时最大控制力 F_{Z1},F_{Z1} 的矢端指向点 "1"。

在导弹旋转的前半周期内 ($0 \leqslant \omega t < \pi$),控制指令为不变的负极性,摆帽随弹体旋转,$F_{Z1}$ 随弹体旋转了 180°,它的矢端由点 "1" 转到点 "2",瞬时最大控制力 F_{Z1} 的矢端所描绘的图形是个半圆。

在 $\omega t = \pi$ 时,控制信号的极性由负变为正,摆帽换向,F_{Z1} 反向,它的矢端从点 "2" 又回至点 "3"。

在导弹旋转的后半周期内 ($\pi \leqslant \omega t < 2\pi$),控制信号为不变的正极性,摆帽随弹体旋转,$F_{Z1}$ 随弹体又旋转了 180°,它的矢端又从点 "3" 转到点 "4",所描绘的图形是与前半周瞬时最大控制力 F_{Z1} 的矢端图相重合的半圆。

在 $\omega t = 2\pi$ 时控制信号的极性由正变为负,摆帽再次换向,F_{Z1} 反向,它的矢端从点 "4" 又回到点 "1",这时一个周期结束。

由图 6-11 不难看出,对这种典型控制信号,在一个指令周期内,即摆帽旋转过 2π 角度情况下,偏航控制力 F_{Z1},与舰坐标轴围成的面积在 ωt 轴上部和下部面积相抵消,平均值为零。而俯仰控制力 F_{Y3} 与 ωt 坐标轴围成的面积都在 ωt 轴下部,周期平均值为负,可以证明,这种情况下取得最大的周期平均控制力,它与瞬时最大控制力的关系为:

$$F_{y3kp} = F_{kp\max} = \frac{2}{\pi}F_{z1} = 0.637F_{z1}$$

在这种情况下，导弹将以最大的俯仰方向过载，向上机动。

2. 预加指令控制信号产生的周期平均控制力

图 6-12 为平飞指令作用下的控制力图。

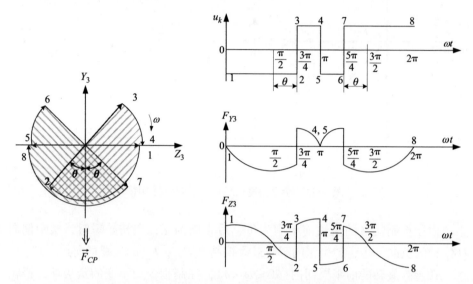

图 6-12 预加指令控制信号产生的周期平均控制力

为克服重力而预加的上指令信号（重力补偿信号），经线性化处理后得到四次过零点的控制信号。该信号的前半周期和后半周期分别向 π 处调宽，其调宽角为 θ 时，在导弹旋转的一周内，方波控制指令电压便成为宽—窄—窄—宽的形式，则瞬时最大控制力 F_{Z1} 的矢端所描绘的图形，以及它在准弹体坐标系 OY_3 和 OZ_3 轴上的投影随时间的变化曲线如图 6-12 所示。以下用图解法分析其周期平均控制力。

在初始瞬时，摆帽的摆动平面与准弹体坐标系的 Y_3OZ_3 坐标平面重合，这时控制指令的极性为负，摆帽偏向 OZ_1 轴的负向一边，产生正的 F_{Z1}。当导弹旋转至 $\omega t = 90°$ 时，由于控制指令向 180° 调宽了 θ 角，此时控制的极性并未发生变化，摆帽不换向。导弹继续旋转至 $\omega t = 90° + \theta$ 时，F_{Z1} 的矢端由点"1"转到点"2"，在点"2"控制指令的极性由负变为正，摆帽换向，F_{Z1} 反向到点"3"。当导弹旋转到 $\omega t = 180°$ 时，F_{Z1} 的矢端由点"3"转到点"4"，控制指令的极性又由正变为负，摆帽再次换向，F_{Z1} 反向到点"5"。在前半周期内，瞬时最大控制力 F_{Z1} 的矢端所描绘的图形是个半圆。

在后半周期内，当导弹旋转至 $\omega t = 270°-\theta$ 时，F_{Z1} 的矢端由点"5"转到点"6"，在该点控制指令的极性由负变为正，摆帽换向，F_{Z1} 反向到点"7"，后半周期结束时，F_{Z1} 的矢端又从点"7"转到点"8"。同样在后半周期 F_{Z1} 的矢端所描绘的图形也是个半圆。它的一部分控制力图（2点、0点、6点连线构成的扇面的面积）与前半周期的一部分控制力图（3点、0点、7点连线构成的扇面的面积）大小相等，方向相反，互相抵消；后半周期的其余部分则与前半周期图形的其余部分相重合（7点、0点、2点连线构成的扇面），这段重合的扇形面积在 OZ_3 轴的下面，以 OY_3 轴为对称轴，产生的周期平均控制力 F_{kp} 指向 OY_3 轴的负向。

从 F_{Y3} 与 F_{Z3} 曲线也可以看出，F_{Z3} 与 ωt 轴围成的面积在 ωt 上部的部分与下部部分相等，偏航方向平均控制力正负抵消，而 F_{Y3} 与 ωt 轴围成的面积在 ωt 下部面积大于上部面积，俯仰方向周期平均控制力为负。这就意味着导弹将受到一个向上的控制力 F_{kp}，如果改变调宽角的大小，便可以改变 F_{kp} 的大小。显然，若该力大小恰好使导弹产生的升力足以抵消重力的作用，则导弹可以维持平飞，若该力太大，弹将产生更大攻角，导弹将爬高，反之导弹会下沉。

3. 复合指令控制信号产生的周期平均控制力

导弹在维持平飞的同时，一般还要利用三点法导引、跟踪活动目标，加上水平方向的控制，这就是施加复合指令控制。

由图可以看出，当施加右上控制指令时，F_{Y3} 和 F_{Z3} 与 ωt 围成的面积在 ωt 轴下部各部分之和大于上部各部分之和，周期平均控制力 F_{Y3} 与 F_{Z3} 均为负，即指向 OY_3 与 OZ_3 反向，周期平均控制力 F_{kp} 指向左下方。

由上述三个典型控制信号产生的控制力图不难看出：

指令电压幅度只要足以驱动舵机动作，摆帽都会摆动到+14°或−14°两个极限位置，对瞬时或周期平均控制力的大小或方向没有影响，对周期平均控制力有影响的仅仅是控制指令信号换向点相对空间旋转基准位置或回输基准信号的相位和控制信号的极性次序。

第 7 章 信息化弹药技术

7.1 新概念弹药技术

新概念弹药的范围比较广泛，这里仅介绍 21 世纪初可能开发与研制的某些弹药。尽管有些新概念弹药目前还处于基础研究、应用研究或概念设计阶段，还有很多关键技术需要研究解决，但它们代表了一个方向。这些新概念弹药必将会成为现实，而且还会不断创造出更先进的新概念弹药。

7.1.1 新概念弹药的含义

1. 新概念弹药的界定

新概念弹药是指采用新原理、新技术的弹药或采用原有原理与技术，但经过综合与集成使性能有较大提高的弹药。在新毁伤学基础上发展的弹药，如微波战斗部、碳纤维战斗部、失能弹、次声弹等为新概念弹药。采用新的发射手段发射的弹药也是新概念弹药，如电磁炮发射的弹丸等；采用原有原理与技术经过综合与集成发展的弹药也是新概念弹药，如破甲串联随进战斗部、超高速动能穿甲弹、小口径高炮用的能形成破片屏障的 AHEAD 弹等。

2. 新概念武器（弹药）的毁伤手段

有些新概念兵器是靠其发射的弹药来毁伤目标的，弹药设计基础是毁伤学。如液体发射药火炮、电磁炮、电热炮等，尽管它们的弹丸各有不同，但其是靠发射的弹丸来毁伤目标的。

有些新概念兵器如定向能武器是利用激光束、粒子束、微波束、等离子束、声波束的能量，产生高温、电离、辐射、声波等综合效应，采取"束"的形式，而不是球面的形式向一定方向发射，用以毁伤目标的武器系统。这种武器系统发射的不是弹药，而是激光束、粒子束等。

3. 新概念弹药的发展

在 21 世纪初新概念弹药必将会得到新的、不断的发展。

1）以新毁伤学为基础的新弹药会快速发展

战术激光弹药与微波弹药会得到快速发展，并在实用化的道路上迈进。非致命弹药如次声弹、失能弹等的步伐将更快,有的可能将装备部队。新型光电对抗弹药与新型特种弹如电视侦察弹、战场监视弹、通信干扰弹、诱饵弹等将有大的发展与应用。

2)传统毁伤学为基础的新弹药也将得到不断发展

传统的榴弹在提高威力方面将采用很多新技术,如应用冶金法、激光技术、等离子技术等预控破片。破甲弹采用新技术、新材料与新结构,威力将有新突破。超高速动能穿甲导弹将走上实用化道路。末敏弹、弹道修正弹、末制导炮弹、炮射导弹等将普遍装备部队。

3)新发射原理弹药研究日益受到重视

电磁发射技术对弹丸的要求更高,除了要满足强度、弹道性能要求外,还要求电磁炮管与弹丸要有良好界面,弹丸必须采用绝缘材料做电隔离。目前,新发射原理弹丸还仅是实验用弹丸,随着电磁发射技术的日益成熟,其弹丸研究也就日益受到重视。

4)智能化弹药飞跃发展

弹药智能化作为弹药的发展方向之一,在21世纪初不但会受到普遍重视,而且会得到飞跃发展。21世纪初的突破口将是智能导弹和智能地雷系统。

利用现有技术的综合与集成研制新弹药,提高弹药的性能。因此,利用原有技术综合与集成的新弹药受到普遍重视。

7.1.2 灵巧弹技术

灵巧弹药是在外弹道某段上能自身搜索、识别目标,或者自身搜索识别目标后还能跟踪目标,直至命中和毁伤目标的弹药。它包括敏感器引爆弹和末制导弹药。在当前发展阶段更广泛些,还可把弹道修正弹药和简易控制弹药包括在内。

灵巧弹药可以用多种平台发射,也可以由空中载体投向目标。发射平台包括坦克、装甲战车、火炮、直升机或飞机。使用灵巧弹药可达到较高的效费比。灵巧弹药是当今世界弹药发展的主要方向之一。

这里将介绍几种有代表意义的灵巧弹药技术。

1. 末端敏感弹药技术

末端敏感弹(简称末敏弹)为灵巧弹药中的一种,它是一种敏感器引爆弹药。

末敏弹武器系统综合应用了 EFP 技术、红外和毫米波探测技术、信号微处理技术等,形成了一种新型子母弹药,把子母弹的面杀伤特点发展到攻击集群目标,使之适用于间瞄射击,能有效攻击远距离自行火炮和其他装甲目标。

它利用常规火炮射击精度高的优点，把母弹发射到目标区上空，抛出敏感子弹。敏感子弹在一定范围内扫描，搜索装甲目标。当敏感子弹敏感到目标后，便引爆EFP战斗部，摧毁装甲目标。末敏弹不需要另外输入信号和外部指示就能寻找目标，实施"打了不用管"。

末敏弹利用远程火炮发射，具有作战距离远的特点，它借助火炮的高精度以及自身能在较大范围内搜索目标的特点，因而命中概率高；它采用EFP战斗部攻击顶部装甲，具有很好的毁伤效果；它不需要复杂的检测设备，勤务处理方便；它不用控制，没有精密复杂的制导系统，因而比导弹结构简单；它成本低，适宜大量装备部队。由于末敏弹具有上述优点，引起各国高度重视。

1）末敏弹总体结构

炮射末敏弹由母弹（弹丸）和发射装药组成。母弹由弹体、时间引信、抛射结构和抛射药、分离装置、敏感子弹等组成，其总体组成框图如图7-1所示。

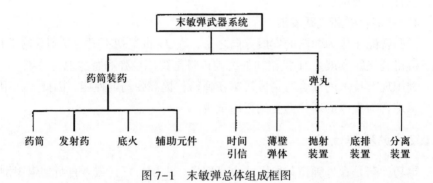

图7-1 末敏弹总体组成框图

敏感子弹由EFP战斗部、复合敏感器系统、减速减旋与稳态扫描系统、中央控制器、电源、子弹体等组成。

EFP战斗部由EFP战斗部装药、起爆装置、保险机构、自毁机构组成。复合敏感系统由毫米波雷达、毫米波辐射计、双色红外探测器、复合信号处理器组成。减速减旋与稳态扫描系统由减速伞、减旋装置、旋转伞、抛筒开伞机构组成。

2）末敏弹的主要工作过程

与末制导子弹药不同，末敏子弹为无控子弹药。它们由大口径炮弹、火箭弹、航弹、撒布器等准确带到目标区上空，借助于时间引信，利用抛射装置定时将其抛撒出来。母弹内可装多枚子弹。

子弹抛出后，减速减旋机构工作，子弹开始减速、减旋，稳定下落。与此同时，热电池激活，电子系统（含微处理器、多模传感器、中央控制器等电器部件）上电，毫米波雷达开始测定子弹到地面的距离。当子弹达到预定高度时，子弹抛筒开伞机构作用，抛掉减速减旋装置，旋转伞在气动力的作用下展开并开始工作，带动子弹旋转。与此同时，打开红外窗口并锁定到位。当子弹进入了威力有效高度时，发火装置解除最后一道保险，毫米波雷达关机，毫米波辐射计工作，红外探测器工作，复合敏感器开始对地面不断扫描，与此同时信号处理器工作不断识别目标。当敏感子弹发现目标后，由中央控制器下达指令起爆 EFP 战斗部，形成 EFP，以大约以 2000m/s 的高速射向目标，命中并毁伤目标。敏感子弹如果没有发现目标，落地自毁。

3）典型末敏弹

国外主要的末敏弹型号见表 7-1。

表 7-1 国外末敏弹型号

型号	国家	搭载平台	子弹数	敏感方式	工作方式
SADAKM	美国	155mm 炮弹	2	红外+MMW	冲压充气减速伞+祸流伞减速致旋，150m 高螺旋扫描，发现目标后攻击
		203mm 炮弹	3	红外+MMW	
Skeet	美国	机载布撒器	4	双色红外	降落伞减速，小火箭发动机起旋
BONUS	瑞典	155mm 炮弹	2	红外+MMW	用两个平衡稳定盘使子弹转动扫描，起爆点至目标的最大距离为 150m
SMArt	德国	155mm 炮弹	2	红外+MMW	降落伞减速减旋、100m 高度战斗部起爆

三种常见末敏弹类型如图 7-2~图 7-4 所示。

图 7-2 德国 SMArt155mm 末敏弹

图 7-3 瑞典 BONUS 末敏弹

图 7-4 美国 Skeet 末敏弹

2. 末制导炮弹

末制导炮弹是由火炮发射,只在弹道末段进行制导的灵巧型弹药。末制导炮弹能在末段弹道上实施搜索、导引、控制直至命中目标,主要用在榴弹炮、迫击炮和多管火箭炮上。末制导炮弹是一种远距离发射,沿曲线弹道飞行,能直接命中坦克、装甲车辆、舰艇等活动装甲目标或掩体、工事的精确制导弹药，不影响原火炮的正常使用，是集常规炮弹的初始精度和末段制导于一体的经济型，具有首发命中的灵巧弹药。

末制导炮弹由弹体、导引头（寻的器）、自动驾驶仪、战斗部、稳定器、助推发动机和发射药组成，如图7-5所示。制导装置位于弹头，包括导引头、电子组件、微处理器和自动驾驶仪等。战斗部和引信位于其后，稳定和控制部分包括由舵机、电源等组成的控制机构常布置在弹体后段（鸭舵除外）。当末制导炮弹进入末制导段瞬间，导引头就立即探测，获取目标信息，经电子线路和微处理器的变换、处理、辨识和选择，得出目标的坐标与运动参数，瞬即形成导引指令，传给控制系统，最终通过舵机带动舵面控制末制导炮弹的飞行，命中预选的目标。

图7-5 末制导炮弹外形简图

末制导炮弹与其他制导武器相比，可以利用现有的火炮发射，借助于火炮比较高的射击精度来降低本身搜索的困难，但它需要解决承受发射时的高过载和设备的小型化技术。它与末端敏感弹药相比，具有更高的命中精度和对付活动目标的能力，代价是制导系统相对要复杂得多；与战术导弹相比，由于只采用末制导技术，结构相对较为简单，却能获得与战术导弹相同的精度。

综上所述，末制导炮弹具有如下主要技术特点：

（1）射程远，可攻击陆上和海面纵深装甲目标。

（2）长度和直径受限制，要求弹上设备尽量地集成化和小型化。

（3）要承受发射过载，弹上设备和相应结构都应具有耐高过载能力。

（4）在飞行弹道多变的同时，要满足射程、末速、着角的要求；速度跨超、跨、亚三声速区，同时又要满足飞行稳定性和对法向过载的要求，构造了末制导炮弹特有的弹道和气动特性。

（5）由于弹道多变，控制状态变换也快，而导引飞行距离却只有2~3km，制导时间短促，弹上制导系统的各组成件必须具有快速启动能力。

1) 系统构成

末制导炮弹武器系统由末制导炮弹、制式火炮、检测维修设备和通信指挥系统（C^3I 系统）组成。以激光半主动末制导炮弹为例介绍如下：

(1) 制式火炮——按射击要求装定射击诸元、发射末制导炮弹。

(2) 火控系统——又称通信联络指挥系统。用来确定完成原始装定，保证末制导炮弹发射瞬时将信号及时传达给激光照射器，保证激光照射器能在弹道末段照射目标，利用计算机或借助射表计算原始装定。

(3) 激光照射器——观察地形并探索目标、测量水平角和垂直角，用光学测距法测量与目标的距离和照射目标。

(4) 末制导炮弹——由发射装药和制导弹丸组成。

制导弹丸一般分控制舱段和弹药舱段两大部分，由 1~2 个或更多的独立舱段组成。它们在发射前才从包装内被取出，通过卡口对接固定。在控制舱内装有程序装置、导引头、自动驾驶仪（或电路板）、重力补偿机构等；在弹药舱内装有战斗部、舵机及传动机构、稳定器、弹带和底座，有的还装有增程发动机或推力矢量控制用的数个小发动机。制导弹丸除采用正常式的尾舵布局外，也用"鸭式"气动外形的布局。舵面和翼面都用大展弦比后掠翼面或弧形翼面，呈折叠状态备用，以保证末制导炮弹能从火炮中顺利发射。图 7-6 是"铜斑蛇"末制导炮弹的结构简图。

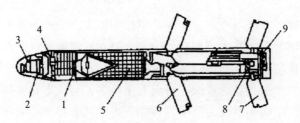

图 7-6 "铜斑蛇"炮弹结构简图

1—电子舱；2—导引头；3—陀螺；4—滚转速率传感器；5—聚能装药；
6—弹翼；7—尾翼（舵）；8—舵机；9—滑动闭塞环。

2) 工作方式

末制导炮弹有主动式和半主动式两种工作方式。

(1) 主动式。

依据侦察通信指挥系统或 C^3I 系统提供的目标位置和运动状态检查弹药、装定工作程序和发射诸元，发射后能实现打了不管的战术要求。制导体制有多种选择，如主/被动毫米波、红外、红外热成像、双色红外/主动毫米波等复合制导等。

当弹丸在膛内靠发射时的冲击作用激活工作程序用电池后，工作程序开始工作；滑动弹带完成闭气减旋作用，弹丸飞出炮口展开尾翼，解脱引信保险，进入低速滚转的无控飞行段；在接近弹道顶点时，末制导炮弹便进入滚转控制段，激活弹上热电池、滚转速率传感器和舵机，进行滚转姿态稳定控制和空间定向，大约用一秒时间停止滚转后，即对弹丸进行空间定向，以保证能准确进行重力补偿和末制导段的信号分解。弹丸飞过弹道顶点后，导引头解锁启动，张开弹翼，进入滑翔飞行段，通过重力补偿减小弹道的下沉，使降弧段原近抛物线的无控弹道向前平伸成类似直线的下滑弹道，以增加射程，该段又称惯性制导段；在距目标2~3km，进入末制导段时，导引头就立即开始搜索、捕获目标，控制弹丸按导引规律跟踪目标，直至毁歼目标。图7-7是主动式末制导炮弹工作过程和弹道示意图。

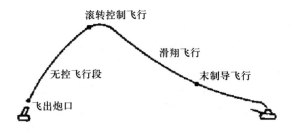

图7-7　主动式末制导炮弹工作程序及弹道示意图

（2）半主动式。

这是把末制导炮弹与照射光源异地设置的工作方式。用激光指示器瞄准目标，在末制导炮弹飞抵目标的过程中，激光指示器会不间断地向目标照射脉冲激光。弹上激光导引头接收到由目标反射来的激光能量后，把制导装置作为信号源，产生控制指令，导引弹丸直至命中目标。

3）制导系统

（1）基本组成。

末制导炮弹制导系统的基本组成如图7-8所示，包括导引系统和姿态控制系统（又称自动驾驶仪）两部分。

导引系统由测量装置和导引计算机组成，用来测量相对目标的运动偏差，按预先设计好的导引规律，由导引计算机形成导引指令，经弹上控制系统控制末制导炮弹运动。

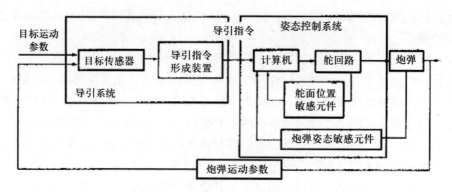

图 7-8 制导系统基本组成框图

姿态控制系统主要由姿态敏感元件、控制计算机和伺服机构组成。

末制导炮弹的制导是以炮弹为控制对象的闭环回路（大回路）。由导引系统、弹上控制系统（小回路）、末制导炮弹弹丸及其运动学环节（描述弹与目标相对运动的运动学环节）组成。

（2）导引技术与方法。

末制导炮弹常用的导引技术有：激光导引技术、毫米波导引技术、红外导引技术、复合导引技术、惯性导引等。

鉴于末制导炮弹从正面攻击目标，常用比例导引法或改进的比例导引法，获得较为平直的弹道和尽可能小的需用过载，以减小导引误差，提高命中准确度。所以，末制导炮弹在攻击目标的导引过程中，就利用弹速度矢量的旋转角速度与目标瞄准线的旋转角速度成比例的导引方法——比例导引法。

改进的比例导引法则是根据实际需要，在原有的比例导引关系中引入修正量，形成新的导引关系的方法。

要注意在末制导炮弹的末制导段起控前捕获目标的条件，因受到导引头结构尺寸（支架角）的最大允许偏转角范围的限制，在满足导引头搜索视场角的要求中，应注意导引方法和它的协调匹配。

（3）控制方法。

末制导炮弹在出炮口后的初始段都要维持低速旋转，以减小因弹体偏差和外界干扰因素影响，达到保证无控段捕获目标的散布要求。

当末制导段采用滚转姿态稳定控制时，要求在末制导炮弹飞到优选启控点时的极短时间内（小于1s），停止末制导炮弹的滚转运动，并对弹丸进行滚转姿态稳定控制，给出重力方向和重力补偿指令，使原先的抛物线弹道变直，并保证制导系统能在末制导飞行段对俯冲和偏航运动进行精确控制。

若末制导炮弹采用的是全弹道旋转体制，炮弹以一定的低转速绕自身纵轴旋转，多采用 Bang-Bang 式控制系统，在弹体旋转过程中靠舵面不停地按一定规律的交替偏转，对弹体产生所需方向和大小的平均操纵力，实现对末制导炮弹俯仰和偏航的操纵，控制弹丸按导引规律飞行。

（4）空间定向技术。

末制导炮弹在发射后就进入无控飞行段，使弹轴在空间的方位呈现随机状态，为了对炮弹在滑翔飞行段中进行重力补偿，在末制导段开始前就必须要把弹轴的空间方位极其迅速地确定出来，以便进行舵偏信号的分解，末制导炮弹需要进行空间定向。

由于末制导炮弹发射时的高过载，使陀螺不能在发射时就让陀螺零位指向地轴重力上方，或让陀螺转轴在发射时和弹轴重合，在发射前被定位。末制导炮弹只能采用把自旋轴沿弹体纵轴安装，发射前锁定，只在弹道上某预定点启动姿态陀螺的技术，利用启动瞬间陀螺转子轴与弹轴重合的条件和陀螺的定轴性来进行空间定向。对滚转姿态稳定的末制导炮弹，可通过滚转姿态陀螺内外环的摆角值来确定弹上方标记与重力向上基准相重合的技术进行空间定位。对旋转弹丸，由于陀螺的定轴性，迫使其内外环不得不停地摆动时，通过分析计算，得到重力上方基准，进行空间定向。

7.1.3 增程弹技术

20 世纪 80 年代以来，特别是 20 世纪 90 年代以后，弹药的增程技术有了很大发展。由于许多新原理、新技术用于远程弹药的研制，使其性能有了大幅度的提高。

目前世界各国都在研究增大射程的方法和技术。现代远程榴弹采用的增程技术有：提高初速技术、减小空气阻力技术、增速技术、提高断面密度（存速能力）技术、滑翔技术以及复合增程技术等。如在现有技术条件下，南非的 155mm 高速远程弹（VLAP）采用底排与火箭复合增程技术，39 倍口径身管最大射程为 39km，45 倍口径身管为 50km，52 倍口径身管则达到 52.5km。

1. 提高初速技术

提高初速是增大射程的主要技术途径。以中口径火炮为例，从 20 世纪五六十年代的初速 500~600m/s，到 20 世纪 90 年代初速大于 900m/s，用同样的弹丸射击，射程提高近一倍。

目前提高初速的措施有：

1）高新发射技术

（1）液体发射药发射技术。

这种技术与固体发射药火炮相比，初速可提高 15%~20%。

（2）电热——化学发射技术。

这种技术的弹丸初速可达 2000~3000m/s。

（3）电磁发射技术。

在理论上电磁炮可将弹丸加速到 4000m/s 或更高。

2）增大火炮药室容积，增加发射药量

这是固体发射药火炮提高初速的传统措施之一。目前世界装备 155mm 加榴炮的国家较多，其药室容积从 13L 到 18.8L 再到 23.5L，装药量从 5.9kg 到 12kg 再到 17.2kg，初速也从 660m/s 到 826m/s 再到 905m/s。

增大药室容积，增加发射药量的副作用是使得膛压增大，目前的最大膛压已由过去的 250MPa 增大到 300~400MPa，火炮寿命受到较大影响。

3）改善装药结构

这是常规火炮提高初速的有效措施之一。

提高初速要兼顾到火炮的寿命，所以在进行装药结构设计时，要选好火药的品牌、形状和质量，要选能量大且对火炮烧蚀小的火药，要选好护膛剂等。

要改善装药结构，防止膛内压力波的产生。要在最大膛压一定的情况下，使膛压曲线具有平台效应，以提高初速，如随行装药等。实验证明随行装药可提高初速 5% 以上，再就是可以采用双元火药，火药成分相同但形状不同的火药混合装填，有的药先燃有的后燃，使最大膛压降低，增大火药燃烧时间，使初速提高。

4）加长身管

这也是常规火炮提高初速的方法之一。

以前的榴弹炮身管长度大致为 22 倍口径左右，初速约为 500m/s 到 600m/s。20 世纪 60 年代后身管逐渐加长，由 39 倍到 45 倍再到 52 倍口径，初速也增大到 950m/s 左右。在弹丸不变的情况下，加大药室与加长身管可提高射程 30% 以上。

对固体发射药火炮来说，目前脱壳穿甲弹的初速已达 1800m/s，加榴炮榴弹的初速已达 950m/s 左右，再增大就比较困难了。除非研制新的发射药，用现有发射药、发射平台，提高初速的潜力已经挖掘的差不多了。

2. 减小空气阻力

弹丸的空气阻力系数由三部分组成：即波阻系数、摩阻系数和底阻系数。弹丸的总阻力系数及各分阻力系数占总阻力系数的比例与弹长、弹头部长度占全弹长的比例、弹头部与弹尾部形状、弹丸表面的粗糙程度及弹丸的飞行速度有关。

在亚音速条件下（飞行马赫数 $Ma \leqslant 0.8$），摩阻占总阻力的 35%~40%，底阻占60%~65%。在超音速条件下（Ma>1.25），摩阻仅占总阻力的9%~13%，底阻占21%~36%，波阻占51%~70%。远程弹一般都在超声速下飞行，故其主要阻力是波阻和底阻。减小空气阻力一般采取如下措施。

1）改善弹形

弹形减阻的关键是减小波阻和底阻。影响波阻的主要因素是弹全长及弹头部长占全长的比例。影响底阻的主要因素是弹尾部长及船尾角。为了减阻增程，近年来，榴弹的弹形发生很大变化（图7-9），弹形系数也有较大幅度的减小，见表7-2。

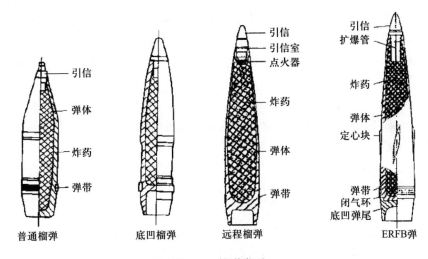

图7-9 榴弹类型

表7-2 弹丸主要结构尺寸与弹形系数

弹丸类型	L/d	L_{t0}/L（%）	i_{43}
普通榴弹	<5.5	40~50	0.90~1.20
底凹榴弹	5.5~5.8	50~55	0.80~0.90
远程榴弹	5.8~6.2	60	0.75~0.80
ERFB弹	6.0~6.2	80	0.72~0.75

* ERFB弹为远程全膛弹（俗称枣核弹）；
L为弹丸长度，d为弹丸口径，L_{t0}为弹头部度，i_{43}为1943年阻力定律弹形系数。

现代远程榴弹与普通榴弹相比，弹长增加，弹头部锐长，使弹丸的赤道转动惯量与极转动惯量之比增加（达到 11~13），初速提高、膛压增高等使弹丸的起始扰动散布增大，火炮药室增大、增长，发射药量增加，给点火一致性带来难度，使初速散布难以降低。圆柱部短，不利于采用子母战斗部结构等。因此，在改善弹形增加射程设计远程榴弹时，要充分考虑下面问题：

（1）现代远程榴弹在设计时，弹形已优化，弹带结构以及引信头部端平面对阻力有较大影响，必须充分考虑。

（2）增程与散布要合理解决。ERFB 弹的敏感因子是普通榴弹敏感因子的 2~5 倍。再加上散布因素的散布概率误差也较大，因此 ERFB 弹的落点散布较大。所以在确定方案时，要充分考虑增程与散布的合理匹配。经验证明，合理的远程弹方案，充分考虑弹带和引信外形优化，可使阻力系数与 ERFB 弹相近，散布却比 ERFB 弹小得多。另外，如射程损失不大，而敏感因子又减小许多也是可取方案。

（3）增程与威力的关系要处理好。弹头部锐化势必使装填物减少，使威力下降。如 ERFB 弹就不适合做子母战斗部。所以在考虑增程方案时要兼顾到威力。

总之，武器的性能是综合性能，应同时考虑射程、精度和威力。当然，突出某一个方面并兼顾其他，也是可以的。

2）增大底压——底部排气技术

在超声速条件下，一般榴弹的底阻占总阻的 30% 左右，ERFB 弹占总阻的 50%~60%。如能提高底压，就可减小底阻而增程。

（1）减阻原理。

弹底部低压区可视为被周围气体包围的一定空间，根据气体热力学原理，向这一空间排入质量或排放热量，都可提高这一空间的压力，此即底排增程的基本原理。

底排与火箭增程从表面看，都是向尾部区域排气，但二者有本质区别。底排向底部排气是为了提高底压从而减小底阻，从性质上来说，它属于减阻增程。火箭增程向底部排气（超音速气流），是为了获得向前的速度（利用系统动量守恒原理）从而提高弹丸的速度，从性质上讲，它属于增速增程。

（2）底排装置构成与作用。

底部排气弹的底排装置由底部带排气孔的壳体、底排药柱、点火具等构成，如图 7-10 所示。底排药柱一般是由复合火药或烟火药制成的单孔管状药，为了增大燃烧面有的药柱要开成几瓣，外表面和端面包覆着阻燃层，为了向底部排气，壳体底部开有一个或数个排气孔。点火具的作用是出炮口后可靠点燃底排药柱（底排药柱在膛内被火药燃气点燃，出炮口时因压力突降，药柱可能自行熄灭）。

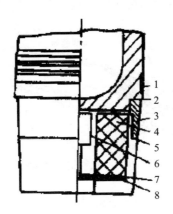

图 7-10 底排装置简图

1—闭气环；2，5—密封圈；3—船尾连接螺；4—排气药柱；6—点火器；7—船尾部；8—塑料垫片。

药柱出炮口重新点燃后，在弹道上缓慢燃烧。由于燃烧室压力只比弹道上环境压力高10%左右，因此通过弹底排气孔的气体速度较低（$Ma \approx 0.3$）。底排药柱的燃烧时间可达几十秒，通常为最大射程的飞行时间的 1/3~1/2。

（3）影响因素。

弹丸飞行 Ma 数、排气参数、排气温度、燃气相对分子质量、底排药剂配方、药柱生产工艺、药柱初温、船尾角与船尾长度、排气孔结构、弹丸转速、药柱点火一致性、底排燃气二次燃烧以及环境条件等都对减阻效果有影响。

总之，底排减阻技术在诸多增程技术中增程效率高，是一种较好的增程技术。但在底排弹设计时，要特别注意其结构合理性。底排弹的距离散布普遍较大，一般都大于普通远程榴弹。之所以散布较大，这是由底排装置的工作特性造成的。所以在设计底排弹时，必须考虑如何减小散布。

底排弹散布大的原因是：初速高、阻力小，敏感因子大，阻力散布大。

从实测的底排弹阻力曲线可见，阻力曲线比较分散，阻力系数有较大散布。这主要是由点火时间散布以及燃烧时间散布等造成的。

3. 增速技术

1）火箭增速（程）

火箭增程技术20世纪40年代就已开始研究了，由于密集度与威力等问题难以解决，一直拖了二三十年才开始列装。目前有不少国家装备火箭增程弹。

(1) 火箭增程弹的构成与作用。

如图 7-11 所示，火箭增程弹由引信、弹体和火箭发动机等构成。火箭发动机与弹体底部联结，由发动机壳体、推进剂、喷管和点火系统组成。

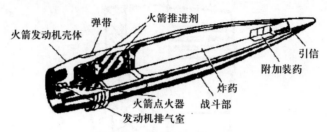

图 7-11　火箭增程弹结构

火炮击发后，火箭增程弹在火炮发射药燃气压力作用下沿炮膛运动，同时点燃了点火具的延期点火药。弹丸飞出炮口后，到点火时间切发动机点火工作，增程弹加速直到发动机工作结束，弹丸惯性飞行到终点。

(2) 火箭增程弹目前技术状态。

火箭推进剂相对装药量 m_R/m 为 2.7%~9%，增程率 $\Delta X/X$ 为 25%~62.5%，点火时间 t_H 为 7~16s，发动机工作时间 t_m 为 2~3s，中口径最大射程为 40km，大口径为 50km。

(3) 增程弹参数选择。

在增程弹总体设计时，要考虑各种增大射程因素，合理选择有关参数，使之合理匹配，达到最大射程。

① 比冲量的选择。

比冲量越大，火箭增速也越大。比冲量除与推进剂性能有关外，还与发动机结构有关。所以在发动机设计时，必须考虑增大比冲量。

② 相对药量的选择。

在保证威力及飞行稳定条件下，尽可能使相对药量大一些。

③ t_H 与 t_m 的选择。

在保证密集度的情况下，t_H 可大一些。t_m 的选择必须考虑其对密集度的影响。

火箭增程弹增速后，速度可达 1000m/s 左右。因此，必须选择好的弹形以减小阻力。

(4) 存在的问题。

① 散布大。

火箭增程弹与普通榴弹相比，散布较大。所以增程弹在设计时，必须

考虑:

选择合适的推力加速度,增大有效滑轨长,减小各种扰动因素的影响。合理选择推力加速度与阻力加速度的比值,以减小风偏,从而减小散布。

增程弹的初速与增速的比值对散布影响很大。在总体设计时要选好速度比。

点火时间散布对射弹散布也有影响,必须严格控制点火时间散布。

② 威力下降。

火箭增程弹与普通榴弹相比增加了发动机,战斗部不变则弹丸质量与弹长增加,会产生不利影响;如保持弹丸质量不变,势必使战斗部尺寸减小,影响到威力。一般说来,火箭增程弹的威力要比普通榴弹小。总体设计时要充分考虑到威力。

③ 结构复杂、成本高。

火箭增程弹与普通榴弹相比较,其结构较为复杂,当然成本也就较高。

2) 冲压发动机增速(程)

(1) 冲压发动机增程弹的构成与增程原理。

如图 7-12 所示,冲压发动机增程弹由弹体、进气口、喷射器、燃烧室、燃料、喷管以及爆炸装药等组成。

冲压发动机燃料

图 7-12 冲压发动机增程弹

增程弹以很高的初速从火炮发射出去,在高速飞行中空气由弹头部的进气口进入弹丸内膛的喷射器,然后进入燃烧室,流过燃料表面,空气中的氧与燃料充分作用,燃气经过喷管加速喷出,使弹丸获得很大的加速度。

由于充分利用空气中的氧,燃料用量较少,且燃料与空气能充分接触、混合燃烧,故冲压发动机增程弹比冲比火箭增程弹的比冲高出几倍,可达 800~1000s。美国 203mm 冲压发动机增程弹最大射程为 70km,155mm 增程弹达 50km。

(2) 存在问题。

冲压发动机增程弹目前还处于研究开发阶段,尚未有型号装备部队。虽然其增程效率较高,可以达到较远射程,但也有很多问题需要很好解决。

① 密集度差(可考虑采用末制导或制导方式提高命中率)。

② 威力受影响（在总体设计时要综合平衡，选取最优方案）。
③ 结构复杂、成本高。
④ 平时保管、勤务处理复杂。

4. 提高断面密度（次口径脱壳）技术

1) 脱壳榴弹的构成与增程原理

如图 7-13 所示，脱壳榴弹由飞行弹身与弹托两大部分组成。目前次口径脱壳榴弹有两种稳定方式：一种为旋转稳定，如美 175/147 次口径脱壳榴弹（弹丸口径为 175mm，弹丸飞行弹径为 147mm），最大射程可达 50km；另一种为尾翼稳定，如美 203/130 次口径脱壳榴弹，长径比为 11.4，最大射程达 45km。

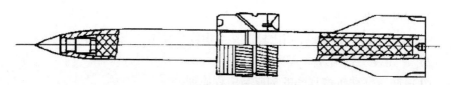

图 7-13　脱壳榴弹

弹丸发射过程中，次口径脱壳榴弹靠弹托在膛内定心，弹丸飞离炮口后弹托脱落，在弹道上弹丸飞行质量减小（飞行质量 m_c 小于弹丸质量 m），飞行弹径也减小，使得飞行弹丸的断面密度大大提高，从而使弹道系数 C 下降，提高了存速能力，增大了射程。

2) 次口径脱壳榴弹存在的问题

（1）弹托致伤问题。

脱壳榴弹飞出炮口后，弹托开始脱落，弹托落地点距炮口不会太远，容易致伤己方阵地人员。可采用轻质材料做弹托，使其飞不太远且落地能量小一些。但这一问题目前尚未很好解决。

（2）威力问题。

旋转稳定脱壳弹由于弹长受限制，故炸药装药减少，使威力下降。如美 175/147 脱壳榴弹炸药量减少一半，其威力仅相当 155mm 榴弹。

因此，在脱壳榴弹总体设计时，要综合考虑射程与威力问题。

（3）密集度问题。

脱壳弹在脱壳过程中，会受到诸多外界因素的影响使弹丸受到扰动，因而密集度变差。在结构设计时，要考虑脱壳结构简单、方便、可靠，使之在脱壳过程中对弹丸干扰小。

为了使脱壳榴弹的威力不受影响，采用了尾翼稳定式结构。由于长径比限制因素少（当然要保证正常勤务使用），可确保弹丸威力，但提高密集度难度较大。

（4）结构较复杂，成本高。

5. 复合增程技术

从优化技术出发，任何一个远程弹丸的设计实际上都采用了复合增程技术。对普通榴弹来说，初速增大了，就必须有一个与之相适应的弹形，这就是提高初速与弹形减阻相结合。对底排弹来说，初速高、弹形好，再加上底排装置，这就是提高初速、弹形减阻与底排减阻相复合，如此等等。

目前，复合增程技术的热点是底排火箭复合增程，其增程效率高。

1）设计出发点

既给弹丸加速，又使速度损失小。弹丸在空气密度大的区域加速，速度增加，空气阻力也增大，速度损失较大；在空气密度大的区域保持低阻力，使速度损失小；当弹丸进入空气密度较小的区域加速，速度损失小，增程效率高。

在这一思想指导下，出现了底排火箭复合增程技术。开始底排工作减小阻力，到一定弹道高之后，发动机工作加速，最后被动飞行到终点。

2）设计要点

（1）全弹性能参数（射程、威力、密集度）要综合优化。

（2）底排药量与火箭药量之比要优化，底排药量 m_{BB} 与火箭药量 m_{RAP} 之比的选择十分重要，它是获得最大射程的重要参数。美 XM982 底排火箭复合增程弹的 m_{BB}/m_{RAP} 为 1.100/1.497。

（3）底排工作时间与火箭工作时间之比达到优化。底排工作时间 t_{BBK} 与火箭工作时间 t_{RAPK} 之比也是达到最大射程的重要参数。美 XM982 的 t_{BBK}/t_{RAPK} 为 15.0s/0.5s，俄 152 底排火箭增程弹为 15s/5s。

（4）减小底排工作结束火箭发动机开始工作时的时间散布。

3）火箭发动机的设置

目前装备和在研的底排火箭增程弹，其火箭发动机的设置大致有以下几种：

（1）底排装置与火箭发动机合一，放置弹底。

法国 H3 155mm 底排火箭增程榴弹就是采用这种结构。其燃烧药剂由双层不同燃速的环状药柱组成，内环药柱为低燃速药剂制成，外环药柱为高燃速药剂制成。该结构比较简单，但技术上实现有一定难度，且减阻效果不好，增程率不高。

（2）底排装置与火箭发动机串联并相互独立。

俄 2C5 152mm 自行加农炮用底排火箭增程榴弹就是采用此种结构。底排装置放在弹底，火箭发动机位于底排装置与战斗部之间。这种结构技术比较成熟、工作可靠，但缺点是威力损失较大。

（3）火箭发动机前置。

美 XM982 155mm 底排火箭增程弹就采用了这种结构。底排装置依然放在弹底，火箭发动机放置在弹头卵形部内。由于战斗部与底排装置不变，增加了发动机使弹重增加，且弹长也增加了，给弹丸飞行稳定性带来不利影响，对密集度不利。

（4）火箭发动机内置。

火箭发动机直径较小，内置入弹体。这种结构简单，火箭效率高，技术难度不大。由于是内置式发动机，因此发动机与战斗部炸药装药或子弹间隔热问题就需很好解决。

除了上述介绍的几种增程方法外，目前正在研究的还有滑翔增程、火箭滑翔增程等。所谓滑翔增程就是弹丸飞到高空后，靠自身的弹翼滑翔飞向目标。在制导技术发达的今天，弹丸飞向预定目标是不成问题的。火箭滑翔增程方案为：火炮垂直把弹丸发射出去，一定时间后火箭发动机开始工作，根据目标的距离调整弹丸飞行高度，然后靠滑翔飞行。通过 GPS 系统和惯性导航系统，把弹丸导向目标。

6. 几种增程技术的比较

目前采用的和正在研究中的几种增程技术，从满足火炮三大性能指标来说各有所长，都是在加长身管、增大药室提高初速的前提下，再采取改善弹形减阻、底排增程、火箭增程、冲压发动机增程、脱壳增程等方法进一步提高射程。

以身管长为 52 倍口径的 155mm 加榴炮为例，在目前的技术状态下，各种增程技术能达到的射程以及其他性能见表 7-3。几类增程弹的弹道比较如图 7-14 所示。

表 7-3 几种增程技术弹丸性能比较

增程技术类型	弹形减阻	底排增程	火箭增程	冲压发动机增程	脱壳增程	底排火箭复合增程
最大射程/km	30~35	40~45	40~45	50~70	45~50	45~50
弹丸威力	好	好	较差	差	差	差
密集度	较高	稍差	较差	差	较差	差
结构工艺	好	稍差	较差	差	较差	差

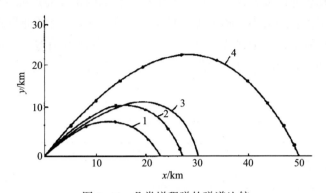

图 7-14 几类增程弹的弹道比较
1—普通榴弹；2—底部排气弹；3—火箭增程弹；4—冲压发动机增程弹。

7.2 弹药精确打击技术

在未来相当长的时期内各种火炮与火箭炮还要大量使用，并在战争中发挥重大作用。为了适应现代高技术战争的需要，必须提高其命中精度。仅仅通过提高无控弹药的射击精度来提高弹药的命中精度，提高的程度是有限的，而且会给发射平台带来一定的难度。所以，为了实现精确打击，主要要在弹上下功夫。在弹上安装导引头或传感器探测装置，使其在外弹道某段上能自身探测、识别目标，有的还能跟踪目标直至命中并毁伤目标；用火炮发射导弹（炮射导弹）以及制导炮弹，形成打击远距离点目标的精确打击力量。

研究弹药精确打击技术，要从提高发射平台的射击精度、弹的探测与控制以及二者的有机结合入手。下面着重介绍弹道修正技术与炮射导弹技术。

7.2.1 弹道修正技术

在弹药中采用"弹道修正技术"是现代战争中提高弹药命中精度的重要措施。因为它没有导弹那么复杂，既不需要在弹体内装有导引头、基准陀螺，也不要求装有自动驾驶仪，只需在弹上装有简单的修正指令接收装置和相应的执行机构。它的测控任务常由地面或舰上的测控设备完成，弹上的执行机构一般也只作不连续地有限次工作，而不是像导弹那样长时间连续地向目标导引，也无须对火炮和供弹系统进行改造。因此，弹道修正弹的成本远低于导弹。

弹道修正弹是在普通炮弹的弹体中装上弹道修正机构，由 GPS 或地面雷达探知飞行中的弹丸在某几个时刻的空间位置，将此位置与地面火控计算机中预先装定的理想弹道或者地面雷达探知的由于目标的机动而形成的新命中点进行比较，根据偏差的大小，指令弹上的修正机构（鸭舵或脉冲发动机）进行距离或方向的修正，在原理上克服了普通炮弹有了弹道偏差而不能纠正的缺点，从而使弹丸的命中精度大幅度提高。弹道修正弹系统工作原理框图如图7-15所示。

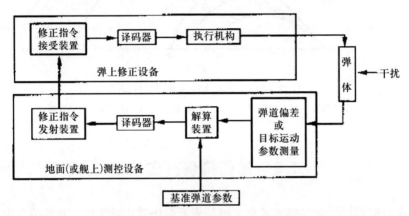

图7-15 弹道修正弹系统工作框图

随着科学技术的发展，通过小型全球定位系统（GPS）接收机和无线电发射机来获取飞行中实际弹道的数据，并把它传送给发射部队待用，或直接处理给出弹道修正值，发出修正指令，驱动弹上执行机构，对弹丸的实际弹道进行自动修正。这对射程更远的、威力更大的炮弹具有非常广阔的应用前景。

1. 弹道修正弹类型

弹道修正弹通常可分为空射型和面射型。

典型的空射型弹道修正弹的弹道示意图如图7-16所示。它是以目标在空中的参数为依据进行方向修正的。此时，由于要对付高速机动飞行目标，弹道修正响应时间极短，常采用力型修正执行机构，多用横向喷流控制技术，使其具有快捷的方向修正能力。

面射型弹道修正弹是攻击地面目标的弹药，它是用测定弹丸的空中参数为依据来进行弹道修正的弹药。

2. 系统组成和作用

弹道修正系统分弹上和弹下两大部：弹上修正部分由弹上信号接收和执行分系统组成；弹下部分由地面（或舰面）的跟踪检测分系统（亦称火控系统）和弹道解算发送装置组成。

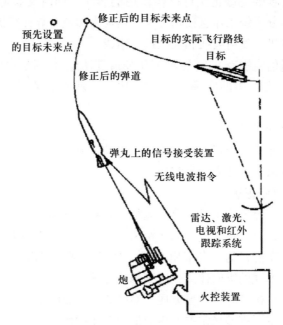

图 7-16 空射型弹道修正弹的弹道修正示意图

1) 弹上信号接收和执行系统

弹上信号接收和执行分系统由指令接收机、译码器、执行控制单板机（或电子线路）、指令修正控制器、修正执行机构、电源等组成，用来接收和执行地面送来的指令。

装在弹丸有限空间内的弹上设备应力求简单高效，具有抗高过载能力和高动态响应的品质。为此，弹上的修正机构多采用脉冲矢量控制的力型执行机构，如配有小型气体喷嘴的燃气发生器或小型脉冲矢量发动机等，以及采用风帽、径向活动翼面、阻力环（板）、扰流片，甚至活动的鸭翼等气动力修正手段来实现对该弹运动的修正。

2) 地面测控设备

弹道修正弹的地面测控设备由跟踪检测分系统和弹道解算发送装置两部分组成。

（1）跟踪检测分系统：它是常规火控系统的发展，由天线、主机、测距装置、随动装置、支架、电源等组成。用来获取弹丸或目标的运动参数，并把它直接送入弹道解算装置进行实时处理。

（2）弹道解算发送装置：输入计算机的弹丸运动参数和相关信息被快捷地进行综合处理比较，实时输出弹道修正指令，经指令发射机送给飞行中的修正弹。所以该装置既受修正执行机构作用的影响，同时又影响弹道偏差的变化，与跟踪检测分系统工作直接相关。它通常由弹道解算计算机、修正指令编码器、指令发射机、发射天线和火控接口组成。

若在弹丸引信内嵌有 GPS 接收机和弹道算法组件，把基准弹道在发射前编到引信中，与飞行中的实际弹道进行比较，就不需要再对火炮系统进行改造。

3. 弹道修正弹修正方法

弹道修正弹通常采用指令修正技术或自动试射修正技术。无论用哪种修正技术，均可通过以下方法之一来实现。

1）纵向距离修正法

这是实现炮弹弹道修正最简捷的途径。它利用炮弹弹丸的距离散布远大于方向散布的特点，只对弹丸进行纵向距离修正，通过改变弹丸的轴向力来达到降低弹丸距离散布的目的。常采用变阻（如径向展开翼面、风帽等技术）或变速措施来调节弹丸的纵向速度，达到修正目的。

该方法执行机构简单，布局方便，对弹丸结构影响不大，又不影响弹丸旋转稳定方式，保留了旋转稳定弹丸横向散布较小的优点。

2）横向方位修正法

对付高机动目标的弹道修正弹，必须要进行横向方位修正。通过控制修正弹的横向运动达到快速修正弹丸弹道的方向，这是空射型修正弹和对一切方向散布有要求的弹丸最广泛采用的修正方法。这时的侧向力可以用小型脉冲式推力装置或气动控制的各种活动前、后翼面来实现。它们有效可靠工作的必要条件是：

（1）降低弹丸转速，使弹体便于控制。

（2）在收到弹道修正指令瞬间，必须还要确定修正机构在空间的方位，以便恰当地进行控制。

无论采用哪种修正方法，都需要解决修正点与次数的选择，弹上设备的耐高过载和小型化等技术问题。

用 GPS 技术时，发射后的弹丸通过封装在弹丸引信内的 GPS 接收机，在不超过 10~15s 的时间内，经天线从卫星上获取首次三维定位数据，再通过处理器算出弹丸的位置和速度，以及弹丸未修正的弹着点等，与基准弹道或基准弹着点进行比较，计算出弹道修正值，直至驱动力型修正机构动作，修正弹道，实现远程攻击的目的。若把试射时装有 GPS 接收机的首发弹道修正弹所获取的飞行弹道数据传回发射部队处理，进行发射修正，可同样实现远程攻击之目的。

为攻击硬目标所需的弹道修正模式，已有小型 GPS 接收机和惯性器件的简易组合结构，更进一步地提高对目标的攻击能力。

4. 修正过程

1）空射型

发射后的空射型弹道修正弹除按已知的弹道参数飞向预先设置的目标未来点外，它还要受到地面或舰面上的修正指令控制。此时的探测装置正在不断地测出目标飞行参数的变化值，弹道解算装置便根据目标变化实时计算出目标飞行参数变化后的目标未来点，随即通过修正指令发射装置向弹道修正弹发出修正指令，经装在弹尾的信号接收机把指令传到修正弹上，驱动修正装置动作，产生侧向推力，修正弹丸的弹道方向，经过若干次不连续修正，直至命中目标，如图 7-16 所示。一种初速在 1100m/s 以上的弹道修正弹，修正速度为 15m/s，只经过 5~6 次的修正，总共可使弹丸横向移动 30~50m，可用来对付反舰导弹。

2）面射型

弹丸飞出炮口后不久，由地面跟踪检测分系统测出弹丸在某点的坐标及速度后，弹道解算装置或处理器立即结合射击诸元快速算出未修正弹道落点，求出与目标位置的偏差，或通过对基准弹道与飞行中的实际弹道比较，给出弹丸修正矢量信号，经指令发射机把修正指令传给修正弹上的指令接收装置，启动执行机构动作，完成一次修正任务。这样经过不连续的 1 次、2 次或若干次修正后，达到提高射击精度的目的。

采用 GPS 技术时，嵌装有 GPS 接收机和处理器的弹道修正弹，把在飞行中获得的实际弹道的未修正数据与基准弹道数据或基准弹着点进行比较，自动算出弹道修正值（或直接把数据传回地面处理），启动修正装置动作，或使弹丸"减/增速"，或控制弹丸"或左"、"或右"地修正弹道方向误差，攻击指定目标。

5. 技术特点

弹道修正弹的技术特点为：

（1）弹道修正弹由火炮发射，弹上所有的部件和设备必须要承受发射过载。为此，电子器件要采用灌封处理，易损部件要采取加固、缓冲、减震技术措施。

（2）修正弹的尺寸受到制式火炮限制，因此，弹上的修正设备要尽可能地小型化。

（3）由于修正弹采用的是瞬时固化弹道修正力，所以修正执行机构必须能快速启动，要具有良好的动态响应特性。

(4) 修正弹利用简单的指令接收设备（或 GPS 修正模块）和有限次不连续工作的修正执行装置，便达到大幅度地提高远程弹射击精度目的和高炮对付高机动目标的能力。这就决定了弹道修正弹是一种高效费比的，还可继续发展成自指挥、自定位的灵巧攻击弹药。

(5) 对进行横向修正的弹道修正弹，必须要：

① 降低弹丸的转速，使之易于保证有效的修正效率。

② 建立空间方向参考基准，以便修正执行机构产生的瞬间侧向力与弹道修正信号同方位，恰当地进行控制。

(6) 当出现有多发需要进行遥控弹道修正的弹丸同时在某一空域飞行时，不仅会增加相当可观的弹道解算计算量，还必须采用多路编码通信技术，保证各发弹能按各自的弹道修正指令改变自己的攻击弹道，飞向指定目标。

(7) 发展中的弹道修正弹技术适用于几乎所有的火炮弹药。

7.2.2 炮射导弹技术

炮射导弹是利用坦克、装甲车辆火炮或地面反坦克火炮发射，用以摧毁固定或装甲目标。它综合了火炮和火箭武器平台的优点，全面提高了武器系统的有效射程、命中精度和破甲威力。炮射导弹可与常规制式炮弹共用同一种火炮发射，操作方便，可大幅度提高坦克、装甲车辆和反坦克野战炮的远距离作战能力并提高命中目标的精度。它使坦克的作战距离由 2000m 提到 4000m 以上，可在野战中攻击武装直升机、防御坦克歼击车，以及在隐蔽阵地上对敌坦克实施远距离射击。具有广阔的应用前景。

炮射导弹是灵巧弹药的一种，它是通过一些先进的制导及传感技术来提高弹药命中精度的新型弹药。炮射导弹装有精确制导系统，射击精度高，威力大。炮射导弹的出现使现代火炮进入了一个新的时代，实现了弹炮结合，由无控向有控的转变。

1. 炮射导弹工作原理

炮射导弹由控制舱、发动机舱、战斗部舱、舵机舱等主要舱段组成。俄罗斯列装的坦克炮射导弹一般采用激光驾束制导、三点法导引、鸭舵控制。在飞行过程中，导弹以一定的转速旋转，两对鸭舵分别对导弹的俯仰和偏航进行控制。下面介绍其工作原理，如图 7-17 所示。

首先瞄准制导仪上的与瞄准镜同轴的激光器向目标发射经过编码的激光波束，激光束的中心瞄准、跟踪目标；然后导弹飞离炮管后进入激光波束，由此进入闭环制导阶段（如图 7-17 中虚线框所示）。在闭环制导过程中，弹尾的激光接收器把接收到的光信号变为电脉冲信号，通过弹上控制电路的坐标鉴别

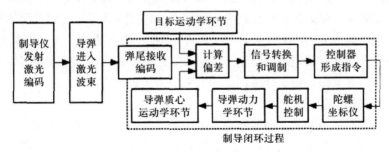

图 7-17　炮射导弹工作原理图

器计算出偏差，经过转换和调制处理成垂直和水平两个方向的偏差信号；再进入控制器形成指令，由陀螺坐标仪按照弹体旋转的实际姿态，分配给两对垂直交叉布置的舵机，舵机将输入信号转换成导弹舵翼的偏转角使舵面偏转适当的角度，使导弹进入动力学环节；然后导弹按质心运动学环节：舵翼偏转产生气动力，从而得到合适的横向加速度，驱使导弹向激光束中心移动。导弹向激光束中心移动，相对激光束中心偏差在变化，激光接收器输出端的电信号也将变化，这就是闭环制导过程。因激光束中心与瞄准镜中心平行设置，导弹沿激光中心飞行也就是沿瞄准线飞行，将导弹按三点法导引到瞄准线上并稳定在瞄准线附近，直到命中目标。

2. 炮射导弹关键技术

炮射导弹在飞行过程中，以一定的转速旋转，两对鸭舵分别对导弹的俯仰和偏航进行控制。由于坦克炮射导弹采用了激光半主动驾束制导技术，具有可靠的防干扰性，命中精度非常高，极大的提高了坦克装甲车辆的作战效能。炮射导弹的性能优势使得装备它的坦克装甲车辆能够在敌方火炮射程之外作战，并取得作战胜利。这其中有一些关键技术需要解决，主要包括抗过载技术、高精度制导技术、抗干扰技术。

1）抗高过载技术

炮射导弹是一种通过一些先进的制导及传感技术来提高弹药命中精度的新型灵巧弹药，它也是目前所有制导兵器中发射过载最大的一种。炮射导弹与一般导弹的主要区别之一是：它有发射药筒，因此在发射时膛内就存在很高的膛压。初速大、射程远是炮射导弹与一般导弹的另一个区别之处。比如芦笛炮射导弹速度最高可达 800m/s，平均速度达 500m/s；因此，要保证弹上制导装置尤其是导引头能够在较大的发射过载情况下正常工作，抗过载技术相当重要。

以色列拉哈特炮射导弹很好地解决了发射过载问题。当被用在坦克上时，采用现有的光电设备和发射程序从火炮中发射。拉哈特炮射导弹配有固体火箭发动机，火箭发动机在炮膛内点火，导弹在炮管内逐渐加速，当导弹飞离炮管后，尾部的4片尾翼张开以稳定飞行。这一工作方式降低了发射载荷和发射特征（火光和粉尘），增强了发射平台的生存能力和隐蔽性。当用线膛炮发射时，炮射导弹具有相当高的转速，出炮口时还有非常大的加速度，可以采用复合隔振材料等减振措施，从结构设计上来增大抗过载能力。

2）高精度制导技术

以俄罗斯采用的半主动激光驾束制导技术的炮射导弹系统为例，它是一种通过确定目标、导弹和制导仪三点的位置关系的制导技术。在制导段由于目标机动以及制导系统特性的限制、各种干扰、导弹的惯性、量测装置跟踪状态的改变及测量误差等，导弹实际弹道总是一条在理想弹道附近扰动的曲线，因此实际弹道与理想弹道有偏差，这一偏差称为制导误差。根据引起制导误差的原因，制导误差可分为动态误差、起伏误差和仪器误差。这些偏差的存在会对精确制导系统的制导精度产生影响。为达到首发命中，甚至命中目标的薄弱部位，炮射导弹需要提高和完善制导技术。

近年来许多制导系统已从波长较长的微波工作频率转移到毫米波、红外和可见光波段，工作于可见光波段的电视制导光学瞄准的有线制导精度最高、成像能力最佳，红外制导、激光制导及毫米波制导也都具有很高的制导精度。此外，近年来还有采用新型光导纤维技术的光纤制导方式，因此采用上述先进技术不仅可以提高炮射导弹在恶劣天气及夜间作战条件下的命中精度，而且使炮射导弹具有发射后不管的能力，减少射手暴露的时间，提高其战场生存能力。

3）抗干扰技术

实战中炮射导弹所处的战场环境很复杂，特别是敌方总会千方百计地破坏类似于炮射导弹的精确制导武器正常工作，这就要求制导系统在高技术现代战争条件下具有很强的抗干扰能力。

被动寻的制导系统由于本身不辐射电磁波，较难被敌方发现。由于其抗干扰能力较强，因此各类被动寻的制导系统如电视、红外、微波被动寻的得到广泛应用。如以色列的长钉反坦克导弹在整个有线光纤制导过程中，导弹不向空间辐射电磁波，目标图像和指令都通过光导纤维传输，这样就不易被发现，抗干扰能力很强。而主动寻的制导必须向目标辐射电磁波，因而比较容易被敌方侦察到并采取相应的干扰措施。如俄罗斯T64和T80坦克的125mm滑膛炮配用的眼镜蛇炮射导弹，采用无线电指令制导方式，其无线电通信链路易受到干扰。俄罗斯其他的采用激光驾束制导方式的炮射导弹系统，激光驾束制导的信息接收系统位于导弹之上，而且不面向目标，大大增加了敌方的干扰难度，而战场环境和自然界由于信息特征和制导信息显著不同，也难以起到干扰作用，因此具有良好的抗干扰能力，便于向自寻的制导和复合制导等制导方式发展。所以主动式的自动寻的系统抗干扰的能力格外重要。微波波段是电子对抗最复杂和激烈的频段，这个频段的电子技术比较成熟，抗干扰的技术手段也多，如扩展频谱、频率捷变、单脉冲等技术。炮射导弹在发展过程中，应比较优劣，选择较为合适的制导方式，以提高抗干扰能力。

7.3 弹药毁伤效果评估技术

7.3.1 毁伤效果信息采集

要获取完整、准确、及时的毁伤信息，必须要有联合的侦察体系，全时空的侦察范围，以及一体化的情报共享机制。目前，我军毁伤信息获取的手段主要有：卫星、侦察机、无人机、直升机、侦察弹等空中或地面的照相或摄像；光学、激光、红外等观测器材的直接观察；雷达侦听等电子侦察；其他，如特工侦察、火力侦察等。由于毁伤评估的时效性要求越来越高，而各种侦察手段获取的毁伤信息时效性不一。

由于军事卫星或侦察机获取的评估信息（如拍摄到的图片）相对来说与实际毁伤情况比较接近，所以可以作为真实的毁伤情况，但是它们的获取通常需要几个小时，甚至几天或更长的时间。因此，为了保证毁伤评估的实时性，通常用战场上能够快速获取的毁伤信息去更新网络，如武器系统的录像、无人机、侦察弹、地面光学器材获取的侦察信息等，而用军事卫星或侦察机获取的静态图片作为实际毁伤去评估毁伤评估结论的准确性，以评价模型的准确性及提出修正模型的依据。

1. 基于无人机的毁伤效果信息采集

目前，无人机的任务载荷依其尺寸、重量、作战距离和升空高度的不同而有所区别，一般包括信号信息、合成孔径雷达和光电/红外等传感器载荷。信号信息、合成孔径雷达、光电/红外等传感器的用途或功能各不同，能够获取毁伤效果的电磁情报信号、微波图像、光学图像等信息。运用无人机的各种传感器对目标毁伤效果进行侦察时，可以按照以下三个步骤实施（图7-18）。首先利用信号信息传感器收集大范围的信号信息；然后根据信号信息传感器的信息，集中侦察范围，利用合成孔径雷达确认目标；最后根据合成孔径雷达的信息，进一步缩小侦察范围，利用光电/红外传感器直接获取目标的毁伤信息。

1) 信号信息传感器侦察

在战场信号信息侦察中，基于无人机的信号信息侦察由于具有全天候性、

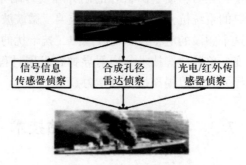

图 7-18 基于无人机的目标毁伤信息采集流程图

持续工作时间长、覆盖范围大等特点而被广泛采用。基于无人机的信号信息侦察又可分为通信情报侦察、电子情报侦察和测量信号情报侦察，其系统体系结构如图 7-19 所示。

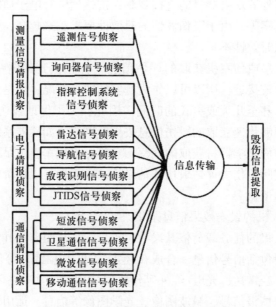

图 7-19 信号信息侦察系统体系结构

通信情报侦察是利用通信信号侦收、侦察及测向定位设备，搜索、截获被打击目标的射频无线电通信信号，分析辐射源的技术参数和特征，测定辐射源位置，解译通信信息从而获取被打击目标的通信信息内涵、信息装备的技术参数、威胁程度、部署情况等情报。电子情报侦察是利用电子信号侦收、侦察、测向定位设备，搜索、截获被打击目标的雷达、敌我识别、导航等射频信号，分析其技术参数和特征，以查明辐射源及其载体的类型、配置变化、活动情况，进而判断其装备水平、作战能力、威胁程度等。测量信号情报侦察是利用无线电侦测设备截收、分析、记录来自遥测、询问器、指挥控制系统等辐射的外部测量信号，以获取技术情报。在目标毁伤评估中，通常运用信息处理技术和非协同目标识别技术，对截获信号的用频规律、通联情况、电台呼号等进行存储提炼统计分析，对信号辐射源的目标平台载体进行初判，从而进一步掌握辐射源的网络组成体系、异常情况等情报信息，最后通过比较打击前后同一目标电子系统的工作状况，判定该系统的受损程度。在接收数据的处理方面，首先由无人机发送到目标接受站，由接收站进行实时分析。另外，在无人机上记录的数据也可返回后再进行分析处理。在信息处理方面，接收站一般按照这样的模式进行处理：对传输到接收站的截获信息进行信号分析，信息情报解译，截获情报整编，最后提取目标毁伤信息。

2）合成孔径雷达侦察

无人机的合成孔径雷达成像系统具有全天候、全天时、高分辨率、多频段、多极化、多视向和多俯角等优点，特别适用于在大面积区域对被毁伤目标进行成像侦察。无人机合成孔径雷达成像侦察是以无人机为平台，以高分辨率SAR为传感器，利用空中遥测控制子系统实现无人机与合成孔径雷达的可靠连接，通过对战场进行条带、扫描或聚束式测绘，获取目标的回波信号，经实时数据传输系统和成像数据处理系统获取毁伤目标的高分辨率图像。随着电子技术的发展，无人机的合成孔径雷达成像系统可以进行有限相干变化探测，反映图像之间形状的细微变化，而且用高级算法处理数据，使用相位数据就可以改善分辨率，不需对合成孔径雷达发射机或天线进行升级，不需增加无人机的负担就可以提高分辨率。目前比较先进的合成孔径雷达侦察目标可用两种模式，包括合成孔径雷达和活动目标指示，可以进行高分辨率点式或大范围带式侦察，在合成孔径雷达图像上覆盖活动目标数据，进而计算战场移动目标的方向、速度和类型，具有战场机动目标实时数据显示功能。无人机合成孔径雷达成像系统获取的情报信息发送到接收站后，首先进SAR雷达信号处理，恢复观测图像，然后进行图像应用处理，提供标准规格的图像，接着进行军事目标判读作业，编制图像型或数据型情报信息，为毁伤评估中心提供信息。

3）光电/红外传感器侦察

无人机利用光电/红外传感器可在防区外侦察毁伤目标，为毁伤评估中心提供全天候实时图像情报。光电传感器是一种体积小、质量轻可以取得高解像度图像情报的传感器，相对这种光电传感器，使用红外传感器可以取得夜间的图像情报。这样,光电/红外传感器侦察既可在白天对被打击目标进行可见光侦察,又能在夜间进行红外侦察,可发现战场热源,如目标的尾气、目标爆炸产生烟雾的部位等。无人机通常采用组合稳定式光电/红外成像系统,包括一部 CCD 昼/夜摄像机、一部锑化铟前视红外传感器和一个光电/红外接收机单元。在基于无人机的目标毁伤信息侦察中,稳定式光电/红外成像系统以回转的方式对海上舰船进行拍摄,可不分昼夜地取得战场目标的高解像度图像,图像的分辨率接近照相底片水平,非常适合毁伤信息的提取。另外,无人机可以靠近目标实施侦察,小型机甚至可以飞临目标上空,在一二百米的高度进行拍摄。无人机的这一特点大大降低了对光电/红外任务载荷性能的要求。光电/红外传感器获取的光学图像信息发送到接收站后,首先进行原始观测图像的光学和几何学校正预处理,然后进行图像的应用处理,提供标准规格图像产品,进行目标的判读作业,编制图像型或数据型情报信息,为毁伤评估中心提供信息。

2. 侦察弹药

侦察弹药是一种用于前方目标区域侦察的地面传感器侦察系统,它采用子母弹作战方式,由母弹将子弹药快速投放到我前方观察所活动不便或不能到达区域的敌重要目标附近,及时准确地掌握这类目标的活动状况,引导炮兵火力对其实施打击。它具有隐蔽性好,抗干扰能力和生存能力强,获取清报准确、及时、不间断,布设方便灵活等特点。

1) 侦察弹药的组成

侦察弹药的结构外形同普通榴弹一样,采用空抛式一次开伞结构。弹药系统包括母弹体、时间引信、开仓部件、减速装置、子弹药及辅助装置等,其中子弹药是核心。子弹药的主要部件包括:伞弹连接器、伞弹分离器、子弹姿态扶正机构、卫星定位接收机、传感器单元、目标识别单元、信息接收单元和破片杀伤战斗部。

2) 工作过程

侦察弹药的整个工作过程为:

(1) 根据战场地形和任务需要,计算需要的子弹数量,制定布撒计划,装定每发弹的火炮射击时间引信。

(2) 发射母弹,当母弹经无控弹道飞抵目标上空后,延时引信发挥作用,点燃抛射药,启动开仓部件,并抛出子弹药。

(3) 当子弹药从母弹中抛撒出来后,减速伞从尾部的伞舱内抛出,子弹药在减速伞的作用下稳定下落,落地后脱开减速伞,后由扶正机构将子弹扶正,同时伸开天线。

(4) 子弹群在预定区域内组成网络，对毁伤目标进行判别，并将信息传送至各节点和后方接收系统，引导炮兵对目标实施攻击，同时各子弹根据目标运动情况，破片杀伤战斗部作用，对目标实施自主攻击。

3) 地面侦察弹药的关键技术

(1) 总体设计技术。使子弹群被抛撒出来落地后在预定区域形成合理的散布是顺利完成任务的前提，因此要事先进行总体优化设计。这就需要建立一系列的内外弹道模型，并对其进行仿真计算，设计好发射初速、射角、射向、引信作用时间和抛撒速度等；得出子弹理论落点和子弹群的散布中心，再分析起始扰动、引信作用时间、减速伞气动特性、抛撒速度、海拔高度等诸因素对子弹散布的影响，对子弹群的弹道参数进行优化设计和合理匹配。

(2) 抗高过载技术。由于用火炮发射且要经历开仓抛撒，侦察弹药需承受较大的发射过载和抛射过载。通过过载转移、精密加式、改善结构体应力分布等设计及工艺实现机械结构的抗过载；通过采用全贴片器件、利用高密度组装技术、对关键器件实施固封等方法实现电子器件的抗过载，通过对地面侦察弹药的元器件进行小型化设计和加装隔振缓冲装置，利用缓冲材料的吸能特性，大大减小传递到元器件上的冲击，避免高过载环境对地面侦察弹药结构和性能的影响。

(3) 扶正机构设计技术。一方面子弹装载的是震动、声音和红外传感器，而只有当子弹保持直立状态且与地面直接接触时，震动传感器才能可靠工作；另一方面弹载天线也需保持直立状态才能保证将检测到的信息可靠传回己方控制中心。这些都依赖扶正机构将落地后的子弹扶正，因此扶正机构的设计尤为重要。扶正机构装载于弹体内，且紧贴于子弹外筒。开仓后，电源开关打开，时序控制电路启动；子弹落地并基本稳定后，子弹内装的发火组件作用，支架失去约束，在扭簧的弹力作用下自然张开；释放后的支架在子弹底部平面内形成辐射状支脚，使子弹直立于地面，且增大了子弹的稳定度。

(4) 复合传感技术。子弹要对毁伤目标实施侦察，关键的是提取目标特征，然后进行正确判别。由于战场目标信息复杂、环境变化大以及不确定因素较多，单一传感器检测目标均有局限性，有必要采取以震动传感器为主、声音和红外传感器为辅的复合传感器。复合传感器目标识别系统的关键技术是信息融合和决策，需要解决的问题有：如何校准来自不同传感器的数据，解决传感器场景匹配的问题；不同传感器电磁信号如何融合；当多个传感器判断结果相矛盾时，如何作出可信的判决和决策。

(5) 远距离信息传输技术。要及时发现敌方目标并及时打击，子弹侦察信息的顺利传送和接收是其前提和保证。由于战场地形环境复杂且变化大、遮蔽物较多、发送端与接收端相距较远，加上弹内空间有限，因此在这些不利条件下如何实现侦察信息的远距离传输是系统设计的关键之一。

7.3.2 毁伤效果信息处理

1. 毁伤要素

这里主要介绍用数学方法对毁伤部位的图像特征进行描述，使计算机更方便地利用图像特征来处理图像，从而实现对毁伤效果图像的定量分析和理解。

1) 损伤区域

(1) 损伤区域大小。

① 面积。损伤区域的面积定义为损伤区域边界所包围的像素点数。

② 长度和宽度。损伤区域的长度和宽度用它在水平和垂直方向上最大的像素点数来度量。然而，当损伤区域具有随机方位时，水平和垂直方向未必是感兴趣的方向。此时，需求出损伤区域的主轴方向（具有最大长度和最小宽度的方向）。然后，相对损伤区域的主轴来测量损伤区域的长度和宽度。

③ 边界长。取边界点的像素数目作为其边界长。

(2) 损伤区域形状。形状可用一些独立的参数或参数组合描述，也可以借助于边界描述。

① 矩形度。用损伤区域面积 A_0 与包围它的最小矩形面积 A_k 之比描述

$$R = A_0/A_k$$

② 圆度。损伤区域周长平方 P^2 与其面积之比，即

$$C = P^2/A$$

根据 C 的变化范围 $4\pi \leqslant C \leqslant +\infty$ 确定损伤区域接近圆的程度。用傅立叶函数描述曲线。

(3) 面积函数。

$$F(x, y) = \iint f(x, y) \mathrm{d}x \mathrm{d}y$$

2) 毁伤程度和级别

这里以机场跑道为例，说明分析毁伤程度和级别的模型和方法。

(1) 计算出跑道上的弹坑数 n；

(2) 计算出机场跑道的长（L）、宽（W）、跑道角点的坐标，提取跑道信息；

(3) 计算出每个弹坑的三维信息和定位参数 P_i（X_i, Y_i）；

（4）组三角网；

（5）计算每条边长 d_{ij}；

（6）选取飞机起飞窗口；

（7）利用毁伤标准判断条件及起飞窗口模型参数，计算机场跑道毁伤程度。

机场跑道毁伤要点的判定，是飞机不能利用该跑道进行起飞和降落。也就是说跑道被毁伤后，在整个跑道上不能找到任何大于飞机起降"窗口"大小的局部跑道。飞机种类不同，"窗口"之最小宽度 B 和最小长度 L 也不相同。通常，轰炸机和运输机 B 和 L 较大；歼击机和攻击机（战斗机及攻击机），B 和 L 较小。对于轰炸机、攻击机及歼击机来说，$B \approx 10 \sim 20\text{m}$，$L = 400 \sim 800\text{m}$。比如，IDF 战斗机为 $L = 800\text{m}$，$B = 20\text{m}$；F-16 战斗机为 $L = 350\text{m}$，$B = 20\text{m}$，幻影 2000-5 战斗机为 $B = 20\text{m}$，$L = 457\text{m}$ 等等。但对于垂直起降的作战飞机，则封锁跑道就不起作用了。

2. 毁伤效果信息处理的主要环节

进行目标毁伤信息处理，首先必须获取目标受损后的图像，然后才能对获取的图像进行处理。图像处理的结果只能提供影像数据，不能替代目标毁伤信息处理，但这是目标毁伤信息处理的必经之路。图 7-20 是毁伤效果判定的技术流程图，主要包括以下 4 个方面：①图像获取（侦察）；②图像传输；③图像接收；④图像处理。其中图像获取、图像传输和图像接收主要是硬件的工作，图像质量受硬件的影响；图像处理主要包括两个处理阶段：一是前期的图像预处理，二是图像的应用分析和理解的处理。图像预处理把原始图像数据记录下来并变换成能提供作应用分析和理解的图像，如图像的记录、快速浏览、校正、标定处理等。得到的结果一般称为 0 级或 1 级图像。应用分析和理解的处理是为毁伤效果评估而需要的对图像作的一系列的处理，如图像分割、特征提取、三维信息提取等。

3. 毁伤效果信息处理系统

毁伤效果信息处理系统以遥感图像为研究对象，通过图像格式转换、图像预处理、特征提取等图像处理技术完成目标识别、目标毁伤信息获取和给出决策等功能。

1）图像格式转换

该系统考虑了应用的广泛性，其输入图像不仅仅限于一种图像格式，对 raw 格式和 bmp 格式图像都能正确地读入。为了处理的方便，有必要把各种格式的图像转换为灰度图像，即 256 色位图。

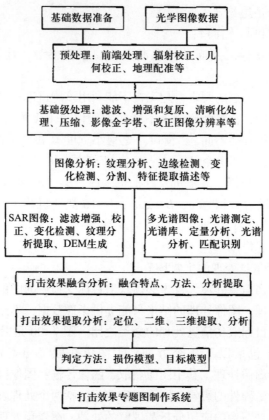

图 7-20 毁伤效果判定的技术流程图

2) 图像预处理

初始的毁伤目标遥感图像，如果不经过处理而直接进行识别，几乎是不可能的。如果仅仅使用一、两种处理方法，也不太可能得到理想的效果。所以，该系统在处理的过程中，综合运用多种处理方法，使图像取得了非常好的效果，为下一步的识别提供了基础。在本系统中，图像预处理分为二值前处理、初始二值化和二值后处理。二值前处理主要包括对比度分段线性扩展、求梯度图像等；初始二值化是将目标从图像中大致分割出来；二值后处理是对初始二值化后的目标图像进行一些必要的处理，使毁伤目标便于识别。

（1）对比度分段线性扩展。

毁伤目标与邻近的背影灰度接近，其灰度范围较小，这段灰度范围对整个图像的正确分割来说是相当重要的。所以，应采用对比度分段线性扩展来扩张有用的区域。对比度分段线性扩展的数学表达式为：

$$g(x,y) = \begin{cases} r_1 f(x,y); & 0 \leq f(x,y) \leq f_1 \\ r_2 f(x,y) + a_1; & f_1 \leq f(x,y) \leq f_2 \\ r_3 f(x,y) + a_2; & f_2 \leq f(x,y) \leq 255 \end{cases}$$

式中，$r_1 = g_1/f_1$，$r_2 = (g_2-g_1)/(f_2-f_1)$，$r_3 = (255-g_2)/(255-f_2)$，$a_1 = g_2 - r_2 f_1$，$a_2 = g_2 - r_3 f_2$。其中 f_1，f_2，g_1，g_2 分别为折线坐标，根据需要可取不同的值。例如：$f_1 = 100$，$f_2 = 200$，$g_1 = 10$，$g_2 = 240$。

（2）全局初始阈值选取。

对图像求原始直方图并进行两次平滑处理，然后，选取全局初始阈值。选取全局初始阈值的算法如下：首先，搜索整个直方图，找出直方图的灰度频数最大值 H_{max}（因为目标遥感图像基本属于自然图像，直方图总是在低值灰度区域的频数较大，灰度频数最大值是背景区域）；然后，从灰度频数最大值 H_{max} 继续向上（即是灰度增大的方向）搜索，找出第一个谷值 H_{min}（基本上是目标同背景区域的过渡区域），在搜索过程中遇到离散零点，将其剔除，然后继续搜索。最后将 H_{min} 减去 20 得到 H_{min1}，即 $H_{min1} = H_{min} - 20$。这样，就可以得到了全局初始阈值。

（3）初始二值化图像。

首先，将图像二值化，即按照阈值将图像变为黑白两色。然后，再作二值化后处理。二值化后处理包括以下几个步骤：

① 去掉小的白色区域。若初始二值化图像的背景中有很多小的白色区域。这对于毁伤目标的识别来说是一种不需要的干扰信息。所以，必须去掉，即把这些小的白色区域变为背影。

② 去掉小的黑色区域。毁伤目标可能还存在许多小的黑色区域，为了识别的需要，有必要将这些小的黑色区域去掉。

③ 腐蚀（Erosion）。腐蚀是消除物体的所有边界点的一种过程。其结果使剩下的物体沿其周边比原来的物体小一个像素的面积。由于二值图像中还存在一些小的白色区域（大部分属于非毁伤目标区域），它们有的与目标区域通过一、两个像素宽的细线连接起来，使目标的分割不是很准确。所以，需要通过腐蚀将这种连接分开，尽量使目标独立出来。

④ 膨胀（Dilition）。膨胀处理恰好与腐蚀处理相反，它是补充物体的所有边界点的过程。使膨胀后的物体沿其周边比原来的物体多一个像素的面积。因为前面的腐蚀虽然割开了细小的连接，但是毁伤目标也丢失了一些信息（即腐蚀掉的一个像素的边缘），经过膨胀可以把丢失掉的这些信息补充上，但不会补充去掉的细的连接线。

3）特征提取和机场主跑道识别

（1）边缘图像分段线性化。

首先求出二值图像的白色边缘图像，然后，将白色边缘图像分段线性化。分段线性化的方法是：任意确定一条曲线上的两个点（一般应使它们尽量分开）作为一条线段的两个端点。用直线连接这两个端点，并判断所有曲线点到该直线的距离。若所有曲线点到该直线的距离小于给定的阈值 thresld，则可以用该直线代替曲线；否则选取一个距离最大的点，把该点作为新的端点。连接新端点与原有的两个端点，形成两条新的直线。再分别求出每一直线所对应的最短的弧线上的所有点到该直线的距离中的最大值。如果这个最大值大于阈值 thresld，则把这个最大值所对应的点作为又一个新的端点，用这条直线的两个端点和这个新的端点形成两条新的直线。这样对整个白色边缘反复计算，直到所有最大值都小于规定的阈值为止。

（2）判断目标对象是否存在。

根据模式识别理论，识别对象的唯一依据是对象特征。因此，要识别一个对象，适当地选取特征是十分重要的。例如对于毁伤机场图像来说，最主要、最具有代表性的特征是图像中的机场主跑道边缘有一段较长的平行线对。利用较长的平行线对完全能够将跑道同别的背景信息区别开来，判断出遥感图像中是否有机场存在。如果有机场存在，利用较长的平行线对还能够从二值图像中将背景信息（即一些小的白色区域）完全去掉，只剩下与原图中机场主跑道对应位置的白色区域。搜索经过分段线性后的二值图像，就可以找出机场主跑道所在的边缘图像的位置。然后，根据这个边缘图像所包含的位置可以从原图中取出机场主跑道的灰度图。

（3）二值化机场主跑道图像。

假定图像中只有灰度范围各异的目标和背景，只有在其灰度直方图上选择合适的门限，才有可能将其划分为两类，分别对应于目标和背景。从模式识别理论来看，不同的门限值导出了不同的类别分离性能，只有合适的（或最佳的）门限值才给出合适的（或最佳的）类别分离性能。可利用类别方差来判别不同门限值划分类别的分离性能，并针对毁伤目标图像的特点，对类别方差自动门限法作了一点改进。即不考虑灰度值为 0 的像素点，只考虑灰度级 1~255 的区间，计算总像素数、概率、平均值和方差时，只针对这 255 个灰度级。

7.3.3 弹药毁伤效应评估技术

1. 评估目的

任何弹药都应对其性能进行科学评估，评估其符合战技指标要求的程度及其对战术使用的适应性。毁伤效应评估的内容为：
(1) 弹药的威力及使用有效性；
(2) 工艺性与成本；
(3) 使用可靠性与安全性；
(4) 运载及储存的安定性。

对于后三项内容可采用比较法进行评估，而对弹药威力的评估则要采用相应的毁伤准则。弹药对目标的毁伤效应可以通过动态、静态的试验求得，其结果可靠，但价格昂贵；也可用数学分析的方法。结合一定的实验数据给出对既定目标的毁伤概率，作为评估的主要手段。

弹药的毁伤概率涉及武器系统的参数和目标特性。武器系统在规定条件下对指定目标造成特定类别毁伤的总概率 P_s 为：

$$P_s = P_d \cdot P_e \cdot P_r \cdot P_f \cdot P_k$$

式中：P_d——将弹药发射到目标的概率；

P_e——某种弹药被选用的概率；

P_r——探测、发现和辨识目标的概率；

P_f——引信系统正常工作，使弹药正常作用的概率；

P_k——弹药被送到目标，引信正常工作条件下对目标所造成的规定毁伤的概率，称条件毁伤概率。

显然，条件毁伤概率 P_k 是与弹药设计相关的，是能够适当调整的一个因素。对弹药评估而言，主要是通过各种方法求出其条件毁伤概率。通常关心一次齐发射击对单个目标的毁伤概率，以及陀发弹药对集群目标毁伤数的数学期望；对地面目标，可用具有一定杀伤概率的杀伤面积来衡量弹药的有效性，对于单个活动目标，如坦克，可采用达到某毁伤等级的毁伤概率来表示射击效果。

2. 条件毁伤概率

条件毁伤概率 P_k 的函数形式可表达为：

$$P_k = f[\phi(G), \psi(F), v_m, v_t, \theta, h, l(m), V(T)]$$

式中：$\phi(G)$——射击误差的频率分布；

$\psi(F)$——引信作用误差的频率分布；

v_m——弹药速度；

v_t——目标运动速度；

θ——弹药与目标各自运动轨迹的夹角；

h——弹目交会的海拔高度；

$l(m)$——弹药威力示性数；

$V(T)$——目标易损性。

其中，v_m，v_t，θ，h 均为遭遇条件，$\phi(G)$ 由武器系统决定，$\psi(F)$ 由引信性能决定，而弹药威力与其类型和结构特征有关，不同的弹药其威力示性数不同。目标易损性与其形状、尺寸、结构、机动性、载荷、被攻击的次数和时间等多种因素有关，较为复杂。

3. 射击误差分布

由于制造、使用等存在一定的误差，射弹在相同的射击条伴下会呈现一定的散布。弹药的射击误差为瞄准点到弹药在目标平面上着焦的距离。瞄准点一般取目标几何中心。若有 n 发弹药射向目标，各发射弹弹道与目标平面的交点在该平面的 x 和 y 轴方向的频率分布均为正态分布（"正态分布"含意是正常状态下的分布，是最常见的密度函数。曲线具有中间高，两边低，左右对称的特点），瞄准点与分布中心重合时，其函数形式为：

$$\phi(x) = \frac{1}{\sigma_x \sqrt{2\pi}} e^{-\frac{x^2}{2\sigma_x^2}}$$

$$\phi(y) = \frac{1}{\sigma_y \sqrt{2\pi}} e^{-\frac{x^2}{2\sigma_y^2}}$$

式中：σ_x，σ_y——标准偏差，决定了正态曲线本身的形状，即散布特征。正态分布也常用中间误差（也称概率误差）来表示。考虑分布中心 a 的一个对称区间 $(a-E, a+E)$，如果正态变量 x 落在此区间的概率等于 $1/2$，则称 E 为中间误差，即 $P(a-E, a+E) = 1/2$。

中间误差 E 与标准偏差 σ 的关系为：

$$E = 0.6745\sigma$$

$$P_k = P_h \cdot P_c$$

若 $\sigma_x = \sigma_y = \sigma$，则弹药命中目标平面上距瞄准点半径为 r 的圆面积内，其概率为：

$$P_h = 1 - e^{-\frac{r^2}{2\sigma^2}}$$

式中：σ——射击标准偏差。

4. 引信作用误差分布

引信的作用误差为弹药实际炸点到目标平面的距离。一般认为引信作用误差遵守正态分布曲线，即其频率俞布曲线为：

$$\psi(z) = \frac{1}{\sigma_z \sqrt{2\pi}} e^{-\frac{x^2}{2\sigma_z^2}}$$

式中：σ_z——引信作用的标准误差，由 $\psi(z)$ 和 σ_z 可求出单发引信在距目标平面某距离内起爆弹药的概率。

5. 目标的毁伤等级

当遭遇条件一定时，对应不同的炸点位置弹药对目标的毁伤概率不同。这个毁伤概率在空间的分布规律称为坐标毁伤规律。显然，对于不同的弹药类型、特性，不同的目标有不同的毁伤机制和描述方式。但对常规弹药而言，其毁伤效应均属于力学效应，如冲击波的超压、冲量效应、高速碰撞及侵彻效应等。弹药的威力实质上是使目标遭受预定毁伤等级的能力；当然，除对目标的直接毁伤之外，对敌方战斗力造成消耗性毁伤，增加其后勤保障系统的负担也愈来愈受到重视。目标的易损性与其要害部位构成和各个关键件的特征有关，也取决于对目标规定的毁伤等级。

对各类典型目标的毁伤等级如下：

例如，对飞机的毁伤：

KK 级：飞机严重受损而立即解体。

K 级：在 10s 内飞机完全失控而摧毁。

A 级：在 5min 之内飞机被完全摧毁的损伤。

B 级：在 2h 之内飞机被完全摧毁的损伤。即仍有 2h 的使用潜力。

C 级：阻止飞机执行其主要使命的损伤。但仍可在次要用途中使用或经一段时间和修复之后仍可完成主要使命。

D 级：飞机需要修理后再使用，其维修时间超过了某给定的工时数。

E 级：使飞机至少在下一次任务中不能被使用的损伤。

对装甲车辆的毁伤：

K 级：车辆完全毁坏。

F 级：失去了火力系统。

M 级：损失了机动能力。

对人员的杀伤：

我国采用质量大于 1g 的破片为有效破片，其动能大于 98J 的为有效杀伤破片。国外也有类似的规定。对人员也可用丧失战斗力的概率 P_{hk} 来表示，其表达式为：

$$P_{hk} = 1 - e^{a(mn^{3/2}b)^n}$$

式中：m 和 v——命中人体的破片质量和速度；常数 a、b 和 n 可以根据人员的任务和丧失战斗力的时间查表求得。

6. 评估方法

武器系统的射击误差或精度以及引信作用误差的分布，决定了弹药炸点（或命中点）在目标瞄准点附近的分布概率。若有 n 发弹射向目标，则在第 i 个位置上发生一次爆炸的概率为 $P_i = 1/n$；这个在第 i 位置上一次爆炸给出的毁伤概率 P_{ci} 则仅与遭遇条件、弹药威力及目标易损性有关，且条件毁伤概率为：

$$P_k = \sum_{i=1}^{n} P_i \cdot P_{ci}$$

对不同类型的弹药和目标，依据致伤机制和要求的毁伤等级，P_{ci} 有不同的表达式。对弹药的评估，实质上归纳为求出其条件毁伤概率。除了原型试验和近似评估方法之外，还可用解析法、仿真模拟试验法、计算机随机过程仿真计算法等。

解析法是对条件毁伤概率的解析计算方法。

仿真模拟试验法是指实物或半实物模拟仿真。这种方法多用于高速碰撞和侵彻效应的毁伤元。

计算机仿真计算方法主要是将目标简化成二维或三维图形输入，然后依据各类弹药的作用机理随机产生各种杀伤元，计算在不同的时、空条件下对目标造成的给定等级的毁伤概率。

显然，上述各方法均必须有足够的实验数据支持。

第8章 地面无人作战平台遥控技术

在地面军事行动中,无人车辆具有多种潜在用途,如侦察监视与目标探测、火力打击、排雷与破障、后勤保障等,可在污染及其他不利环境中作业,能够提高其执行任务能力和人员安全。地面无人作战平台的广泛应用,将成为未来军队不可或缺的组成部分,引发作战样式的重大变化。

无人作战平台遥控技术是指操作人员在一定距离外通过线缆或无线通信远距离操纵和控制无人作战平台完成作战任务的综合性技术。第一代地面无人车辆主要采用手动遥控技术,第二代地面无人车辆能实现半自主机动、导航和完成任务能力,第三代地面无人车辆充分采用自主操控技术实现复杂地形的路径规划和实施、非规范化环境中障碍物躲避和复杂作战环境(遭受威胁、人为干扰和网络攻击等)完成既定作战任务等。本章主要研究地面车辆自主驾驶技术、信息获取与传输技术和火力控制技术等无人作战平台的通用技术。

8.1 自主驾驶技术

复杂战场感知与态势理解推理能力等方面目前还无法完全实现自主智能控制,因此地面无人作战平台的自主驾驶是基于人-机联合感知的自主/遥控组合导航与控制。自主驾驶水平的高低体现了遥控操作人员的负荷大小,随着相关技术的不断发展、成熟,将来的车辆自动驾驶将会具有更高层次的复杂战场适应能力和自主驾驶能力。

8.1.1 复杂战场感知技术

复杂战场感知的主要难点在于如何感知战场环境与理解地形。战场环境下的地形复杂、障碍物繁多,既有注地水泊和陡峭的山坡等危险地形,又有凸出地面的障碍物(静止或运动的)和低于地面的壕沟或者坑洞(凹坑比凸起地形或障碍对无人作战平台的威胁更大些)。地面无人作战平台战场感知的关键技术主要包括立体视觉信息处理技术、主动型传感器信息处理技术、多传感器信息集成与数据融合技术和障碍物检测技术等。

1. 立体视觉信息处理技术

视觉信息是人类感知环境世界的主要途径，计算机立体视觉是用计算机的可见光或红外成像技术实现人的视觉功能——对客观世界的三维场景的感知、识别和理解。它具有隐蔽性好、信号探测范围广、获取信息完整丰富和廉价可靠等特点，是地面无人作战平台导航的一个主要发展方向。

1）视觉信息处理技术的发展

20世纪50年代视觉信息处理技术主要集中在二维图像分析、识别和理解上。20世纪60年代，Roberts将环境限制在所谓的"积木世界"，即周围的物体都是由多面体组成的，需要识别的物体可以用简单的点、直线、平面的组合表示，并对物体形状及物体的空间关系进行描述。70年代，已经出现了一些视觉应用系统。1977年，麻省理工学院Marr教授提出了不同于"积木世界"分析方法的计算视觉理论——Marr视觉理论，该理论在20世纪80年代成为视觉研究领域中的一个十分重要的理论框架。

2）立体视觉信息处理技术的基本原理

立体视觉技术属于被动型传感器距离测量技术，是计算机视觉研究的核心问题之一，其基本原理是通过两个或多个摄像机组成一个立体成像系统，通过求解对应点和视差得出物体表面与立体成像系统的距离。立体视觉处理系统理论上可以给出关于环境地形的更为精细的描述，可以对二维视觉和主动视觉有疑问的情况作进一步的研判。

3）立体视觉信息处理关键技术

立体视觉信息处理技术包括：立体视觉系统的快速精确标定方法、立体视觉匹配算法、稠密视差图计算方法、提高立体视觉系统实时性的相关技术研究等。其中，最为重要的是提高立体视觉系统实时性的相关技术研究，因为目前的大多数方法和技术的计算复杂性都很高，即使采用高性能的图形工作站也需要花费较长时间，难以满足地面无人作战平台的实时性要求。为了确保地面无人作战平台行驶和执行各种战术任务的高度实时性，一方面要研究立体视觉算法的优化，另一方面针对那些计算复杂性特别高的任务，特别是视频图像序列处理任务，研制专门的硬件实现方案，以确保其计算速度满足地面无人作战平台行驶速度的要求，同时，被动型视觉传感器信号处理也会受到平台行驶过程中的振动影响，造成对环境（地形）描述的绝对坐标尺寸不准确，虽然对单幅地形图中各点相对关系的影响要比主动视觉的小，但也是必须解决的问题。

4）视觉导航系统基本组成

视觉导航系统一般以计算机为中心，主要由视觉传感器、高速图像采集系统及专用图像处理系统等模块构成，如图8-1所示。

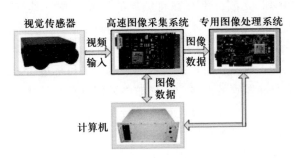

图 8-1 视觉导航系统基本组成模块

视觉传感器获取被测物体表面特征图像，经高速视觉图像采集系统转换为数字信号，由高速视觉图像专用硬件处理系统完成视觉数字图像的高速底层处理，并提取出特征信息的图像坐标，由计算机实现被测物体空间几何参数和位置姿态等参数的快速计算。

5) 视觉图像预处理

视觉传感器为系统提供了原始的和直接的视觉信息，一般称为视觉图像。视觉图像常常被强噪声所污染，需要进行平滑滤波以减弱或消除这种强噪声的影响。目前常用的图像平滑滤波有均值滤波、中值滤波、高斯变换和小波变换等。均值滤波易于设计，在信号频谱和噪声频谱具有显著不同的特征时性能优越，但会使图像边缘变得模糊。中值滤波可以克服上述问题，在去除脉冲噪声的同时能够保持边缘不受干扰，但在面对大面积噪声污染时，中值滤波平滑噪声的能力却不及均值滤波。具有"数字显微镜"之称的小波变换可同时进行时频域的局部分析，已成为去噪的一个重要发展方向。

6) 视觉图像特征提取

在视觉图像中，图像边缘是视觉图像的主要特征信息。视觉图像特征提取是对图像进行识别分类的重要方法，也是实现图像信息理解、处理与决策的基础。在一幅视觉图像中，通常把具有鲜明特征的信息，诸如边缘、角点、圆或椭圆中心，以及图像的形状特征等作为视觉图像特征信息进行提取。

2. 主动型传感器信息处理技术

主动型传感器自身会向环境目标发射能量，通过测量回波的延迟时间、频率和方位等信息实现测距、测速和测角等，发射能量的形式可以是激光、无线电波和超声波等。

1) 激光导航技术

激光具有方向性强、单色性好、强度高等特点。激光器发射的激光束发散角小，可以在发射的光束截面上集中光波能量，提高探测距离。激光器发射的激光几乎是单频率的光波，不存在自然界的激光干扰，其抗干扰能力强。但是，激光易受气象条件影响，不能全天候使用。

激光导航系统通过地面设备对目标跟踪导航，当目标物体进入光学导航监管范围之内后，首先对导航目标进行锁定，然后对目标进行跟踪，保证目标一直位于光学系统所能监管的范围内，导航中采用测角系统测量并分析出目标运动过程产生的位置变化，并对变化趋势进行实时计算分析。

激光扫描雷达由于其测距精度高，可以三维成像，被广泛用于各种距离的测量。通过激光的扫描可以获得关于平台周围环境的大量数据，对这些数据进行多种必要的处理，以便获得对平台周围地形环境的描述，为平台路径规划和自主导航奠定基础。

2）雷达导航技术

雷达（Radio Detection and Ranging，Rada）利用不同物体对电磁波的反射或辐射能力的差异性来发现目标和测定目标的位置。任何物体在受到电磁波的照射时，都会对照射波产生反射作用；即使没有受到电磁波的照射，物体本身也会辐射电磁波。随着雷达技术的发展，雷达的探测精度大大提高，运用雷达技术可以区分目标的形状，尤其是毫米波雷达，其天线尺寸小，信息处理集成化、芯片化，系统体积小、重量轻。

无线电波的雷达发射功率大，接收灵敏度高，电磁波在大气中传播性能好，探测距离远，其波束较宽，适合于大范围搜索和捕获目标。由于无线电波的雷达波长长于光波，其测距精度和成像能力不如激光雷达，但气候适应性优于激光雷达，在雾天、雨天、烟尘和沙尘天气条件下可以正常使用。毫米波的波长（主要是 8mm 和 3mm 两个波段）介于微波和红外之间，兼有微波和红外的一些优点，在全天候、抗干扰及精度之间实现了较好的折中，具有较好的综合性能。

对于地面无人作战平台而言，主动型视觉传感器是直接快速发现障碍的主要手段，但其信号处理的主要难点在于平台行驶过程中的振动使得对物体的距离测量不连续，造成基于这种不连续数据做出的对地形环境的描述也不准确，直接后果就是障碍虚报概率增大，显著影响平台的行驶速度。因此，融合地形坡度和车体的俯仰等信息后，消除平台振动对测量数据的影响，可以获得更加可靠的障碍物高度信息，避免过多的虚警。此外，主动型视觉传感器的数据处理的实时性也是必须解决的重要问题。

3. 多传感器信息集成与数据融合技术

地面无人作战平台对地形建模和环境理解需要有很多种传感器，如可见光双目立体摄像机、红外摄像机、激光雷达、微波雷达、超声波雷达等。其中，既有主动型，也有被动型；既有二维传感器，也有三维（2.5维）传感器；既有视觉传感器，也有触觉传感器，同时还有定位定向及姿态传感器等。这些不同类型的传感器测量的内容、范围和精度不同，适用的光照条件和气候也各不相同，根据客观环境（气候、昼夜等）的不同和使用要求的差别（道路跟踪还是越野），将这些不同传感器以及它们获得的信息加以合理的组合与搭配，可以对单一或少数传感器无法正确感知理解的路况（例如沟壑、水渍及阴影等）得到正确的理解判定，总体上可以得到对平台周围环境更精确、可靠、全天候的描述和理解。

采用多种传感器组合探测的方式可以更有效地实现环境感知，如将立体视觉传感器和主动型传感器结合起来可以加强对环境路况的预判，控制车辆行驶速度。

首先，通过主动型传感器信息融合处理，可以定位前方近距离的平坦区域。激光测距雷达有两个：水平扫描激光雷达、垂直扫描激光雷达，其中水平扫描激光雷达确定凸型障碍物，垂直扫描激光雷达检测凹坑和陡坡等危险地形，并估计前方地形高度检测壕沟时，主要检测不连续的相邻障碍团块在水平和垂直方向上的距离，如果距离大于给定阈值，则说明检测到有壕沟型障碍存在，水平和垂直方向上的距离分别定义为壕沟的宽度和深度。微波雷达可得到较远距离的障碍信息，同时可以获得前方障碍物的运动速度，适合跟踪运动障碍物，根据微波雷达给出的障碍物距离、速度和方位角信息，构造卡尔曼滤波器，对运动障碍物的信息进行跟踪和更新。超声波雷达用于地面无人作战平台在其他传感器失效时的近距离紧急避障。由于在描绘运动障碍物时，微波雷达只能将其描绘成一个点，而无法给出障碍的具体轮廓，激光雷达却可以给出轮廓信息，因此先由激光雷达扫描前方近距离障碍团块，再以该团块中心为原点，在一个自适应的距离阈值范围内查找对应的微波雷达障碍点，将两种信息融合就可以得到具体的运动障碍描述。

然后，由立体视觉传感器确定该区域的颜色和地形图像信息。通过寻找对应点来恢复物体的三维信息，对两帧同步图像采用高可靠性匹配算法进行立体匹配，获得图像稠密视差图，通过地平面变换直接计算出障碍物在三维空间中的位置，红外摄像机辅助检测坑洞等凹型障碍，并且可以在光线较差的环境下发挥作用。

最后，检测远距离的图像信息，通过对远处地形的建模，控制车辆的行驶速度，如果没有障碍物，车辆可以加速行驶，一旦发现道路状况改变，可以自动减速到适合路况的速度。

4. 障碍物检测技术

障碍物检测是地面无人作战平台安全行驶的重要保证。由于越野环境的复杂性，障碍物检测是地面无人作战平台环境感知最大的难题之一，障碍物的出现具有不可预知性，只能在平台行驶过程中及时发现，及时处理。

地面无人作战平台自主行驶所面临的障碍物除了凸出地面的障碍物（包括静止和运动的物体）以外，还有低于地面的凹型障碍物（如弹坑和壕沟等），以及一般传感器难以检测的水面和陡峭的山坡等危险地形。通过对环境地形的三维重建，进行环境地形的平坦性分析，判断平台的可行区域和障碍区域。与凸型障碍检测相比，凹型障碍物检测方法和技术更为复杂，目前很难找到系统性的处理凹障碍检测的方法和资料，现有的机动平台上安装的传感器只是对检测凸型障碍物比较有效，在所获得关于地形的信息中，对凹型障碍物的描述很不充分很不全面。根据对地面无人作战平台实战需求，凹型障碍物和凸型障碍物都是必须检测出来的，在某种意义上，凹型障碍物比凸型障碍物对无人作战平台行驶安全的威胁更大。利用多传感器信息融合来检测凹型障碍是一种有效的途径，融合 CCD 立体视觉、激光雷达和微波雷达的信息可以更加准确地进行凹障碍判断。

障碍物检测子系统对环境的可行进区域与障碍区域进行评估，通过地形梯度分析，建立三维环境高度图，实现地形环境的三维重建，检测出行进区域中的各种障碍物。

8.1.2 自主定位技术

地面无人作战平台自主定位用于确定其位置、姿态和速度等信息，是保证其按正确路线完成自主导航、完成任务的关键。主要包括由高精度激光陀螺和加速度计组成的惯性导航系统和由北斗/GPS 接收机组成的全球定位系统等。

1. 惯性导航系统

惯性导航系统是通过惯性测量装置测出物体的运动参数，控制和导引运动物体驶向目标的导航系统。组成惯性导航系统的设备都安装在运动物体上，工作时不依赖外界信息，也不向外辐射能量，不易受到干扰，是一种自主式的导航系统。这种系统广泛用于飞机、船舶、导弹、运载火箭和航天器等。

惯性导航系统通常由惯性测量装置、计算机、控制或显示器等组成。惯性测量装置包括测量角运动参数的陀螺仪和测量平移运动加速度的加速度计。计算机对所测得的数据进行运算，获得运动物体的速度和位置。对于飞机和船舶来说，这些数据送到控制显示器显示，然后由领航员或驾驶员下达控制指令，操纵飞机、船舶航行；或由自动驾驶仪引导到达目标。航天器和导弹的计算机所发出的控制指令，则直接送到执行机构控制其姿态，或者控制发动机推力的方向、大小和作用时间，将航天器引导到规定的轨道上，将导弹引导到目标区内。

按照惯性测量装置在运动体上的安装方式，惯性导航系统分为平台式和捷联式两类。

（1）平台式惯性导航系统。测量装置装在惯性平台的台体上，平台则装在运动物体上。按所建立坐标系的不同，它又分为空间稳定平台式惯性导航系统和本地水平平台式惯性导航系统。前者的台体相对于惯性空间是稳定的，用以建立惯性坐标系。它受地球自转和重力加速度的影响，需要补偿，多用于运载火箭和航天器；后者台体上的加速度计输入轴所构成的基准平面能始终跟踪运动物体所在的水面，因此加速度计不受重力加速度的影响。这种系统多用于沿地球表面作接近等速运动的运动物体，如飞机、巡航导弹等。惯性平台能隔离运动物体角运动对测量装置的影响，因此测量装置的工作条件较好，并能直接测到所需要的运动参数，计算量小，容易补偿和修正仪表的输出，但重量和尺寸较大。

（2）捷联式惯性导航系统。陀螺仪和加速度计直接装在运动物体上。这种系统又分为位置捷联和速率捷联两种类型。位置捷联惯性导航系统采用自由陀螺仪，输出角位移信号；速率捷联惯性导航系统采用速率陀螺仪作为敏感元件，输出瞬时平均角速度向量信号。由于敏感元件直接装在运动物体上，振动较大，工作的环境条件较差并受其角运动的影响，必须通过计算机计算才能获得所需要的运动参数。这种系统对计算机的容量和运算速度要求较高，但整个系统的重量和尺寸较小。

2. 北斗/GPS全球定位系统

北斗/GPS全球定位系统具有六大特点：全天候，不受任何天气的影响；全球覆盖（高达98%）；七维定点、定速、定时，高精度；快速、省时、高效率；应用广泛、多功能；可移动定位。因此，在车辆导航中得到广泛应用。

北斗/GPS全球定位系统定位原理是利用四颗或四颗以上的定位卫星的瞬时坐标作为已知参数，采用后方交汇法得到待测点位置。假设车辆的位置为 O 点，卫星信号向目标发射信号，目标接收到信号的时间为 T，则卫星到待测目标的伪距为 $PR=C \times T$；但是卫星所用时钟为精密性极高的原子钟，而用户所用时钟为晶振时钟，二者之间的时间差为 Δt；设目标点 O 坐标为 (X, Y, Z)，四颗卫星的坐标分别为 (X_1, Y_1, Z_1)、(X_2, Y_2, Z_2)、(X_3, Y_3, Z_3)、(X_4, Y_4, Z_4)，则可以得到四个距离方程为：

$$pr_1 = \sqrt{(x-x_1)^2 + (y-y_1)^2 + (z-z_1)^2} + c\Delta t$$

$$pr_2 = \sqrt{(x-x_2)^2 + (y-y_2)^2 + (z-z_2)^2} + c\Delta t$$

$$pr_3 = \sqrt{(x-x_3)^2 + (y-y_3)^2 + (z-z_3)^2} + c\Delta t$$

$$pr_4 = \sqrt{(x-x_4)^2 + (y-y_4)^2 + (z-z_4)^2} + c\Delta t$$

通过上述四个方程解出四个未知数便可得到目标点 O 的坐标。

为了提升定位精度，采用差分全球定位系统（Differential GPS），简称DGPS。即利用附近的已知参考坐标点（由其他测量方法所得），来修正GPS的误差。再把这个即时误差值加入本身坐标运算，可获得厘米级的定位误差。

3. 组合式自主定位技术

惯性导航系统的陀螺仪和加速度计等器件体积小、重量轻，可靠性高，短时间内定位精度高，但存在时间漂移问题，使系统精度误差随着工作时间的增加而加大；全球定位系统定位精度稳定，差分式的全球定位系统已经具有很高的定位定向精度，但其时间响应特性和短时间内的定位精度不如惯性导航系统；电子罗盘（磁航向仪）的价格非常低廉，但定向精度适中；车辆里程计价格便宜，只是在摩擦力较大的路面定位精度较高，需要将这些不同的定位定向技术加以有效的组合，以充分发挥各自优点而避免各自的缺陷，从而提高定位系统的精度和可靠性。

8.1.3 车辆运动控制技术

车辆运动控制是根据当前周围环境和车体位移、姿态、车速等信息按照一定的逻辑做出决策，并分别向油门、制动及转向等执行系统发出控制指令。其研究内容主要包括横向控制和纵向控制。横向控制主要研究车辆的路径跟踪能力，即如何控制车辆沿规划的路径行驶，并保证车辆的行驶安全性、平稳性与乘坐舒适性；纵向控制主要研究车辆的速度跟踪能力，控制车辆按照预定的速度巡航或与前方动态目标保持一定的距离。实际行驶的车辆具有明显的变参数、时滞、非线性、耦合等特性，尤其是在不同的车速下系统参数的取值是不断变化的，其纵向运动和横向运动相互耦合的影响也比较大。

1. 横向运动控制

横向运动控制指车辆通过车载传感器感知周围环境，结合全球定位系统提取车辆相对于期望行驶路径的位置信息，并按照设定的控制逻辑使其沿期望路径自主行驶。

视觉系统实时采集前方的道路图像，获得视觉预瞄点处车辆相对于参考路径的位置偏差信息。由图 8-2 可得基于视觉的车辆预瞄动力学模型为：

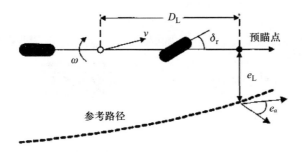

图 8-2 预瞄式横向动力学模型

$$\begin{bmatrix} \dot{v}_y \\ \dot{\omega} \\ \dot{e}_L \\ \dot{e}_\alpha \end{bmatrix} = \begin{bmatrix} a_{11} & a_{12} & 0 & 0 \\ a_{21} & a_{22} & 0 & 0 \\ -1 & -D_L & 0 & v_x \\ 0 & -1 & 0 & 0 \end{bmatrix} \begin{bmatrix} v_y \\ \omega \\ y_L \\ \varepsilon_L \end{bmatrix} + \begin{bmatrix} \dfrac{K_f}{m} & 0 \\ \dfrac{l_f K_f}{I} & 0 \\ 0 & 0 \\ 0 & v_x \end{bmatrix} \begin{bmatrix} \delta_f \\ \rho \end{bmatrix}$$

$$a_{11} = \frac{K_r + K_f}{m v_x}, \quad a_{12} = \frac{K_r l_r - K_f l_f}{m v_x}$$

$$a_{21} = \frac{-l_f K_f + l_r K_r}{I_z v_x}, \quad a_{22} = \frac{-l_f^2 K_f + l_r^2 K_r}{I_z v_x}$$

式中：e_L——横向偏差，即视觉预瞄处车辆中心线与路径的横向距离；

e_α——方位偏差，即视觉预瞄点处车辆中心线与路径切线的夹角；

I_z——转动惯量；

v_x 和 v_y——分别表示纵横向速度；

ω——横摆角速度；

K_f 和 K_r——前后轮侧偏刚度；

l_f 和 l_r——质心到前后轮的距离；

m——整车质量；

D_L——预瞄距离。

2. 纵向运动控制

纵向运动控制指通过某种控制策略调节车辆的纵向运动状态，实现车辆纵向距离保持或自动加减速的功能，按照实现方式可分为直接式结构控制和分层式结构控制。直接式控制结构由一个纵向控制器给出所有子系统的控制输入，如图8-3所示。

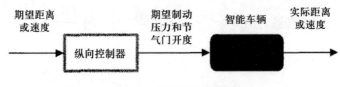

图8-3 直接式控制结构

车辆纵向动力学系统为一种结构复杂的多变量系统，且其易受前方动态目标及障碍物变化的干扰。为减低控制系统的开发难度，针对纵向动力学结构复杂等特性，可采用分层式控制结构，如图8-4所示。

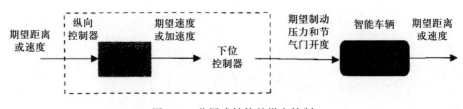

图8-4 分层式结构的纵向控制

分层式控制结构需通过设计上、下位控制器来实现智能车辆纵向控制的目标。首先讨论当前纵向下位控制的相关研究工作。韩国全北大学LiangH.等针对制动工况下车辆纵向控制问题，提出变参数滑模下位控制策略，通过车辆行驶过程中状态信息来实时估计滑动模态控制系数。日本东京大学M. Omae等基于鲁棒控制理论提出前馈加H. infinity反馈的车辆纵向下位控制策略，通过实验分析H. infinity鲁棒下位控制策略的稳定性和鲁棒性，表明该方法可解决车辆动力学参数不确定性及控制执行机构带来的延时等干扰因素的影响问题。

上位控制器的功能是基于一定的控制方法实时给出下位控制器所需的期望加速度，以下工作是上位控制研究的典型代表。为实现实时求解出车辆纵向行驶的期望加速度，美国X. Lu提出了车辆纵向运动的上位滑模变结构控制算法，通过实验检验了该上位控制算法的有效性。日产公司和意大利M. Canale等分析了不同交通路况下驾驶员操纵行为，给出驾驶员纵向操纵特性的特征描述，提出基于参考模型的前馈补偿与反馈组合的上位控制结构，并通过实时调节参考模型系数来增强纵向控制系统对不同行驶工况的适应性。2008年，宝马汽车公司提出了可修正的反馈PID上位控制策略，将反馈状态量的比例系数表征为时距函数,该策略的反馈状态量为相对速度、距离误差,此外,为了抵抗前方目标运动状态的干扰,构建了自车加速度干扰的估计器,可对加速度干扰进行有效补偿。

相比于分层式控制,直接式控制将车辆纵向动力学系统视为非线性多变量系统,其集成程度较高,但其依赖较多的状态信息,开发难度显著增加,系统的灵活性较差。

3. 横纵向综合运动控制

针对车辆横纵向动力学间的耦合、关联特性,可采用横纵向运动综合控制。对于车辆纵横向综合控制的研究工作,目前大多局限于理论分析。从控制结构上讲,车辆横纵向运动综合控制分为分解式控制和集中式控制。

分解式协调控制通过对横纵向动力学进行解耦,分别独立设计横纵向控制律,同时设计用于协调横向与纵向运动的控制逻辑。分解式协调控制只是对横纵向控制律的执行进行协调,从本质上讲没有克服横纵向动力学的耦合特性。

集中式协调控制指通过对车辆横纵向耦合动力学模型直接控制求解的方式得到横纵向运动控制律。集中式协调控制针对智能车辆的横纵向耦合特性,综合设计横纵向协调控制律,可有效克服智能车辆横纵向非线性、强耦合特性。但是,集中式协调控制的实现依赖于丰富的需求信息和高质量的硬件支撑。

8.1.4 自主驾驶技术实现方法

自主驾驶总体结构如图 8-5 所示,可分为感知单元、信息处理单元、行为决策单元和运动控制单元四大部分,还有它们相互关联的人机交互界面部分。

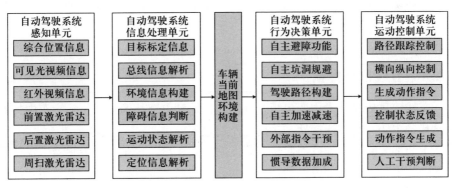

图 8-5 自主驾驶实现方式

感知单元的各个模块负责采集传感器的物理信号，并对这些信号进行预处理，得到各种可用的原始数据。这一层涉及物理硬件实现、信号处理的硬件实现和软件算法、通信接口、控制协议等多种技术。

信息处理单元利用数据层采集并处理后得到的数据，进行数据分析和融合，实现智能车的感知和认知。例如从通过摄像头采集到的图像数据，可以分析出预定目标和目标周边环境等信息。这一层涉及图像处理、计算机视觉、数据融合等技术。

行为决策单元负责产生智能车的决策数据，并下发给控制层。利用环境感知层分析得到的环境数据、智能车的姿态数据、障碍物的信息，进行数据融合，计算出车辆的决策信息，然后通过通信接口，下发到控制层，从而实现缩微智能车的运动控制。这一层涉及数据融合、人工智能、决策和判定等方面的技术。智能车的自主驾驶的实现主要依赖于这一层的功能。

运动控制单元接收规划与决策层的指令信息，实现车辆的行为控制。在自主控制模式下，这一层接收规划与决策层的自主控制数据，反馈到智能车的电机和舵机，实现自主驾驶。在人工控制模式下，这一层接收来自人机交互界面的控制数据，实现人工驾驶。

人机交互界面相对独立，但又与以上四层相互交叉。人机交互界面从各个层中获取数据显示在屏幕上，可以直观地、实时地观察每个传感器以及智能车整体的工作状态。同时，人机交互界面中设置人工控制接口，用于将智能车的控制权从自主控制切换到人工控制，实现自主控制和人工控制的结合。

8.2　信息传输技术

地面无人作战平台的观瞄系统与操控系统分为三部分：车外部分、车内部分和远距离操控终端。因此，信息传输主要有车内外的有线信息传输和车际间无线信息传输。

8.2.1　有线信息传输

有线信息传输技术主要包括光纤信息传输和电路线缆信息传输。车内外的信息传输主要有旋转连接器、接插件及线缆等。

上装部分除了作为武器回转，高低俯仰的支撑，也是各类传感器、执行电机的安装平台。下装部分包括显控终端、火控箱、伺服控制箱、电源箱和油机等，可根据车内空间进行组合或分解，安装于适当位置。下装部分总体效果如图8-6所示。

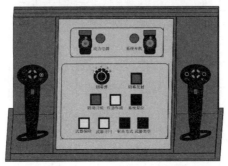

操控终端　　　　　　　　显示器

图 8-6　下装方案总体效果图

上装部分和下装部分通过旋转连接器实现电气连接，采用 CAN 总线的通信方式并预留与外部设备的通信接口。某遥控武器站的电气接口如图 8-7 所示。

8.2.2　无线信息传输

无人作战平台的车际间无线信息传输主要有图像传输和指令传输两类，一般采用微波或超短波通信。短波通信可用较小功率进行远距离通信，相对地说设备简单，容易开设和撤收，便于机动，在军事通信中有重要作用；但信道不够稳定，受电离层变化的影响大，也易受太阳耀斑和核爆炸的影响。超短波通信受干扰小，视距通信一般不受天候、昼夜的影响，通信较稳定。超短波用于超视距通信时有超短波接力通信、超短波散射通信和流星余迹通信。微波通信，频段宽，通信容量大，受干扰小，通信较稳定。在地面上的超短波和微波视距通信，易受地形影响。

1. 高速遥控通信需求

由于无人作战平台属于具有一定速度的移动目标，而其本身运动过程中会

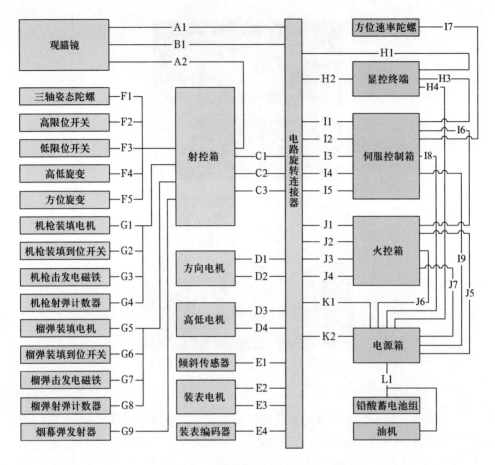

图 8-7 某遥控武器站的电气接口图

产生大量的电磁干扰,以及其本身可能所处的复杂电子环境,让无线图像数据传输可能面临延迟高、画面质量低及距离得不到保障等问题。而通常状态下,增加传输的频率固然可以解决一定问题,但是同时带来了传输距离变短,绕障碍能力更差等问题。并且由于传输距离远,带来了多径干扰及频率选择性衰落的问题,严重影响图像传输质量及距离,因此解决这些问题,是高速遥控技术的关键。因此开展通讯数据异常处理技术,在现有技术的基础上,进行了优化及二次开发,针对物理层的各部分进行了针对性优化,结合高效的图像编码解码技术,使通信距离更远,带宽更高。同时对信息处理及视频处理的软件算法进行优化,使图像显示及命令传达的延时更低,效率更高。综合以上各点,实现复杂环境下的高速遥控技术。

2. 高效图像压缩编码技术

无线数字图像传输遇到的最主要技术难题或关键技术是图像高效压缩编码技术。由于图像信息量大，占用存储容量和要求的传输带宽特别大，高效压缩编码达到极低码率的图像压缩，可同时保证图像在传输过程中基本不损失信息。图像压缩对误码不敏感，能适应无线窄带信道传输，适应无线信道高误码率、时变多径等。

3. 正交频分复用技术

正交频分复用技术（OFDM）是实现复杂度最低、应用最广的一种多载波传输方案。OGDM 的主要思想是：将信道分成若干正交子信道，将高速数据信号转换成并行的低速子数据流，调制到每个子信道上进行传输。正交信号可以通过在接收端采用相关技术分开，这样可以减少子信道之间的相互干扰（ISI）。某无线 OFDM 通信数字图像传输系统原理框图如图 8-8 所示。

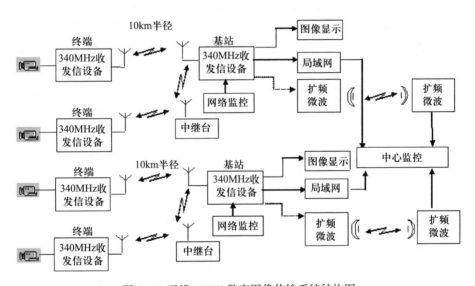

图 8-8　无线 OFDM 数字图像传输系统结构图

无线 OFDM 数字图像传输系统存在如下的主要优点：

（1）把高速数据流通过串并变换，使得每个子载波上的数据符号持续长度相对增加，从而可以有效地减小无线信道的时间弥散所带来的 ISI，这样就减小了接收机内均衡的复杂度，有时甚至可以不采用均衡器，仅通过采用插入循环前缀的方法消除 ISI 的不利影响。

（2）传统的频分多路传输方法中，将频带分为若干个不相交的子频带来传输并行的数据流，在接收端用一组滤波器来分离各个子信道。这种方法的优点是简单、直接,缺点是频谱的利用率低,子信道之间要留有足够的保护频带,而且多个滤波器的实现也有不少困难。而 OFDM 系统由于各个子载波之间存在正交性,允许子信道的频谱相互重叠,因此与常规的频分复用系统相比,OFDM 系统可以最大限度地利用频谱资源。

(3) 各个子信道中的这种正交调制和解调可以采用 IDFT 和 DFT 方法来实现。对于 N 很大的系统中,我们可以通过采用快速傅里叶变换(FFT)来实现。随着大规模集成电路技术与 DSP 技术的发展,IFFT 和 FFT 都是非常容易实现的。

(4) 无线数据业务一般都存在非对称性,即下行链路中传输的数据量要远远大于上行链路中的数据传输量。而 OFDM 系统可以很容易地通过使用不同数量的子信道来实现上行和下行链路中不同的传输速率。

(5) 由于无线信道存在频率选择性,不可能所有的子载波都同时处于比较深的衰落情况中,因此可以通过动态比特分配以及动态子信道分配的方法,充分利用信噪比较高的子信道,从而提高系统的性能。而且对于多用户系统来说,对一个用户不适用的子信道对其他用户来说,可能是性能比较好的子信道,因此除非一个子信道对所有用户来说都不合适,该子信道才会被关闭,但发生这种情况的概率非常小。

(6) OFDM 系统可以容易地与其他多种接入方法相结合使用,构成 OFDMA 系统,其中包括 MC-CDMA、跳频 OFDM 以及 OFDM-TDMA 等,使得多个用户可以同时利用 OFDM 技术进行信息的传递。

(7) 因为窄带干扰只能影响一小部分的子载波,因此 OFDM 系统可以在某种程度上抵抗这种窄带干扰。

但是 OFDM 系统内存在有多个正交子载波,而且其输出信号是多个子信道信号的叠加,因此与单载波系统相比,存在如下主要缺点:

(1) 易受频率偏差的影响。由于子信道的频谱相互覆盖,这就对它们之间的正交性提出了严格的要求。然而由于无线信道存在时变性,在传输过程中会出现无线信号的频率偏移,如多普勒频移,或者由于发射机载波频率与接收机本地振荡器之间存在的频率偏差,都会使得 OFDM 系统子载波之间的正交性遭到破坏,从而导致子信道间的信号互相干扰(ICI),这种对频率偏差敏感是 OFDM 系统的主要缺点之一。

(2) 存在较高的峰值平均功率比。与单载波系统相比,由于多载波调制系统的输出是多个子信道信号的叠加,因此如果多个信号的相位一致时,所得到的叠加信号的瞬时功率就会远远大于信号的平均功率,导致出现较大的峰值平均功率比(PAR)。这样就对发射机内放大器的线性提出了很高的要求,如果放大器的动态范围不能满足信号的变化,则会为信号带来畸变,使叠加信号的频谱发生变化，从而导致各个子信道信号之间的正交性遭到破坏，产生相互干扰，使系统性能恶化。

8.3 遥控驾驶与火力控制技术

地面无人作战平台是基于人-机联合感知的自主/遥控组合驾驶与火力控制。操作人员通过地理定位系统的位置屏幕信息显示和通信链路传输的车载传感器的车辆环境图像显示，来完成所有感知过程，并通过控制接口控制车辆的行动和武器的运用。

8.3.1 无人作战平台系统组成

地面无人作战平台由车载自主驾驶终端、车载终端、地面遥控终端和底盘系统四部分构成，系统组成框图如图8-9所示。

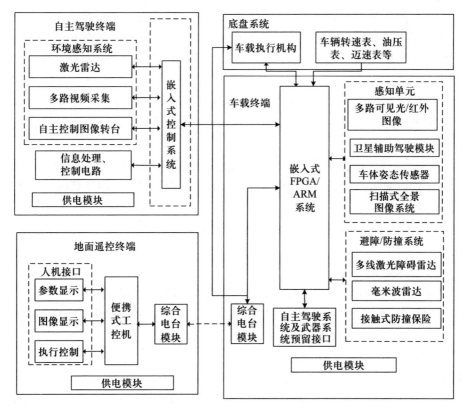

图8-9 系统组成框图

1. 自主驾驶终端

（1）嵌入式系统实现对自主驾驶终端的控制。通过对接收的感知数据和图像进行解析，并根据操作手的控制指令控制无线通信设备完成指令发送。

（2）激光雷达对车体周围进行地图扫描和构建，嵌入式系统通过读取激光雷达和图像信息进行车载终端命令判断、生成和执行。

（3）外置接口提供车辆数据及可通过地面终端实时显示当前车辆状态和行驶信息数据。

2. 车载终端

车载终端由综合控制计算机（控制单元）、电台、环境感知系统、避障防撞系统、控制执行装置、动力机构传感器及供电模块等组成。

（1）综合控制计算机实现车载终端流程控制。通过对车辆各种信息的采集，依据遥控终端指令完成对控制执行装置的控制。

（2）电台完成遥控终端和车载终端之间多路图像、控制指令的收发，能够实现可靠、安全的数据传输。

（3）感知单元包括可见光/红外图像辅助驾驶模块、卫星辅助驾驶模块、车体姿态传感器、扫描式全景图像系统。感知单元能够获得车辆运行前方路况图像，所处地理位置坐标、车向以及车体姿态数据以及车辆周围360°全景图像。

（4）避障防撞系统包括扫描式单线激光避障雷达、超声波防撞雷达、接触式防撞保险。通过多种传感器实现对不同距离障碍目标的探测，实现多级避障防撞保护。

（5）控制执行模块为液压反馈控制系统，完成对车辆的具体操作，同时收集车辆内部相关信息。此部分由底盘改装厂负责，综合控制计算机需与其具有通信接口。

（6）动力机构传感器能够提供发动机转速、车速、油温、油压及水温等信息。

3. 遥控终端

遥控终端由便携式工控机、电台、人机接口及供电模块组成。

（1）便携式工控机实现对遥控终端的控制。通过对接收的数据和图像进行解析，并根据操作手的控制指令控制无线通信设备完成指令发送。

（2）电台完成遥控终端和车载终端之间多路图像、控制指令的收发，能够实现可靠、安全的数据传输。

（3）人机接口提供车辆数据及图像显示，能够使操作手完成对车辆的控制。

8.3.2 高速遥控驾驶

车载终端通过多通道、多模式传感器融合技术及基于多传感器的目标识别技术，能够实现对车辆行驶环境的探测并实现对路况的辅助驾驶提示，增强遥控驾驶员对路况的预判能力。配合阵地观瞄仪，利用车载终端发送的车辆数据，自动完成对车辆行驶过程跟踪，并将红外/可见观瞄组件指向行驶车辆，可获得第三人称视角的图像数据，可更加有效对行驶路况进行判断。遥控驾驶员通过遥控终端呈现的图像、数据以及辅助驾驶提示信息，利用操作终端设备完成对车辆的遥控驾驶任务。

在遥控中，车辆距离可以达到操作人员无法直接观测到车辆活动的程度。因此，操作人员对车辆环境及在该环境中运动的了解，主要取决于获取远方信息的传感器、可以使操作人员观察到车辆环境的显示技术以及车辆和操作人员的通信链接。操作人员通过地理定位系统的位置屏幕信息显示和通信链路传输的车载传感器的车辆环境图像显示，来完成所有感知过程，并通过控制接口控制车辆的行动。

在最基本的情况下，车辆需要操作人员连续控制，传感器组件包含视觉、听觉、地理定位传感器和其他传感器的任意组合。传感器的输出将传输到操作人员所持的终端设备，使操作人员快速掌握车辆、环境、武器等运行情况。通过多种传感器给出的有效信息，并通过车载或地面设备提供的辅助驾驶信息，从而进一步对车辆行驶操作进行决策并下达操作指令，完成对车辆的遥控驾驶任务。

高速遥控驾驶要求改善单个传感器的性能、传感器数据融合和主动视觉。多光谱、超光谱传感器可实际改善白天快速地形分类的能力，多波段热前视红外（FLIR）在夜间地形分类具有潜在能力。无人作战平台的运行条件的多样性使单一传感器方式不适当。不同的运行条件（任务、地形、气候、昼夜、模糊程度）对每种传感器的组合提出要求，需要寻求不同弱点的互补传感器系统，通过数据融合，提升系统性能。利用主动视觉可以更早地检测障碍，减少车辆陷入困境的可能。开发数据融合、主动视觉以及将它们集成到感知单元的合适算法应优先考虑。并且无人战车在高速移动状态下，单路视频由于视场角小等因素会造成无人战场主观体验下降，遇到突发情况时不易及时处理。进行车前多路视频图像融合后传输，极大地提升了车前图像可观测范围，可通过VR技术模拟人在战车上高速驾驶无人战车，达到人机一体的操控状态，提升遥控驾驶综合能力。

8.3.3 火力遥控技术

遥控武器站主要由火力分系统、火控分系统和集成套件组成。某遥控武器站的系统组成如图 8-10 所示。

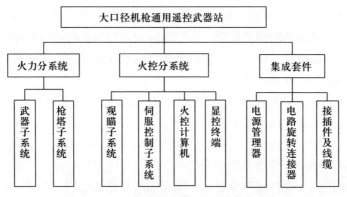

图 8-10 某遥控武器站系统组成框图

该武器站采用双轴稳定，顶置无吊篮结构，数字式火控。系统有机融合了武器技术与光电信息技术，综合运用高效减后座、昼夜光电观测、自动弹道解算、稳定控制和计算机、通信等技术，实现武器站的遥控操作、精确打击，以及行进间作战和全天候作战的功能，具备融入数字化战场的信息化扩展能力，能够适应信息化战争的要求。

系统正常作战流程如图 8-11 所示。

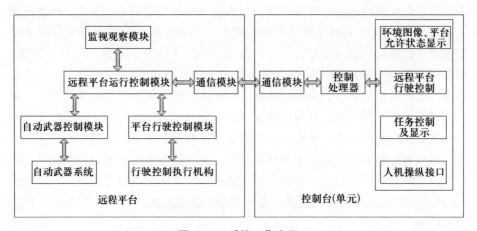

图 8-11 系统工作流程

（1）战前准备。

（2）系统开机进行自检。

（3）操作人员操控手柄进行目标搜索。

（4）发现可疑目标，跟踪目标，确认目标后，选择武器并打开射击强制保险。

（5）对目标进行测距，火控计算机进行射击诸元解算。

（6）按下击发按钮和保险，伺服控制子系统驱动武器到预定射击位置并进行射击。

参考文献

[1] 凌永顺，万晓援. 武器装备的信息化［M］. 北京：解放军出版社，2004.
[2] 吕登明，等. 信息化战争与信息化军队［M］. 北京：兵器工业出版社，2004.
[3] 樊邦奎. 现代战场侦查技术［M］. 北京：国防工业出版社，2008.
[4] 中国人民解放军总参谋部军训和兵种部. ZZC01型履带式通用型装甲侦察车构造与使用. 北京：解放军出版社，2004.
[5] 张成海，等. 现代自动识别技术与应用［M］. 北京：国防工业出版社，2003.
[6] 朱竞夫，赵碧君，王钦钊. 现代坦克火控系统［M］. 北京：国防工业出版社，2003.
[7] 周立伟，等. 目标探测与识别［M］. 北京：军事科学出版社，2002.
[8] 伍仁和，等. 信息化战争论［M］. 北京：军事科学出版社，2004.
[9] 周启煌，等. 战车火控系统与指挥系统［M］. 北京：国防工业出版社，2003.
[10] 王稚，等. 21世纪美国先进军事技术和武器装备［M］. 北京：解放军出版社，2002.
[11] 李恒邵，等. 战场信息系统［M］. 北京：国防工业出版社，2003.
[12] 中国人民解放军总参谋部通信部［M］. 战场感知技术. 北京：解放军出版社，2002.
[13] 许忠敬，等. 现代军事技术知识手册［M］. 北京：军事科学出版社，1990.
[14] 张河. 探测与识别技术［M］. 北京：北京理工大学出版社，2005.
[15] 梅逐生，王戎瑞. 光电子技术——信息化武器装备的新天地［M］. 北京：国防工业出版社，2008.
[16] 周启煌，单东升. 坦克火力控制系统［M］. 北京：国防工业出版社，1992.
[17] 毛保全，等. 车载武器发射动力学［M］. 北京：国防工业出版社，2010.
[18] 毛保全，等. 车载武器建模与仿真［M］. 北京：国防工业出版社，2011.
[19] 田隶华，马宝华，等. 兵器科学技术总论［M］. 北京：北京理工大学出版社，2003.
[20] 张敏，刘培志，等. 地面无人作战平台环境感知关键技术研究. 车辆与动力技术，2007年，第2期.
[21] 郭景华，李克强，等. 智能车辆运动控制研究综述. 汽车安全与节能学报. 2016年，第7卷第2期.
[22] 马福球，陈运生，朵英贤. 火炮与自动武器［M］. 北京：北京理工大学出版社，2003.
[23] 王靖君，赫信鹏. 火炮概论［M］. 北京：兵器工业出版社，1992.
[24] 张相炎. 火炮设计理论［M］. 北京：北京理工大学出版社，2005.
[25] 张鸽，武瑞文. 中国新型155毫米车载炮武器系统［M］. 兵器知识，2007.
[26] 毛保全，邵毅. 火炮自动武器优化设计［M］. 北京：国防工业出版社，2007.
[27] 毛保全，于子平，邵毅. 车载武器技术概论［M］. 北京：国防工业出版社，2008.
[28] 易继错，侯媛彬. 智能控制技术［M］. 北京：北京工业大学出版社，1999.